国家高职骨干院校重点专业建设教材

模具数控加工技术

主　编　袁永富

副主编　刘　勇　刘存平　肖善华

U0914196

科学出版社

北　京

内 容 简 介

本书共分三个模块，分别为模具零件数控车削加工、模具零件数控铣削加工和模具零件电加工。每个模块按由易到难的学习顺序安排了若干个项目，每个项目均按照模具企业中模具零件加工的岗位能力要求，以项目任务为中心，分析该项目承担的任务，制定数控加工工艺，编写加工程序，进行模拟仿真、零件加工与质量检测。项目的编写基于零件加工的工作流程，将实际生产案例有机地融入到教学中，实现了课堂教学与生产实际的有机结合。

本书可以作为高等职业院校模具设计与制造、数控技术应用等专业学生用书，也可作为企业技术人员的参考资料。

图书在版编目(CIP)数据

模具数控加工技术 / 袁永富主编. —北京：科学出版社，2014.12
国家高职骨干院校重点专业建设教材
ISBN 978-7-03-042882-0

Ⅰ. ①模… Ⅱ. ①袁… Ⅲ. ①模具－数控机床－加工－高等职业教育－教材 Ⅳ. ①TG76

中国版本图书馆 CIP 数据核字(2014)第 310007 号

责任编辑：朱晓颖 张丽花 / 责任校对：郭瑞芝
责任印制：徐晓晨 / 封面设计：华路天然工作室

科学出版社出版
北京东黄城根北街 16 号
邮政编码：100717
http://www.sciencep.com

北京厚诚则铭印刷科技有限公司 印刷

科学出版社发行 各地新华书店经销

*

2014 年 12 月第 一 版 开本：787×1092 1/16
2018 年 3 月第二次印刷 印张：14 1/4
字数：364 000

定价：56.00 元

(如有印装质量问题，我社负责调换)

前　言

2011年以来，为了培养适合社会需求的高等技术应用型人才，课题组依托知名企业，开展了模具设计与制造专业高职课程模式改革系列工程的研究。经过三年的努力，在长期从事一线工作的专家、技术能手的指导下，从岗位工作任务分析着手，通过任务分析、知识和能力分析，打破了传统的高职学科性课程模式，构建了“以项目任务为中心，以项目课程为主体”的高职模具设计与制造专业课程体系。本书的主要特点是：在结构上，每个模块都由若干个项目组成，各项目以能力培养为逻辑主线设计，以典型零件为载体，按照由易到难的顺序递进；在内容选取上，以岗位需求和职业能力为依据，以项目任务为中心，以技术实践知识为焦点，以理论知识为背景，以拓展知识为延伸，充分体现了高职教材以“任务驱动为导向”的“职业性”和“高等性”的统一。

本书由模具零件数控车削加工、模具零件数控铣削加工和模具零件电加工三个模块组成。每个模块中的项目涵盖任务分析、零件加工工艺制定、程序编制、零件加工与质量检测几个教学内容，每个教学内容所涉及的知识由知识链接引出，各项目系统地介绍了零件加工工艺编制、程序编写、操作加工方法等。编程以FANUC—0i系统为主，突出解决实际问题的方法、能力，充分体现“能力本位、知行合一”的教学理念，形成了富有新意、别具一格的教材内容体系。

本书由袁永富任主编，刘勇、刘存平、肖善华任副主编，赖啸、刘学航、赵平、代艳霞、郭晟、熊福林、王渝平参加了本书的编写工作。

本书由王甫茂教授负责审稿。

在课题研究和教材编写过程中，得到了课题组其他成员以及四川宜宾普什模具有限公司技术专家的大力支持，在此一并表示衷心的感谢。

由于时间仓促，书中难免存在错误和不当之处，恳请读者批评指正。

编　者

2014年8月

目　录

模块三　模具零件电加工

模块一　模具零件数控车削加工

本模块主要讲解模具零件数控车削加工，分为七个项目，分别是：冲孔凸模数控车削加工；阶梯轴数控车削加工；成形零件数控车削加工；螺纹轴数控车削加工；轴套零件数控车削加工；抛物线轴零件数控车削加工；复杂轴零件数控车削加工。项目按照由易到难的顺序递进，每个项目都以任务为导向，对零件进行任务分析，制定出加工工艺，编制加工程序，最后在实训基地加工出合格的零件，使同学们在学习的过程中能够更好地把握车削加工零件的整个过程。通过零件加工，在任务驱动中更好地掌握数控车削零件的编程指令与加工技能。

项目一　冲孔凸模数控车削加工

【项目能力目标】

1) 能合理确定轴类零件车削加工的装夹方案；

2) 能进行数控车床加工坐标系的建立；

3) 能运用 M、F、S、T 功能及 G00、G01、G54、G50、G90、G94 等指令进行编程；

4) 完成冲孔凸模零件的编程及加工。

【加工任务】

任务描述：冲孔凸模零件如图 1-1 所示，按单件小批量生产安排其数控车削加工工艺，编写出加工程序。毛坯为ϕ20mm×80mm，材料为 Cr12。

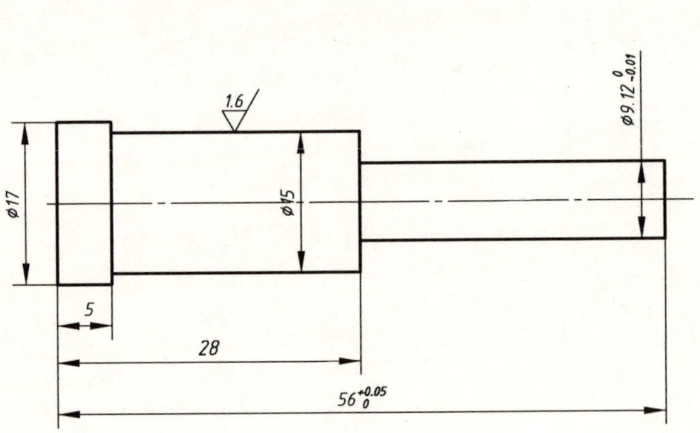

图 1-1　冲孔凸模

1.1　工 艺 分 析

【知识链接】零件分析

1. 零件图分析

(1) 构成零件轮廓的几何条件

在车削加工中手工编程时，要计算每个节点坐标；在自动编程时，要对构成零件轮廓所有几何元素进行定义。因此，在分析零件图时应注意：

1) 零件图上是否漏掉某尺寸，使其几何条件不充分，影响到零件轮廓的构成；

2) 零件图上的图线位置是否模糊或尺寸标注不清，使编程无法下手；

3) 零件图上尺寸标注方法应适应数控车床加工的特点，应以同一基准标注尺寸或直接给出坐标尺寸。

(2) 尺寸精度要求

分析零件图样尺寸精度的要求，以判断能否利用车削工艺达到，并确定控制尺寸精度的工艺方法。

在该项分析过程中，还可以同时进行一些尺寸的换算，如增量尺寸与绝对尺寸及尺寸链计算等。在利用数控车床车削零件时，对零件要求的尺寸常取最大和最小极限尺寸的平均值作为编程的尺寸依据。

(3)形状和位置精度的要求

零件图样上给定的形状和位置公差是保证零件精度的重要依据。加工时，要按照其要求确定零件的定位基准和测量基准，还可以根据数控车床的特殊需要进行一些技术性处理，以便有效地控制零件的形状和位置精度。

(4)表面粗糙度要求

表面粗糙度是保证零件表面微观精度的重要要求，也是合理选择数控车床、刀具及确定切削用量的依据。

(5)材料与热处理要求

零件图样上给定的材料与热处理要求，是选择刀具、数控车床型号、确定切削用量的依据。

2. 零件的结构工艺性分析

零件的结构工艺性是指零件在满足使用性能的前提下，是否能以较高的生产率和最低的成本方便地加工出来的特性。为了多快好省地把所设计的零件加工出来，就必须对零件的结构工艺性进行详细的分析。主要考虑如下几方面。

(1)有利于达到所要求的加工质量

1)合理确定零件的加工精度与表面质量

加工精度若定得过高会增加工序，增加制造成本，过低会影响机器的使用性能，故必须根据零件在整个机器中的作用和工作条件合理地确定，尽可能使零件加工方便、制造成本低。

2)保证位置精度的可能性

为保证零件的位置精度，最好使零件能在一次安装中加工出所有相关表面，这样就能依靠机床本身的精度来达到所要求的位置精度。如图 1-2(a)所示的结构，需两次装夹加工，不能保证ϕ80mm 与内孔ϕ60mm 的同轴度。如改成图 1-2(b)所示的结构，就能在一次安装中加工出外圆与内孔，保证二者的同轴度。

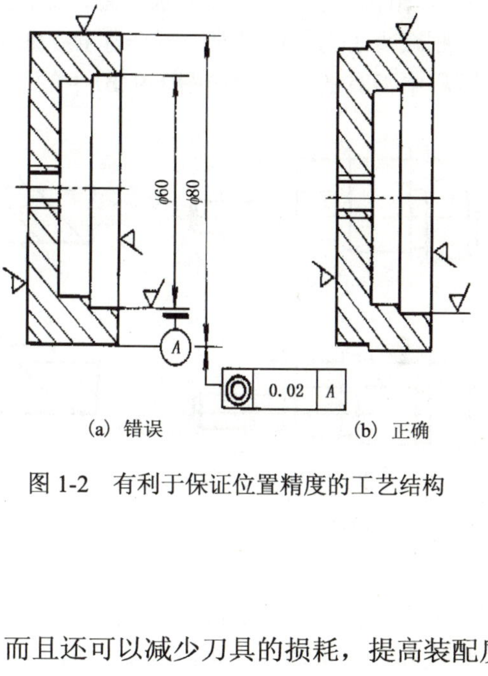

(a) 错误　　(b) 正确

图 1-2　有利于保证位置精度的工艺结构

(2)有利于减少加工劳动量

1)尽量减少不必要的加工面积

减少加工面积不仅可减少机械加工的劳动量，而且还可以减少刀具的损耗，提高装配质量。1-3(b)中的轴承座减少了底面的加工面积，降低了修配的工作量，保证配合面的接触。图 1-4(b)中减少了精加工的面积，又避免了深孔加工。

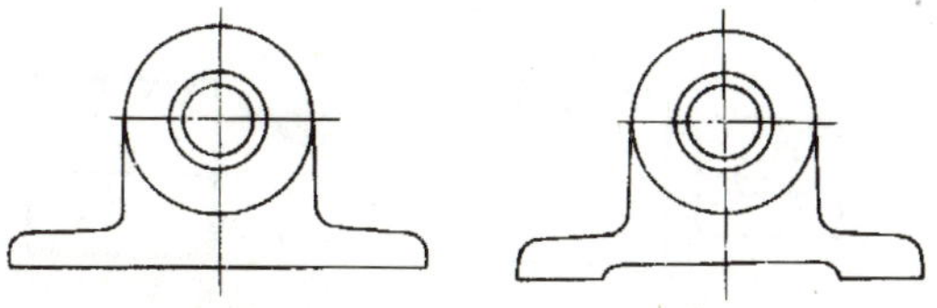
(a) 错误　　(b) 正确

图 1-3　减少轴承座底面加工面积

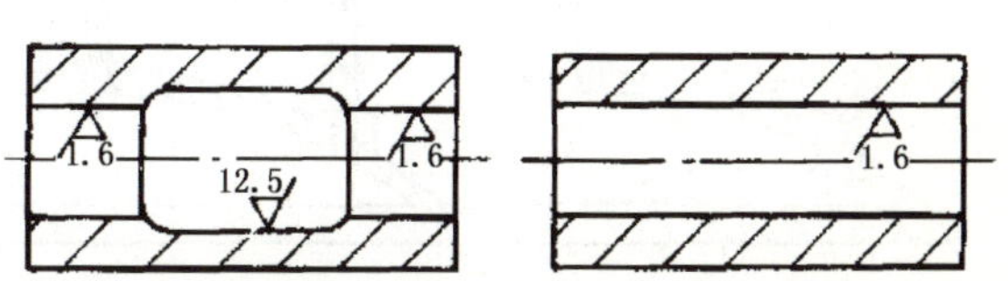

(a) 错误　　(b) 正确

图 1-4　避免深孔加工的方法

2)尽量避免或简化内表面的加工

因为外表面的加工要比内表面加工方便经济，又便于测量。因此，在零件设计时应力求避免在零件内腔进行加工。如图 1-5 所示箱体，将图 1-5(a)的结构改成图 1-5(b)所示的结构，这样不仅加工方便而且还有利于装配。再如图 1-6 所示，将图 1-6(a)中件 2 上的内沟槽 *a* 加工，改成图 1-6(b)中件 1 的外沟槽加工，这样加工与测量就都很方便。

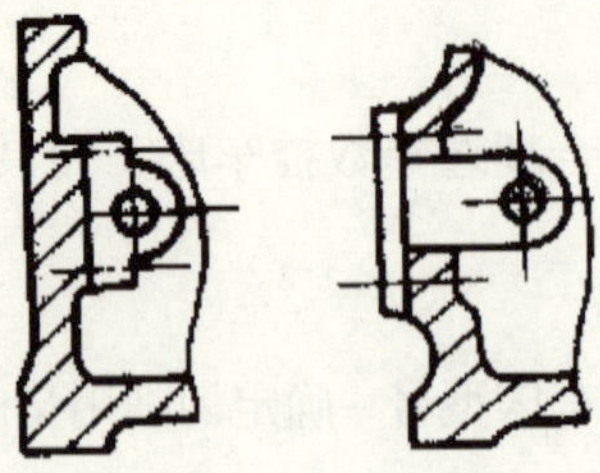

(a) 错误　(b) 正确

图 1-5　将内表面转化为外表面加工

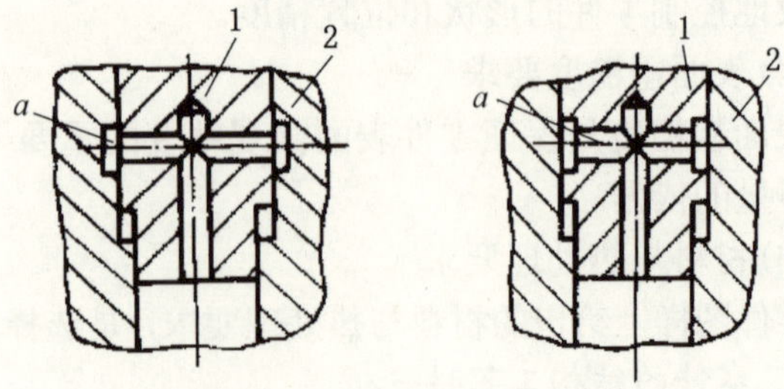

(a) 错误　(b) 正确

图 1-6　将内沟槽转化为外沟槽加工

(3)有利于提高劳动生产率

1)零件的有关尺寸应力求一致，并能用标准刀具加工。如图 1-7(b)中改为退刀槽尺寸一致，则减少了刀具的种类，节省了换刀时间。如图 1-8(b)中采用凸台高度等高，则减少了加工过程中刀具的调整。如图 1-9(b)中的结构，能采用标准钻头钻孔，从而方便了加工。

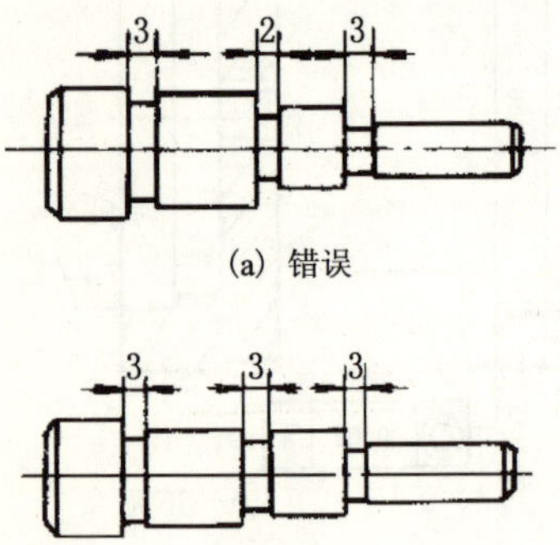

(a) 错误　(b) 正确

图 1-7　退刀槽尺寸一致

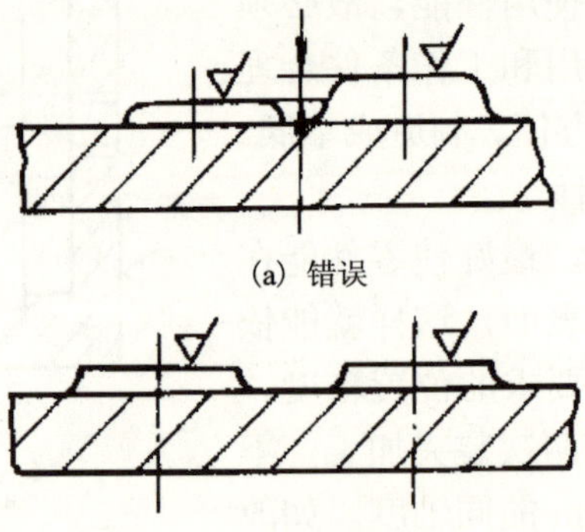

(a) 错误　(b) 正确

图 1-8　凸台高度相等

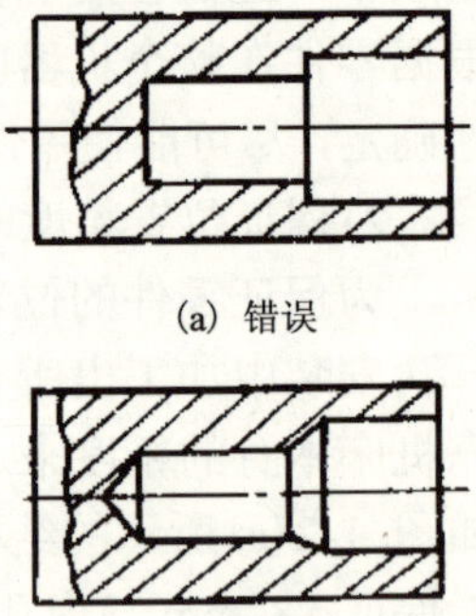

(a) 错误　(b) 正确

图 1-9　便于采用标准钻头

2)减少零件的安装次数。零件的加工表面应尽量分布在同一方向，或互相平行或互相垂直的表面上；次要表面应尽可能与主要表面分布在同一方向上，以便在加工主要表面时，同时将次要表面也加工出来；孔端的加工表面应为圆形凸台或沉孔，以便在加工孔时同时将凸台或沉孔全锪出来。如图 1-10(b)中的钻孔方向应一致；图 1-11(b)中键槽的方位应一致。

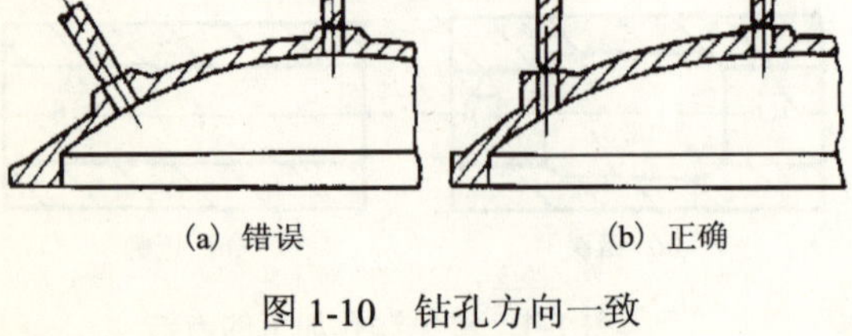

(a) 错误　(b) 正确

图 1-10　钻孔方向一致

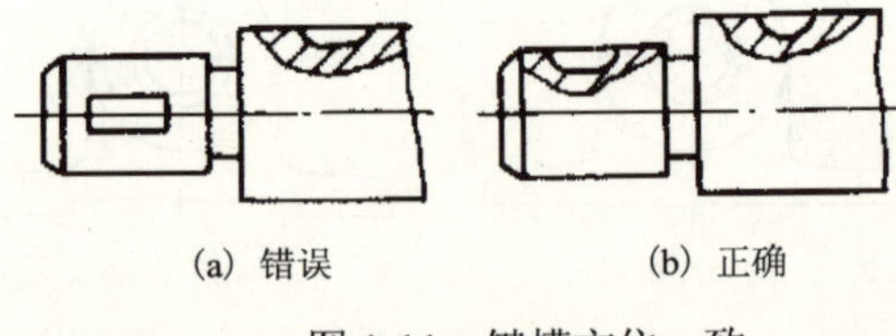

(a) 错误　(b) 正确

图 1-11　键槽方位一致

3) 零件的结构应便于加工。如图 1-12(b)、图 1-13(b) 所示，设有退刀槽、越程槽，减少了刀具(砂轮)的磨损。图 1-14(b) 的结构，便于引进刀具，从而保证了加工的可能性。

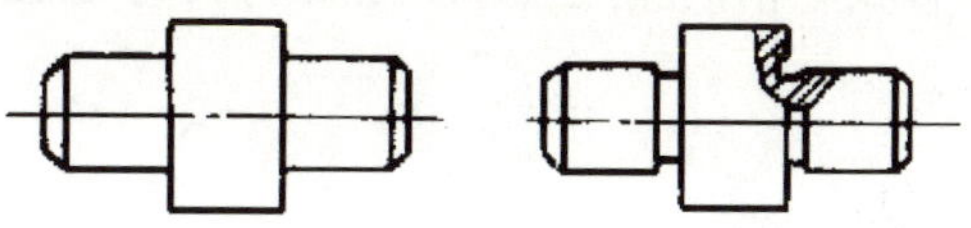

(a) 错误　(b) 正确

图 1-12　应留有越程槽

(a) 错误　(b) 正确

图 1-13　应留有退刀槽

4) 避免在斜面上钻孔和钻头单刃切削。如图 1-15(b) 所示，避免了因钻头两边切削力不等使钻孔轴线倾斜或折断钻头。

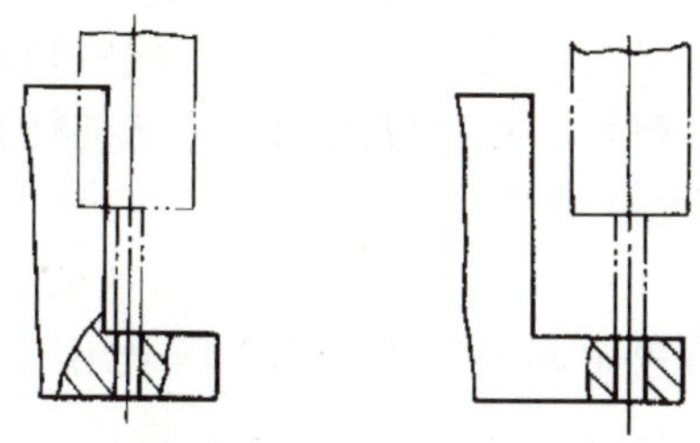

(a) 错误　(b) 正确

图 1-14　钻头应能接近加工表面

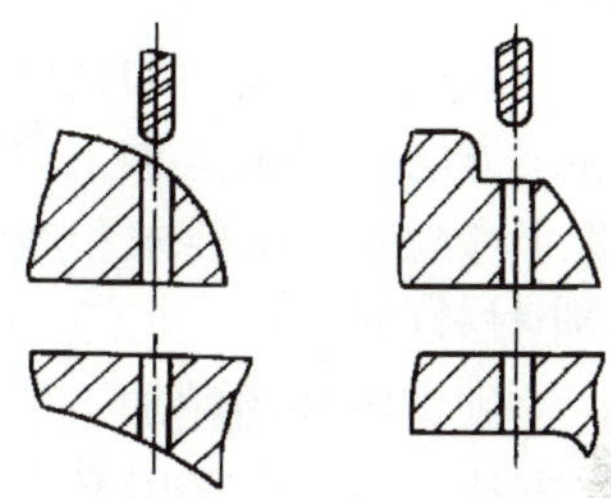

(a) 错误　(b) 正确

图 1-15　避免在斜面上钻孔和钻头单刃切削

5) 便于多刀或多件加工。如图 1-16(b) 所示，为适应多刀加工，阶梯轴各段长度应相似或成整数倍；直径尺寸应沿同一方向递增或递减，以便调整刀具。零件设计的结构要便于多件加工，如图 1-17 所示，图 1-17(b) 结构可将毛坯排列成行便于多件连续加工。

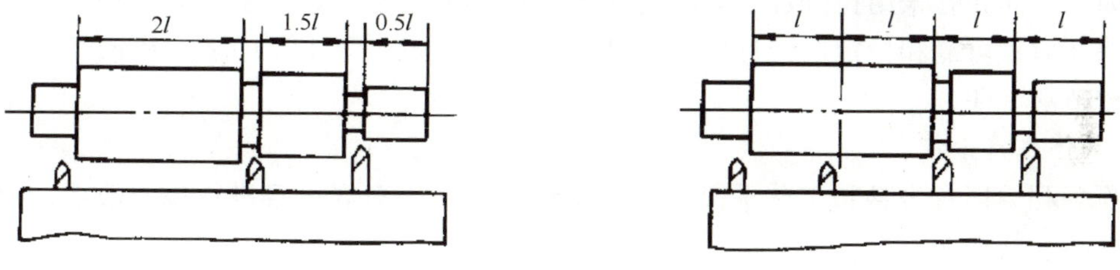

(a) 错误　(b) 正确

图 1-16　便于多刀加工

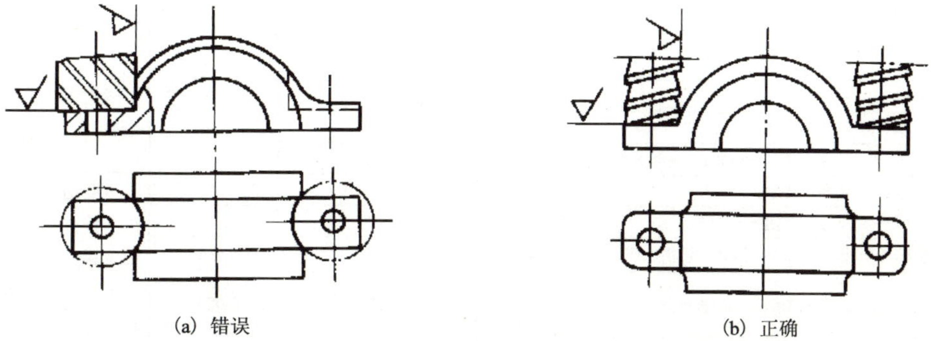

(a) 错误　(b) 正确

图 1-17　便于多件连续加工

【任务实施】

该零件属于简单阶梯轴，结构工艺性好，其中零件表面精度要求较高，表面粗糙度为 $Ra1.6\mu m$，需要进行精车。$\phi 9.12_{-0.01}^{0}$ mm 直径尺寸有较严格的精度要求。零件材料为 Cr12，热处理达到 58～62HRC。零件所有表面都需要加工。

1.2 工艺制定

1.2.1 表面加工方案选择

【知识链接】

表面加工方法的选择，就是为零件上每一个有质量要求的表面选择一套合理的加工方法。在选择时，一般先根据表面的精度和粗糙度要求选定最终加工方法，然后再确定精加工前准备工序的加工方法，即确定加工方案。由于获得同一精度和粗糙度的加工方法往往有几种，在选择时除了考虑生产率要求和经济效益外，还应考虑下列因素。

1. 工件材料的性质

例如，淬硬钢零件的精加工要用磨削的方法；有色金属零件的精加工应采用精细车或精细镗等加工方法，而不应采用磨削。

2. 工件的结构和尺寸

例如，对于 IT7 级精度的孔采用拉削、铰削、镗削和磨削等加工方法都可。但是箱体上的孔一般不用拉或磨，而常采用铰孔和镗孔，直径大于 60mm 的孔不宜采用钻、扩、铰。

3. 生产类型

选择加工方法要与生产类型相适应。大批大量生产应选用生产率高和质量稳定的加工方法。例如，平面和孔采用拉削加工。单件小批生产则采用刨削、铣削平面和钻、扩、铰孔。又如为保证质量可靠和稳定，保证较高的成品率，在大批大量生产中采用珩磨和超精加工工艺加工较精密零件。

4. 具体生产条件

应充分利用现有设备和工艺手段，不断引进新技术，对老设备进行技术改造，挖掘企业潜力，提高工艺水平。

表 1-1～表 1-4 分别列出了外圆、内孔和平面的加工方案及经济精度，供选择加工方法时参考。

表 1-1　外圆表面加工方案

序号	加工方案	经济精度级	表面粗糙度 Ra 值/μm	适用范围
1	粗车	IT11 以下	50～12.5	适用于淬火钢以外的各种金属
2	粗车—半精车	IT8～IT10	6.3～3.2	
3	粗车—半精车—精车	IT7～IT8	1.6～0.8	
4	粗车—半精车—精车—滚压(或抛光)	IT7～IT8	0.2～0.025	
5	粗车—半精车—磨削	IT7～IT8	0.8～0.4	主要用于淬火钢，也可用于未淬火钢，但不宜加工有色金属
6	粗车—半精车—粗磨—精磨	IT6～IT7	0.4～0.1	
7	粗车—半精车—粗磨—精磨—超精加工(或轮式超精磨)	IT5	0.1～Rz0.1	
8	粗车—半精车—精车—金刚石车	IT6～IT7	0.4～0.025	主要用于要求较高的有色金属加工
9	粗车—半精车—粗磨—精磨—超精磨或镜面磨	IT5 以上	0.025～Rz0.05	极高精度的外圆加工
10	粗车—半精车—粗磨—精磨—研磨	IT5 以上	0.1～Rz0.05	

表 1-2　孔加工方案

序号	加工方案	经济精度级	表面粗糙度 *Ra* 值/μm	适用范围
1	钻	IT11～IT12	12.5	加工未淬火钢及铸铁的实心毛坯，也可用于加工有色金属(但表面粗糙度稍大，孔径小于 15～20mm)
2	钻—铰	IT9	3.2～1.6	
3	钻—铰—精铰	IT7～IT8	1.6～0.8	
4	钻—扩	IT10～IT11	12.5～6.3	同上，但孔径大于 15～20mm
5	钻—扩—铰	IT8～IT9	3.2～1.6	
6	钻—扩—粗铰—精铰	IT7	1.6～0.8	
7	钻—扩—机铰—手铰	IT6～IT7	0.4～0.1	
8	钻—扩—拉	IT7～IT9	1.6～0.1	大批大量生产(精度由拉刀的精度而定)
9	粗镗(或扩孔)	IT11～IT12	12.5～6.3	除淬火钢外各种材料，毛坯有铸出孔或锻出孔
10	粗镗(粗扩)—半精镗(精扩)	IT8～IT9	3.2～1.6	
11	粗镗(扩)—半精镗(精扩)—精镗(铰)	IT7～IT8	1.6～0.8	
12	粗镗(扩)—半精镗(精扩)—精镗—浮动镗刀精镗	IT6～IT7	0.8～0.4	
13	粗镗(扩)—半精镗—磨孔	IT7～IT8	0. 8～0. 2	主要用于淬火钢也可用于未淬火钢，但不宜用于有色金属
14	粗镗(扩)—半精镗—粗磨—精磨	IT6～IT7	0.2～0.1	
15	粗镗—半精镗—精镗—金钢镗	IT6～IT7	0.4～0.05	主要用于精度要求高的有色金属加工
16	钻—(扩)—粗铰—精铰—珩磨； 钻—(扩)—拉—珩磨；粗镗—半精镗—精镗—珩磨	IT6～IT7	0.2～0.025	精度要求很高的孔
17	以研磨代替上述方案中的珩磨	IT6 级以上		

表 1-3　平面加工方案

序号	加工方案	经济精度级	表面粗糙度 *Ra* 值/μm	适用范围
1	粗车—半精车	IT9	6.3～3.2	端面
2	粗车—半精车—精车	IT7～IT8	1.6～0.8	
3	粗车—半精车—磨削	IT8～IT9	0.8～0.2	
4	粗刨(或粗铣)—精刨(或精铣)	IT8～IT9	6.3～1.6	一般不淬硬平面(端铣表面粗糙度较细)
5	粗刨(或粗铣)—精刨(或精铣)—刮研	IT6～IT7	0. 8～0. 1	精度要求较高的不淬硬平面；批量较大时宜采用宽刃精刨方案
6	以宽刃刨削代替上述方案刮研	IT7	0.8～0.2	
7	粗刨(或粗铣)—精刨(或精铣)—磨削	IT7	0.8～0.2	精度要求高的淬硬平面或不淬硬平面
8	粗刨(或粗铣)—精刨(或精铣)—粗磨—精磨	IT6～IT7	0.4～0.02	
9	粗铣—拉	IT7～IT9	0.8～0.2	大量生产，较小的平面(精度视拉刀精度而定)
10	粗铣—精铣—磨削—研磨	IT6 级以上	0.1～*Rz*0.05	高精度平面

表 1-4　各种加工方法的经济精度和表面粗糙度(中批生产)

被加工表面	加工方法	经济精度级	表面粗糙度 *Ra*/μm
外圆和端面	粗车	IT11～IT13	50～12.5
	半精车	IT8～IT11	6.3～3.2
	精车	IT7～IT9	3.2～1.6
	粗磨	IT8～IT11	3.2～0.8
	精磨	IT6～IT8	0.8～0.2
	研磨	IT5	0.2～0.012
	超精加工	IT5	0.2～0.012
	精细车(金刚车)	IT5～IT6	0.8～0.05

续表

被加工表面	加工方法	经济精度级	表面粗糙度 Ra/μm
孔	钻孔	IT11～IT13	50～6.3
	铸锻孔的粗扩(镗)	IT11～IT13	50～12.5
	精扩	IT9～IT11	6.3～3.2
	粗铰	IT8～IT9	6.3～1.6
	精铰	IT6～IT7	3.2～0.8
	半精镗	IT9～IT11	6.3～3.2
	精镗(浮动镗)	IT7～IT9	3.2～0.8
	精细镗(金刚镗)	IT6～IT7	0.8～0.1
	粗磨	IT9～IT11	6.3～3.2
	精磨	IT7～IT9	1.6～0.4
	研磨	IT6	0.2～0.012
	珩磨	IT6～IT7	0.4～0.1
	拉孔	IT7～IT9	1.6～0.8
平面	粗刨、粗铣	IT11～IT13	50～12.5
	半精刨、半精铣	IT8～IT11	6.3～3. 2
	精刨、精铣	IT6～IT8	3.2～0.8
	拉削	IT7～IT8	1.6～0.8
	粗磨	IT8～IT11	6.3～1.6
	精磨	IT6～IT8	0.8～0.2
	研磨	IT5～IT6	0.2～0.012

【任务实施】

此零件属于回转体零件，适合用数控车削加工。毛坯为ϕ20mm×80mm锻件。零件外圆柱面、端面经粗车、精车达到尺寸要求。

1.2.2　定位装夹方案选择

【知识链接】

数控车床上零件的安装方法与普通车床一样，要合理选择定位基准和装夹方案，在选择数控车削加工定位方法时，对于轴类零件，通常以零件自身的外圆柱面作为径向定位基准来定位；对于套类零件，则以内孔作为径向定位基准，轴向定位则以轴肩或端面作为定位基准。数控车床常使用通用三爪自定心卡盘、四爪卡盘等夹具来安装工件。常见的定位夹紧方式有以下几种。

1. 三爪自定心卡盘装夹

三爪自定心卡盘，如图1-18所示，是最常用的车床通用卡具，这种方法装夹零件方便，省时，自动定心好，但夹紧力较小，适用于装夹外形规则的中、小型零件。三爪自定心卡盘可安装成正爪或反爪两种形式，反爪用来装夹直径较大的零件。如果大批量生产，则使用自动控制的液压、电动及气动夹具。除此之外，还有许多相应的实用夹具，它们主要有用于轴类零件的夹具和用于盘套类零件的夹具两类。

2. 四爪单动卡盘装夹

主要用于加工精度要求不高、偏心距小、长度较短的零件，如图1-19所示。

3. 中心孔定位夹具装夹

以工件两端中心孔定位，使用两顶尖装夹的优点是定心正确可靠，安装方便。顶尖的作用是定心、承受零件的重量和切削力，如图1-20所示。顶尖分前顶尖和后顶尖两种，前顶尖分两种：一种是插入主轴锥孔内的，另一种是夹在卡盘上的，前顶尖与主轴一起旋转，与主轴中心孔不产生摩擦。后顶尖插入尾座套筒，后顶尖分两种：一种是固定的，另一种是回转的。使用时还需根据具体情况来选择。

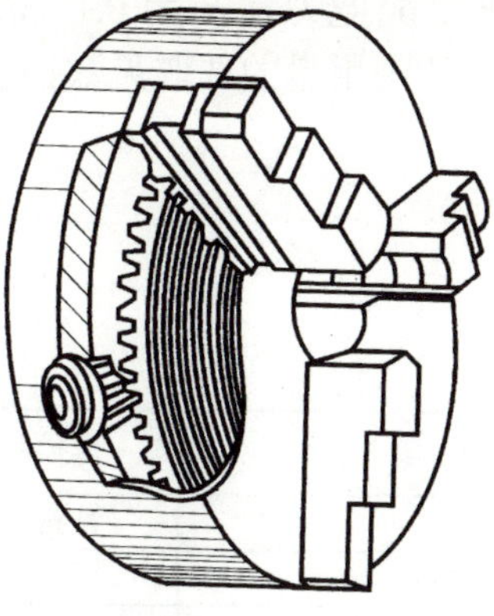

图 1-18　三爪自定心卡盘

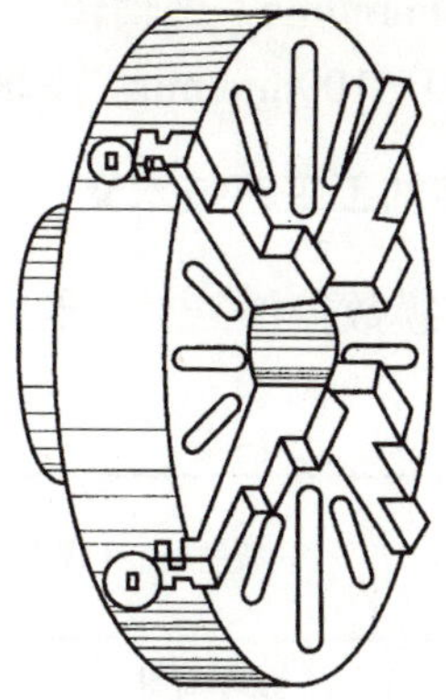

图 1-19　四爪单动卡盘

4. 一夹一顶式

即以工件一端外圆表面、另一端中心孔定位，使用卡盘与顶尖装夹。零件安装时，可以采用一夹一顶安装形式。用三爪或四爪卡盘夹持零件的一端，用顶尖顶住零件另一端的中心孔。这种形式适合加工长度较长，重量较重，且对精度要求较高的外形规则的零件。

5. 其他车削工装夹具装夹

数控车削加工零件中有时会遇到一些形状复杂和不规则的零件，不能用三爪自定心卡盘或四爪单动卡盘装夹，需要借助其他工装夹具，如花盘、角铁等。图 1-21 所示为用花盘装夹双孔连杆的方法。

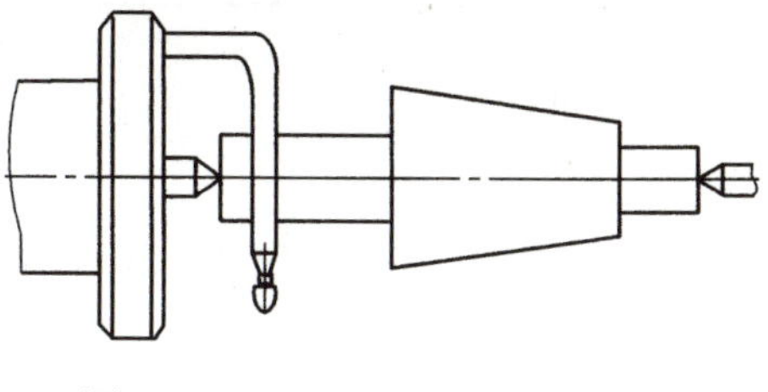

图 1-20　两顶尖装夹工件

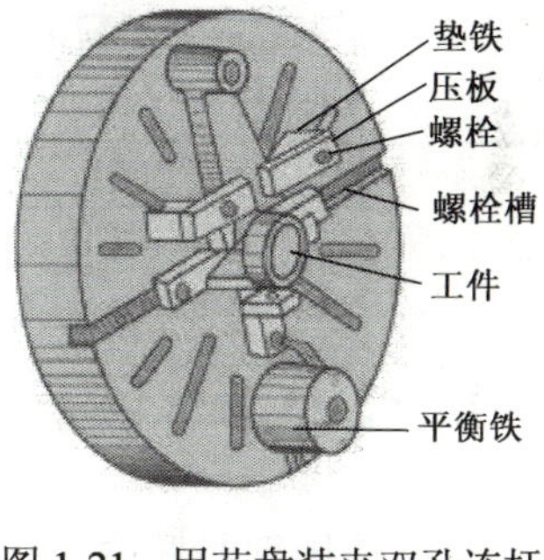

图 1-21　用花盘装夹双孔连杆

【任务实施】

冲孔凸模零件属于规则的回转体零件，毛坯长度 70mm，直径和长度较小，选择用三爪自定心卡盘定位夹紧。

1.2.3　工艺路线制定

加工工艺路线为：车右端面—粗车外圆(ϕ9.12mm 外圆、ϕ15mm 外圆、ϕ17mm 台阶面、ϕ17mm 外圆)—精车外圆(ϕ9.12mm 外圆、ϕ15mm 外圆、ϕ17mm 台阶面、ϕ17mm 外圆)—切断(保证总长)。

1.2.4　切削用量确定

零件材料是 Cr12，根据实训条件及经验，粗车时：背吃刀量 a_p 为 1～3mm，进给速度 F 为 100～200mm/min，主轴转速为 600～800r/min；精车时：背吃刀量 a_p 为 0.1～0.5mm，进给速度 F 为 60～100mm/min，主轴转速为 800～1200r/min；切削用量的选取见数控加工工序卡。

1.2.5　数控加工工艺技术文件

冲孔凸模数控加工工序卡见表 1-5。

表 1-5　数控加工工序卡

<table>
<tr><td rowspan="2">单位</td><td colspan="3" rowspan="2">数控加工工序卡片</td><td colspan="3">产品名称或代号</td><td>零件名称</td><td>零件图号</td></tr>
<tr><td colspan="3"></td><td>冲孔凸模</td><td></td></tr>
<tr><td colspan="4" rowspan="6">工序简图
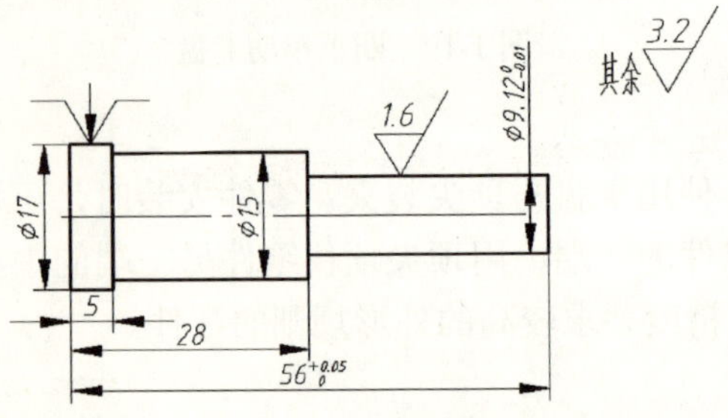
</td><td colspan="3">车间</td><td colspan="2">使用设备</td></tr>
<tr><td colspan="3">机加工车间</td><td colspan="2">数控车床</td></tr>
<tr><td colspan="3">工艺序号</td><td colspan="2">工序名称</td></tr>
<tr><td colspan="3">10</td><td colspan="2">车端面、外圆</td></tr>
<tr><td colspan="3">夹具名称</td><td colspan="2">程序号</td></tr>
<tr><td colspan="3">三爪卡盘</td><td colspan="2">O0030</td></tr>
<tr><td>工步号</td><td>工步作业内容</td><td>G 功能</td><td>刀具号</td><td>刀补量</td><td>主轴转速</td><td>进给速度</td><td>背吃刀量</td><td>备注</td></tr>
<tr><td>1</td><td>车端面</td><td>G01</td><td>T01</td><td></td><td>600</td><td>150</td><td></td><td></td></tr>
<tr><td>2</td><td>粗车外圆表面</td><td>G90</td><td>T01</td><td></td><td>600</td><td>150</td><td>2</td><td></td></tr>
<tr><td>3</td><td>精车外圆表面</td><td>G01</td><td>T01</td><td></td><td>1200</td><td>100</td><td>0.25</td><td></td></tr>
<tr><td>4</td><td>切断，保证总长</td><td>G01</td><td>T02</td><td></td><td>300</td><td>30</td><td></td><td></td></tr>
<tr><td>编 制</td><td></td><td>审 核</td><td>批 准</td><td colspan="3">年　月　日</td><td>共　页</td><td>第 页</td></tr>
</table>

1.3　程 序 编 制

【知识链接】数控加工的坐标系、F、S、T、M 功能及 G54、G50、G00、G01、G90、G94 等指令

1．数控程序编制的概念

(1)数控程序编制的定义

数控机床是严格按照从外部输入的程序来自动地对被加工工件进行加工的。为了与数控系统的内部程序(系统软件)及自动编程用的零件源程序相区别，我们把从外部输入的直接用于加工的程序称为数控加工程序，简称为数控程序，它是机床数控系统的应用软件。在数控机床上加工零件时，首先要根据零件图，按规定的代码及程序格式将加工零件的全部工艺过程、工艺参数、位移数据和方向以及操作步骤等以数字信息的形式，记录在控制介质(如磁盘)上，然后输入给数控装置。数控装置再将输入的信息进行运算处理后转换成驱动伺服机构的指令信号，最后由伺服机构控制机床的各种动作，自动地加工出零件来。

(2)数控机床程序编制的具体步骤与要求

一般说来，数控机床程序编制过程的主要内容包括：分析零件图样、确定加工工艺、刀具的选择、程序编制、程序调试及加工操作。从分析零件图开始到零件加工完毕，整个过程如图 1-22 所示。

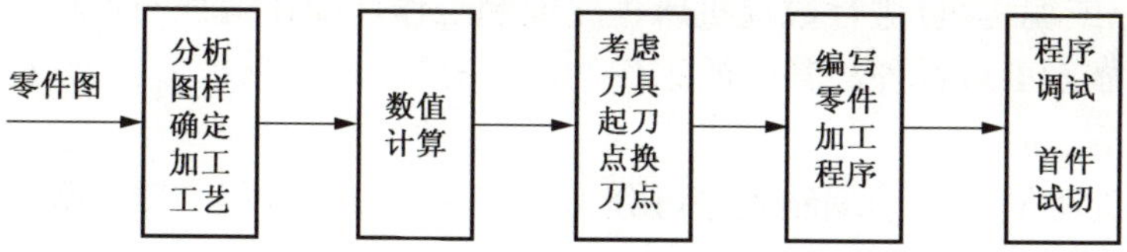

图 1-22　程序编制过程

1) 分析零件图样、确定加工工艺

首先是能正确分析零件图，确定零件的加工部位，根据零件图的技术要求，分析零件的形状、基准面、尺寸公差和粗糙度要求，还有加工面的种类、零件的材料、热处理等其他技术要求。然后根据零件形状和加工的内容及范围，确定该零件是否适宜在数控机床上加工，在哪类设备上加工，确定使用机床的种类。工件的装夹方法也直接影响着产品的加工精度和加工效率，也必须认真加以考虑，工件安装尽可能利用通用夹具，必要时也要设计制造专用夹具。最后确定加工的顺序和步骤，一般分粗加工、半精加工、精加工等阶段。粗加工一般留 1mm 的加工余量，要使机床和刀具在能力允许的范围内用尽可能短的时间完成。半精加工，一般保留 0.1～0.5mm 的加工余量。精加工直接形成产品的最终尺寸精度和表面粗糙度，对于要求较高的表面要分别进行加工。

2) 数值计算

根据零件图样上的尺寸、工艺要求及编程的方便，选定一个工件坐标系并在此坐标系内计算零件轮廓或刀具运动轨迹的坐标值，诸如几何元素的起点、终点、圆弧的圆心及其他基点等坐标尺寸。在使用刀具补偿功能时，只需要计算零件的轮廓坐标值；不使用刀具补偿功能时，则必须计算刀具运动轨迹（刀具中心轨迹）的坐标值。

3) 刀具的选择，起刀点、换刀点的确定

在对零件加工部位进行工艺分析之后，要确定使用的刀具，粗、精加工用的刀具要分开，所采用的刀具要满足加工质量和效率的要求。

数控车床、加工中心等在加工时常需要换刀，故编程时要设置一个换刀点。换刀点应设在工件的外部，以避免换刀时碰伤工件。数控车床起刀点一般选在靠近参考点附近，数控铣床、加工中心机床一般选在工件坐标系 $-X$（或 $+X$）与 $+Y$、$+Z$ 靠近工件加工切入点的附近。

4) 程序编制

完成以上工作以后，再按照机床数控指令代码及程序格式的规定编写数控机床加工程序。

5) 程序调试、加工操作

加工程序编制完成以后，在加工以前要进行程序试运行，以便检验程序是否正确。然后操作机床进行加工。

(3) 程序编制的方法

数控机床所使用的程序是按一定的格式并以代码的形式编制的，一般称为“加工程序”，目前零件的加工程序编制方法主要有以下两种。

1) 手工编程

利用一般的计算工具，通过各种数学方法，人工进行刀具轨迹的运算，并进行程序编制。

这种方式比较简单，很容易掌握，适应性较广。适用于中等复杂程度、计算量不大的零件编程，对机床操作人员来讲必须掌握。

2) 自动编程

使用计算机(或编程机)进行数控机床程序编制工作，即在编程的各项工作中，除拟订工艺方案仍主要依靠人工进行外，其余的工作均由计算机自动完成，这一过程就称为计算机自动编程。

按输入方式的不同，自动编制程序可分为语言数控自动编程、图形数控自动编程和语音数控自动编程等。

按程序编制系统与数控系统紧密性的不同，自动编程又分为离线程序编制和在线程序编制。与数控系统相脱离的程序编制系统为离线程序编制系统，该种系统可为多台数控机床编制程序，其功能往往多而强，程序编制时不占机床工作时间。

(4) 字符与代码

字符是一个关于信息交换的术语，它是用来组织、控制或表示数据的一些符号，是加工程序的最小组成单位。加工程序常用的字符分四类：第一类是文字(26 个英文字母)；第二类数字和小数点(0～9)；第三类符号(正号和负号)；第四类功能字符(程序开始符、程序结束符、程序段结束符等)。

数控系统只能接受二进制信息，用“0”和“1”组合的代码来表达。国际上广泛采用两种标准代码，即“ISO”国际标准化组织标准代码和“EIA”美国电子工业协会标准代码。

(5) 程序字及其功能类别

程序字简称字，是程序中按规定次序排列的字符，可以作为一个信息单元存储、传递和操作。程序字是由字符组成，字首为一个英文字母，也称作地址符，随后为若干位十进制数字。地址符与数字间可加正、负号。根据功能的不同，程序字可分为 7 种类型，分别称为顺序号字、准备功能字、辅助功能字、尺寸字、进给功能字、主轴转速功能字和刀具功能字。

1) 字符与代码

字符是用来组织、控制或表示数据的一些符号，如数字、字母、标点符号、数学运算符等。数控系统只能接受用“0”和“1”组合的代码来表达的二进制信息。国际上广泛采用 ISO 和 EIA 两种标准代码，这两种标准代码的编码方法不同，在大多数现代数控机床上这两种代码都可以使用，只需用系统控制面板上的开关来选择，或用 G 功能指令来选择。

2) 字

在数控加工程序中，字是指一系列按规定排列的字符，作为一个信息单元存储、传递和操作。字是由一个英文字母与随后的若干位十进制数字组成，这个英文字母称为地址符。如：“X2500”是一个字，X 为地址符，数字“2500”为地址中的内容。

3) 字的功能

组成程序段的每一个字都有其特定的功能含义，本教材主要是以 FANUC 数控系统的规范为主来介绍的，实际工作中，请遵照机床数控系统说明书来使用各个功能字。

① 顺序号字 N

顺序号又称程序段号或程序段序号。顺序号位于程序段之首，由顺序号字 N 和后续数字组成。顺序号字 N 是地址符，后续数字一般为 1～4 位的正整数。数控加工中的顺序号实际上是程序段的名称，与程序执行的先后次序无关。数控系统不是按顺序号的次序来执行程序，而是按照程序段编写时的排列顺序逐段执行。

顺序号的作用：对程序的校对和检索修改；作为条件转向的目标，即作为转向目的程序段的名称。有顺序号的程序段可以进行复归操作，这是指加工可以从程序的中间开始，或回到程序中断处开始。

一般使用方法：编程时将第一程序段冠以 N10，以后以间隔 10 递增的方法设置顺序号，这样，在调试程序时，如果需要在 N10 和 N20 之间插入程序段时，就可以使用 N11、N12 等。

② 准备功能字 G

准备功能字的地址符是 G，又称 G 功能或 G 指令，是用于建立机床或控制系统工作方式的一种指令。后续数字一般为 1～3 位正整数，见表 1-6。

表 1-6　G 功能字含义表

G 功能字	FANUC 系统	SIEMENS 系统	G 功能字	FANUC 系统	SIEMENS 系统
G00	快速移动点定位	快速移动点定位	G65	用户宏指令	—
G01	直线插补	直线插补	G70	精加工循环	英制
G02	顺时针圆弧插补	顺时针圆弧插补	G71	外圆粗切循环	米制
G03	逆时针圆弧插补	逆时针圆弧插补	G72	端面粗切循环	—
G04	暂停	暂停	G73	封闭切削循环	—
G05	—	通过中间点圆弧插补	G74	深孔钻循环	—
G17	*XY* 平面选择	*XY* 平面选择	G75	外径切槽循环	—
G18	*ZX* 平面选择	*ZX* 平面选择	G76	复合螺纹切削循环	—
G19	*YZ* 平面选择	*YZ* 平面选择	G80	撤销固定循环	撤销固定循环
G32	螺纹切削	—	G81	定点钻孔循环	固定循环
G33	—	恒螺距螺纹切削	G90	绝对值编程	绝对尺寸
G40	刀具补偿注销	刀具补偿注销	G91	增量值编程	增量尺寸
G41	刀具补偿——左	刀具补偿——左	G92	螺纹切削循环	主轴转速极限
G42	刀具补偿——右	刀具补偿——右	G94	每分进给量	直线进给率
G43	刀具长度补偿——正	—	G95	每转进给量	旋转进给率
G44	刀具长度补偿——负	—	G96	恒线速控制	恒线速度
G49	刀具长度补偿注销	—	G97	恒线速取消	注销 G96
G50	主轴最高转速限制	—	G98	返回起始平面	—
G54～G59	加工坐标系设定	零点偏置	G99	返回 *R* 平面	—

③ 尺寸字

尺寸字用于确定机床上刀具运动终点的坐标位置。其中，第一组 X、Y、Z、U、V、W、P、Q、R 用于确定终点的直线坐标尺寸；第二组 A、B、C、D、E 用于确定终点的角度坐标尺寸；第三组 I、J、K 用于确定圆弧轮廓的圆心坐标尺寸。在一些数控系统中，还可以用 P 指令暂停时间、用 R 指令圆弧的半径等。多数数控系统可以用准备功能字来选择坐标尺寸的制式，如 FANUC 诸系统可用 G21/G22 来选择米制单位或英制单位，也有些系统用系统参数来设定尺寸制式。采用米制时，一般单位为 mm，如 X100 指令的坐标单位为 100mm。当然，一些数控系统可通过参数来选择不同的尺寸单位。

④ 进给功能字 F

进给功能字的地址符是 F，又称 F 功能或 F 指令，用于指定切削的进给速度。对于车床，F 可分为每分钟进给和主轴每转进给两种，对于其他数控机床，一般只用每分钟进给。F 指令在螺纹切削程序段中常用来指令螺纹的导程。

⑤ 主轴转速功能字 S

主轴转速功能字的地址符是 S，又称 S 功能或 S 指令，用于指定主轴转速，单位为 r/min。对于具有恒线速度功能的数控车床，程序中的 S 指令用来指定车削加工的线速度，单位为 m/min。

⑥ 刀具功能字 T

刀具功能字的地址符是 T，又称 T 功能或 T 指令，用于指定加工时所用刀具的编号。对于数控车床，其后的数字还兼作指定刀具长度补偿和刀尖半径补偿用。

⑦ 辅助功能字 M

辅助功能字的地址符是 M，后续数字一般为 1～3 位正整数，又称 M 功能或 M 指令，用于指定数控机床辅助装置的开关动作，见表 1-7。

表 1-7　常用 M 功能字含义表

M 功能字	含义	M 功能字	含义
M00	程序停止	M07	2 号冷却液开
M01	计划停止	M08	1 号冷却液开
M02	程序停止	M09	冷却液关
M03	主轴顺时针旋转	M30	程序停止并返回开始处
M04	主轴逆时针旋转	M98	调用子程序
M05	主轴旋转停止	M99	子程序结束，返回主程序

(6) 程序格式

1) 程序段格式

程序段是可作为一个单位来处理的、连续的字组，是数控加工程序中的一条语句。一个数控加工程序是由若干个程序段组成的。

程序段格式是指程序段中的字、字符和数据的安排形式。现在一般使用字地址可变程序段格式，每个字长不固定，各个程序段中的长度和功能字的个数都是可变的。

续效字是指地址可变程序段格式中，在上一程序段中写明的、本程序段里又不变化的那些字仍然有效，可以不再重写，这种功能字称之为续效字。

程序段格式举例：

```
N30 G01 X88.1 Y30.2 F500 T0202 M08;
```

N40 X90(本程序段省略了续效字“G01 Y30.2 F500 T0202 M08;”，但它们的功能仍然有效)在程序段中，必须明确组成程序段的如下各要素。

移动目标：终点坐标值 X、Y、Z；

沿怎样的轨迹移动：准备功能字 G；

进给速度：进给功能字 F；

切削速度：主轴转速功能字 S；

使用刀具：刀具功能字 T；

机床辅助动作：辅助功能字 M。

2) 加工程序的一般格式

① 程序开始符、结束符。程序开始符、结束符是同一个字符，ISO 代码中是%，EIA 代码中是 EP，书写时要单列一段。

② 程序名。程序名有两种形式：一种是英文字母 O 和 1～4 位正整数组成；另一种是由英文字母开头，字母数字混合组成的。一般要求单列一段。

③ 程序主体。程序主体是由若干个程序段组成的，主体最后程序段一般用 M05 停主轴。每个程序段一般占一行。

④ 程序结束指令。程序结束指令可以用 M02 或 M30。一般要求单列一段。加工程序的一般格式举例：

```
%                                      开始符
O1000;                                 程序名
N10 G00 G54 X50 Y30 M03 S300;
N20 G01 X88.1 Y30.2 F500 T0202 M08;
N30 X90;
……;
N290 M05;
N300 M30;                              程序结束
%                                      结束符
```

2. 数控加工的坐标系

为了确定工件在数控机床中的位置，准确描述机床运动部件在某一时刻所在的位置以及运动的范围，就必须要给数控机床建立一个几何坐标系。数控机床坐标轴的指定方法已标准化，我国执行的数控标准 JBT 3051－1999《数控机床坐标和运动方向的命名》与国际标准 ISO 和 EIA 等效，即数控机床的坐标系采用右手笛卡儿直角坐标系。

(1) 数控车床的坐标系与运动方向的规定

建立坐标系的基本原则：

① 永远假定工件静止，刀具相对于工件运动。

② 坐标系采用右手笛卡儿直角坐标系。如图 1-23 所示大拇指的方向为 X 轴的正方向，食指指向为 Y 轴的正方向，中指指向为 Z 轴的正方向。在确定了 X、Y、Z 坐标轴的基础上，根据右手螺旋法则，可以很方便地确定出 A、B、C 三个旋转坐标轴的方向。

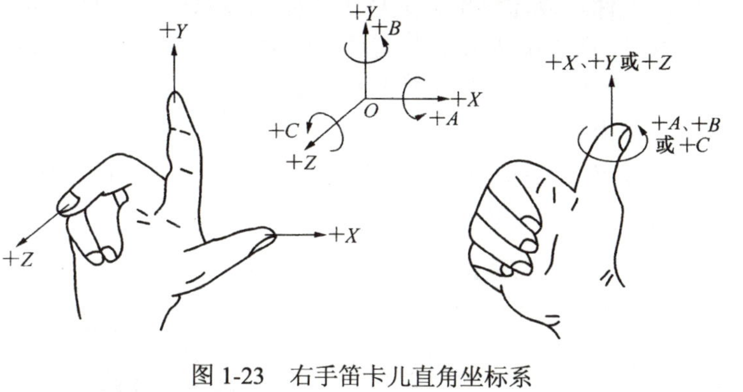

图 1-23　右手笛卡儿直角坐标系

③ 规定 Z 坐标轴的运动由传递切削动力的主轴决定，与主轴轴线平行的坐标轴即为 Z 轴，X 轴为水平方向，平行于工件装夹面并与 Z 轴垂直。

④ 规定以刀具远离工件的方向为坐标轴的正方向。

依据以上的原则，当车床为前置刀架时，X 轴正向向前，指向操作者，如图 1-24 所示；当机床为后置刀架时，X 轴正向向后，背离操作者，如图 1-25 所示。

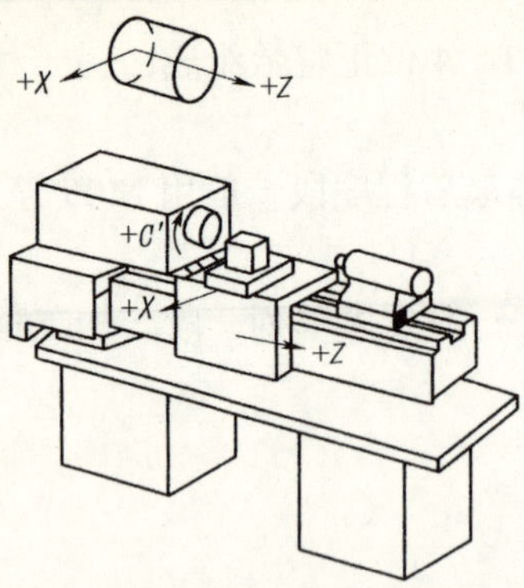

图 1-24　水平床身前置刀架式数控车床的坐标系

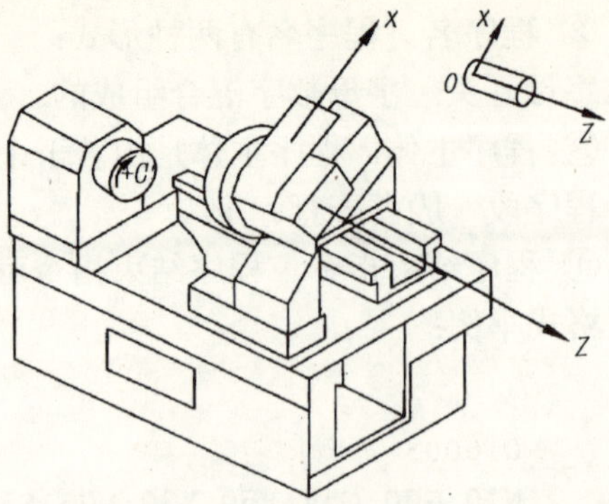

图 1-25　倾斜床身后置刀架式数控车床的坐标系

(2)机床坐标系及原点

机床坐标系是以机床原点为坐标系原点建立起来的 *ZOX* 轴直角坐标系。

① 机床原点

机床原点(又称机械原点)即机床坐标系的原点，是机床上的一个固定点，其位置是由机床设计和制造单位确定的，通常不允许用户改变。数控车床的机床原点一般为主轴回转中心与卡盘后端面的交点，如图 1-26 所示。

② 机床参考点

机床参考点也是机床上的一个固定点，它是用机械挡块或电气装置来限制刀架移动的极限位置。作用主要是用来给机床坐标系一个定位。因为如果每次开机后无论刀架停留在哪个位置，系统都把当前位置设定成(0，0)，这就会造成基准的不统一。

数控车床在开机后首先要进行回参考点(也称回零点)操作。机床在通电之后，返回参考点之前，不论刀架处于什么位置，此时 CRT 上显示的 *Z* 与 *X* 的坐标值均为 0。只有完成了返回参考点操作后，刀架运动到机床参考点，此时 CRT 上显示出刀架基准点在机床坐标系中的坐标值，即建立了机床坐标系。

③ 工件坐标系

数控车床加工时，工件可以通过卡盘夹持于机床坐标系中的任意位置。这样一来在机床坐标系中编程就很不方便。所以编程人员在编写零件加工程序时通常要选择一个工件坐标系，也称编程坐标系，程序中的坐标值均以工件坐标系为依据。

工件坐标系的原点可由编程人员根据具体情况确定，一般设在图样的设计基准或工艺基准处。根据数控车床的特点，工件坐标系原点通常设在工件左、右端面的中心或卡盘前端面的中心，如图 1-27 所示。

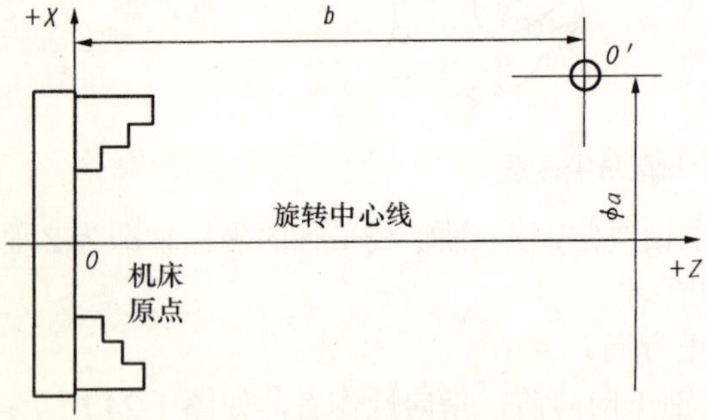

图 1-26　机床原点及参考点图

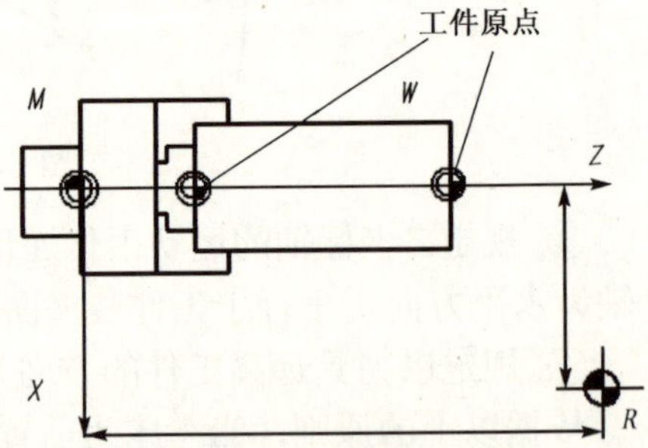

图 1-27　工件坐标系原点

3. 绝对/相对坐标编程

FANUC 系统数控车床有两个控制轴，有两种编程方法：绝对坐标命令方法和相对坐标命令方法。此外，这些方法能够被结合在一个指令里。对于 *X* 轴和 *Z* 轴地址所要求的相对坐标指令是 U 和 W。

例：图 1-28 所示锥面的车削从 *A* 到 *B* 点可有三种编程形式，具体如下：

绝对坐标程序——`X40 Z5;`

相对坐标程序——`U20 W-45;`

混合坐标程序——`X40 W-45;`

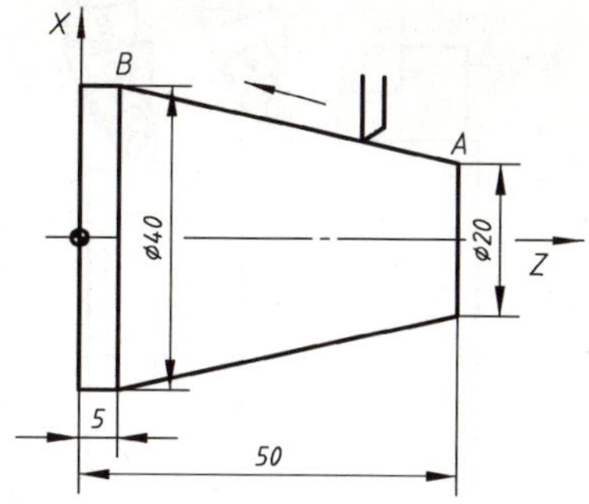

图 1-28　绝对及相对坐标

4. G 功能指令

(1) 坐标系设定指令

1) 设定工件坐标系指令 G50

在编程前，一般首先确定工件原点，在 FANUC 0i 数控车床系统中，设定工件坐标系常用的指令是 G50。从理论上来讲，车削工件的工件原点可以设定在任何位置，但为了编程计算方便，编程原点常设定在工件的右端面或左端面与工件中心线的交点处。

编程格式：G50 X__Z__;

式中，X、Z 后为当前刀尖(即刀位点)起始点相对于工件原点的 *X* 轴方向和 *Z* 轴方向的坐标，X 值常用直径值来表示。用 G50 来设置工件坐标系，如图 1-29 所示。

例：按图 1-29 设置加工坐标系的程序段如下：

```
G50  X 121.8  Z 33.9;
```

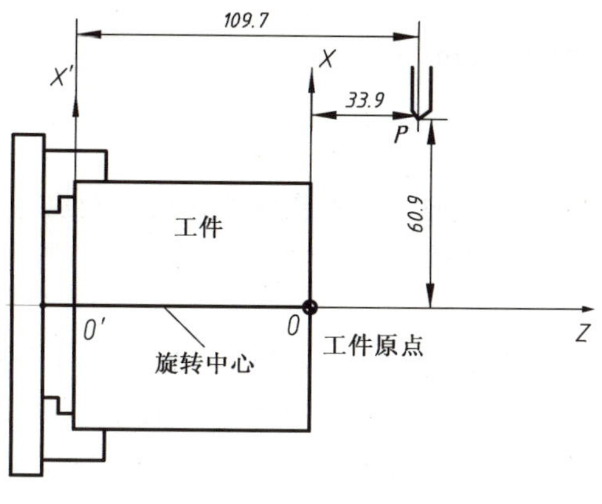

图 1-29　G50 设定加工坐标系

显然，如果当前刀具位置不同，所设定的工件坐标系也不同，即工件原点也不同。因此，数控机床操作人员在程序运行前，必须通过调整机床，将当前刀具移到确定的位置，这一过程就是对刀。对刀如果有误差，可通过调整刀具补偿值来达到精度要求。

2) 工件坐标系的选择指令 G54～G59

编程格式：G54～G59;

通过使用 G54～G59 命令，采取工件坐标系预先寄存在数控机床寄存器的方式，最多可设置六个工件坐标系(1～6)。在接通电源和完成了原点返回后，系统自动选择工件坐标系(G54～G59)。在有“模态”命令对这些坐标做出改变之前，它们将保持其有效性。调用 G54～G59 工件坐标系前需在原点偏置寄存器完成设置。

(2) 恒线速度控制和最高转速限制(G96/G97/G50)

数控车床主轴分成低速区和高速区，在每一个区内的转速可以自由改变。若零件要求锥面或端面的粗糙度一致，则必须用恒线速来进行切削。

1) G96 恒线速度控制

指通过改变转速来控制相应的工件直径变化时维持稳定的恒定的切削速度，和 G50 指令配合使用。

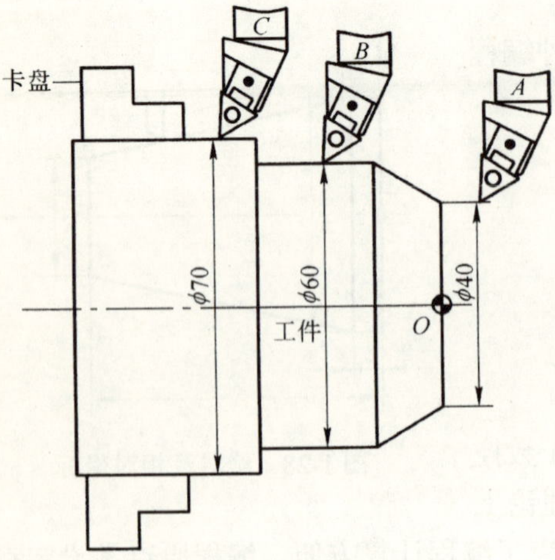

图 1-30　恒线速切削方式

编程格式：`G96 S__;`

式中，S 后面的数字表示的是恒定的线速度：m/min。

例：G96 S150 表示切削点线速度控制在 150m/min，如图 1-30 所示零件，为保持 *A*、*B*、*C* 各点的线速度在 150m/min，则各点在加工时的主轴转速分别为

A：n=1000×150÷(π×40)=1193(r/min)

B：n=1000×150÷(π×60)=795(r/min)

C：n=1000×150÷(π×70)=682(r/min)

2) G97 取消恒线速度控制

编程格式：`G97 S__;`

式中，S 后面的数字表示恒线速度控制取消后的主轴转速，如 S 未指定，将保留 G96 的最终值。

例：G97 S3000 表示恒线速度控制取消后的主轴转速为 3000r/min。

3) 最高转速限制

当主轴转速高于 G50 后指定速度，则被限制在最高速度，不再升高。

编程格式：`G50 S__;`

式中，S 后面的数字表示的是最高转速：r/min。

例：`G50 S2000;`（限制最高转速为 2000r/min）

`G96 S150;`（恒线速开始，指定切削速度为 150m/min）

`G01 X10;`

`G97 S200;`（取消恒线速，指定转速为 200 r/min）

注意：G96 指定的线速度在 G97 时也记忆，再执行 G96 时，若不指定线速度，则执行前次的线速度；G97 指定的线速度在 G96 时也记忆。

(3) 切削进给速度(G98/G99)

切削进给速度可用 G98 代码来指令每分钟的进给量(mm/min)，或者用 G99 代码来指定每转进给量(mm/r)，如图 1-31 所示。G99 的每转进给量主要用于数控车床加工编程，G98 的每分钟进给量主要用于数控铣/加工中心的编程。切削速度和进给量的计算示例见表 1-8。

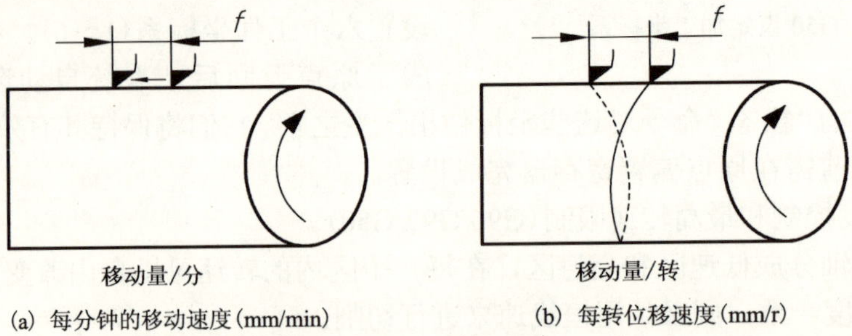

(a) 每分钟的移动速度(mm/min)　(b) 每转位移速度(mm/r)

图 1-31　切削进给速度

表 1-8　切削速度和进给量的计算

切削速度计算	
$V_c=(\pi\times D_m\times n)/1000$ 式中，n(r/min)：主轴转速；D_m(mm)：工件直径；π(3.14)：圆周率；V_c(mm/min)：切削速度	例：主轴转速 700r/min、工件直径ϕ50mm，求切削速度。 答：π = 3.14、D_m = 50mm、n = 700r/mm 代入公式： $V_c=(\pi\times D_m\times n)/1000=110$ (m/min) 切削速度为 110m/min
进给量计算	
$F=l/n$ (mm/r) 式中，l(mm/min)：每分钟切削长度；n(r/min)：主轴转速；f(mm/r)：每转进给量	例：主轴转速 500r/min，每分钟切削长度 120mm/min，求每转进给量。 答：n = 500r/min、l = 120mm/min 代入公式 $F=l/n=120/500=0.24$ (mm/r) 每转进给量为 0.24mm/r

(4) 快速点定位指令 G00

编程格式：`G00 X(U) __Z(W)__;`

式中，X(U)、Z(W)为移动终点，即目标点的坐标，X、Z 为绝对坐标，U、W 为增量坐标。

功能：G00 快速点定位指令控制机床各轴以最大速率从现在位置移动到指令位置。G00 是模态代码。

特别提示：

1) 刀具以点位控制方式从当前点快速移动到目标点。

2) 快速定位，无运动轨迹要求，移动速度是机床设定的空行程速度，与程序段中指定的进给速度无关。

3) G00 指令是模态代码，其中 X(U)、Z(W)是目标点的坐标。

4) 车削时快速定位目标点不能直接选在工件上，一般要离开工件表面 1～2mm。

(5) 直线插补指令 G01

编程格式：`G01 X(U)__Z(W)__F__;`

式中，X(U)、Z(W)为加工目标点的坐标；X、Z 为绝对坐标；U、W 为增量坐标；F 为加工时的进给速度或进给量。

功能：指令刀具以程序给定的速度从当前位置沿直线加工到目标位置。

特别提示：

1) 刀具从当前点出发，以插补联动方式按指定的进给速度直线移动到目标点。G01 指令是模态指令。

2) 进给速度由 F 指定。它可以用 G00 取消。在 G01 程序段中或之前必须含有 F 指令。

如图 1-32 所示，选右端面为编程原点，绝对坐标程序如下：

```
M03 S800;                 主轴正转，转速 800r/min
N10 G00 X50 Z2;           定位在切削起点 P1 点
N20 G01 Z-40 F80;         直线插补切削至 P2 点加工外圆
N30 X80 Z-60;             直线插补切削至 P3 点加工外圆锥
N40 G00 X200 Z100;        快速退刀至起刀点 P
```

增量坐标程序：

```
M03 S800;                 主轴正转，转速 800r/min
N10 G00 U-150 W-98;       定位在切削起点 P1 点
N20 G01 W-42 F80;         直线插补切削至 P2 点加工外圆
N30 U30 W-20;             直线插补切削至 P3 点加工外圆锥
N40 G00 U120 W160;        快速退刀至起刀点 P
```

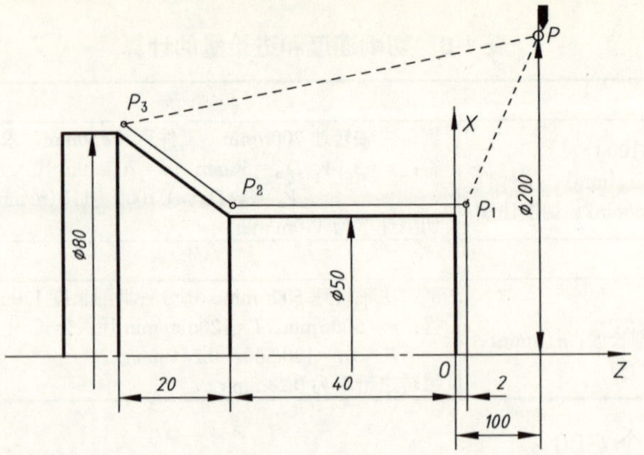

图 1-32　G01 指令举例

(6) 内、外圆柱面、圆锥面切削循环 G90

编程格式：G90 X(U)__Z(W)__F__;（内、外圆柱面切削循环）

或　　　　G90 X(U)__Z(W)__R__ I__F__;（内、外圆锥面切削循环）

式中，X(U)、Z(W)为外径、内径切削终点坐标；F 为切削进给量；R 为圆锥半径差，R=圆锥起点半径 – 圆锥终点半径。

注意：I 为圆锥面切削始点与切削终点的半径差。确定的方法是：起点半径减去终点半径。*X* 轴向切削始点坐标小于切削终点坐标，I 的数值为负；当锥面起点坐标大于终点坐标时为正，切削带锥度轮廓前，必须有 *X* 向进刀指令(G00 或 G01)。这一点对内锥面加工尤其重要。

1) 内、外圆柱面切削循环

刀具路径如图 1-33(a)所示：循环起点→①→②→③→④→循环终点。图中，R 表示快速移动，F 表示进给运动，加工顺序按 1、2、3、4 进行。U、W 表示增量值。

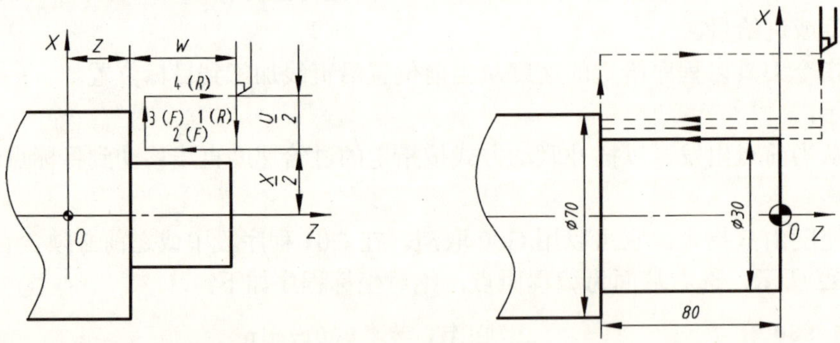

(a) 刀具切削路径　　　(b) 实例

图 1-33　直线切削循环

例：应用切削循环功能加工图 1-33(b)所示零件。

圆柱面切削循环程序如下：

```
N10 T0101;                     换 1 号刀
N20 M03 S1000;                 主轴正转，转速 1000r/min
N30 G00 X75 Z2;                定位到循环开始点
N40 G90 X70.0 Z-80.0 F1.3;     切削循环
N50 X66.0;                     第二刀
```

```
N51 X62.0;                    第三刀
N52 X58.0;                    第四刀
    ⋮                            ⋮
N60 X30.0;                    车削至尺寸要求
N70 M05;                      主轴停
N80 M30;                      程序结束并返回
```

2）内、外圆锥面切削循环

编程格式：G90 X(U) __Z(W) __I__F__;

式中，I 为锥体起点半径和终点半径之差。若工件锥面起点半径大于终点半径时，I 后的数值符号取正，反之取负，该值在此处采用半径编程。

刀具循环路径如图 1-34(a)所示。

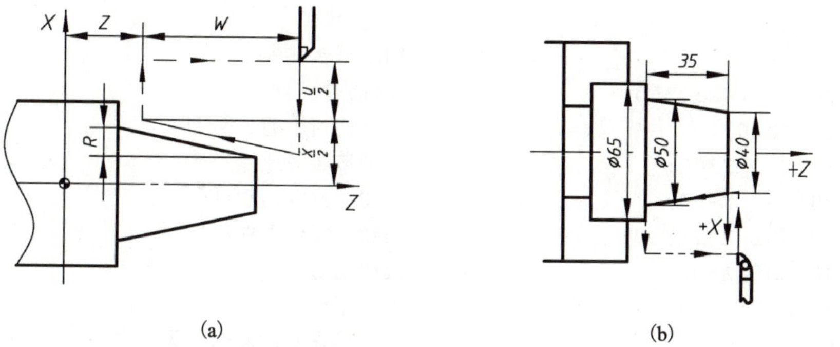

图 1-34　锥体切削循环

例：应用锥体切削循环功能加工图 1-34(b)所示零件。

锥体切削循环程序如下：

```
…;
N10 G00 X70 Z5;                    定位到循环开始点
N20 G90 X65 Z-35 I-5.714 F0.2;     切削循环
N30 X60;                           第二刀
N40 X55;                           第三刀
N50 X50;                           切削到尺寸
N60 G00 X100 Z150;                 退刀
…;
```

(7)端面切削循环 G94

编程格式：G94 X(U)__Z(W)__ F__;

式中，X(U)、Z(W)为端面切削终点坐标；F 为切削进给量。刀具路径如图 1-35 所示：循环起点→①→②→③→④→循环终点。

【任务实施】

冲孔凸模轴程序编制如下：

```
O0030                          程序名
N10 G54 G98 G40 G18 G21;       建立工件坐标系；系统初始化
N20 M03 S600 T0101;            主轴正转；换上加工用的 1 号刀
N30 G00 X25 Z5;                快速定位到加工准备点
```

```
N40 G01 X9.12 Z0 F150;        定位到端面顶点
N50 G01 X-1 Z0 F100;          直线插补指令车端面
N60 G00 X25 Z5;               定位在粗加工轮廓循环起刀点
N70 G90 X20 Z-60 F150;        φ17 外径单一切削循环
N80 X18;                      加工至φ18
N90 X17;
N100 X15 Z-51;                φ15 外径单一切削循环至φ16
N110 X12 Z-28;                φ9.12 外圆单一切削循环φ10
N120 X10;
N130 G00 X9.12 Z5 S1200;      定位在精加工起始位置
N140 G01 Z-28 F100;           车削φ9.12 外圆
N150 X15;                     车削台阶
N160 Z-51;                    车削φ15 外圆
N170 X17;                     车削台阶
N180 Z-60;                    切削至 Z-60
N190 G00 X25 Z50;             定位到换刀点
N200 T0202;                   换上切断用的 2 号刀
N210 M03 S300;                主轴转速降速
N220 G00 Z-60;                快速定位到切断点
N230 G01 X-1 F30;             切断，保证零件总长
N240 G00 Z50;                 快速退刀
N250 M05;                     主轴停止
N260 M30;                     程序结束光标返回开头
```

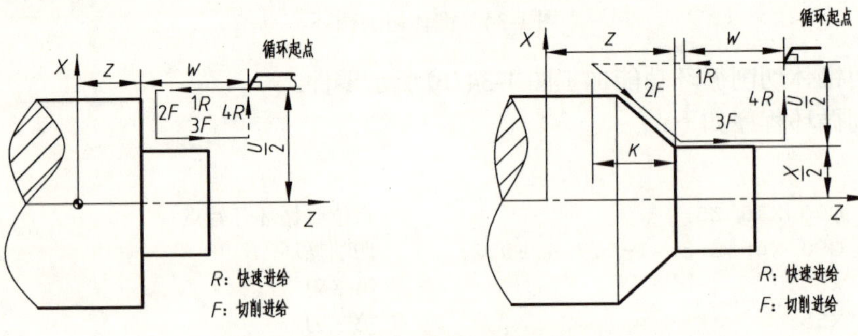

图 1-35　端面切削循环

1.4　零件加工与质量检测

1.4.1　数控车床基本操作

【知识链接】

1. 机床操作面板

机床操作面板位于窗口的右下侧，图 1-36 所示为 FANUC 0i 机床操作面板。主要用于控制机床的运动和选择机床运行状态，由模式选择旋钮、数控程序运行控制开关等多个部分组成，每一部分的详细说明如下。

(1) 模式选择旋钮

AUTO：进入自动加工模式。

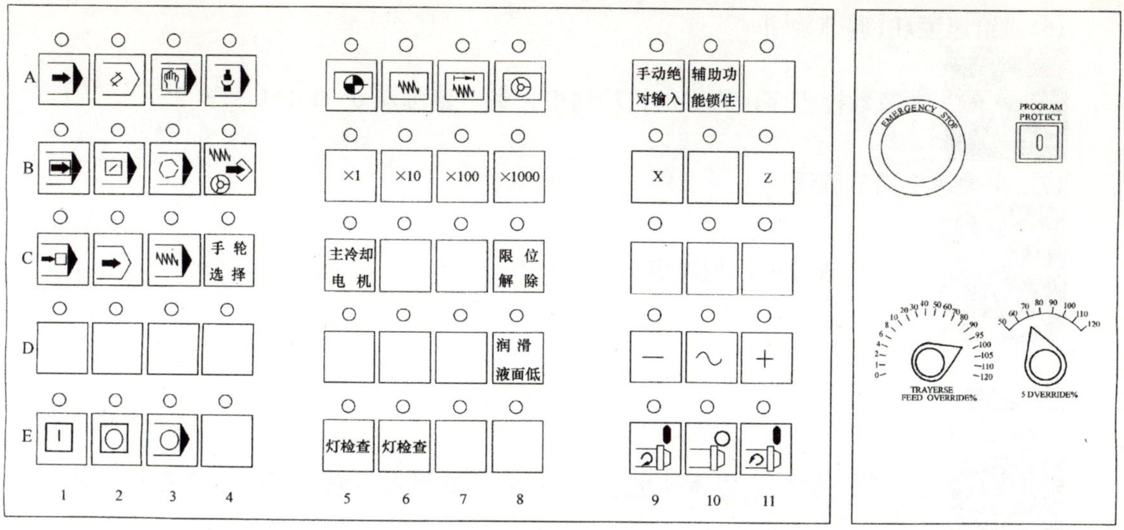

图 1-36　FANUC 0i Mate-TB 机床操作面板

EDIT：用于直接通过操作面板输入数控程序和编辑程序。

MDI：手动数据输入。

INC：增量进给。

手轮：手轮方式移动台面或刀具。

JOG：手动方式，手动连续移动工作台或者刀具。

DNC：DNC 位置在用 232 电缆线连接 PC 机和数控机床，选择数控程序文件传输。

REF：回参考点。

(2) 数控程序运行控制开关

循环启动：模式选择旋钮在“AUTO”和“MDI”位置时按下有效，其余时间按下无效。

程序运行停止：在数控程序运行中，按下此按钮停止程序运行。

(3) 机床主轴手动控制开关

手动开机床主轴正转。

手动开机床主轴反转。

手动关机床主轴。

(4) 手动移动机床台面按钮

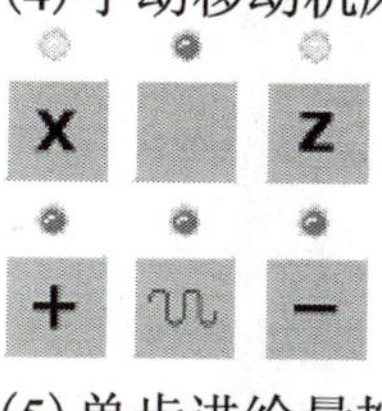

选择需要手动移动的坐标轴及移动方向。

(5) 单步进给量控制旋钮

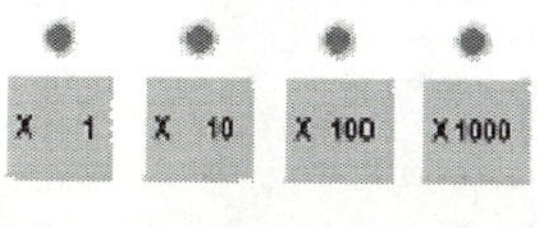

选择手动增量移动台面时每一步的距离。X1 为 0.001mm，X10 为 0.01mm，X100 为 0.1mm，X1000 为 1mm。

(6) 进给速度(F)调节旋钮

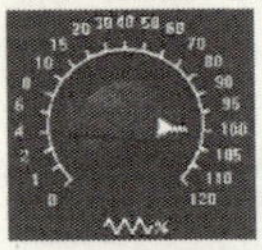

调节数控程序运行中的进给速度，调节范围从 0～120%。

(7) 主轴速度调节旋钮

调节主轴速度，速度调节范围从 0～120%。

(8) 手轮

手轮顺时针转，机床往正方向移动；手轮逆时针转，机床往负方向移动。

(9) 其他

 单段执行开关：在自动方式运行时，每按一次执行一段数控程序。

 程序段跳读：在自动方式运行时，按下此键，跳过程序段开头带有“/”的程序段。

 选择停止：在自动方式运行时，该键被按下(指示灯亮)，遇程序中 M01 时程序停止运行。

 空运转：按下此键，各轴以固定的速度运动，主要用于程序校验。

 手动示教。

 程序重启动：由于刀具破损等原因自动停止后，程序可以从指定的程序段重新启动。

 进给锁开关：按下此键，机床各轴被锁住。

 M00 程序停止：程序运行中，M00 停止时，指示灯亮。

 紧急停止旋钮。

 程序编辑开关：置于“ON”位置，可编程序。

2. FANUC 0i 数控系统 MDI 操作面板

图 1-37 所示为 FANUC 0i 数控系统 CRT 显示器屏幕和 MDI 操作面板。各键的功能如下。

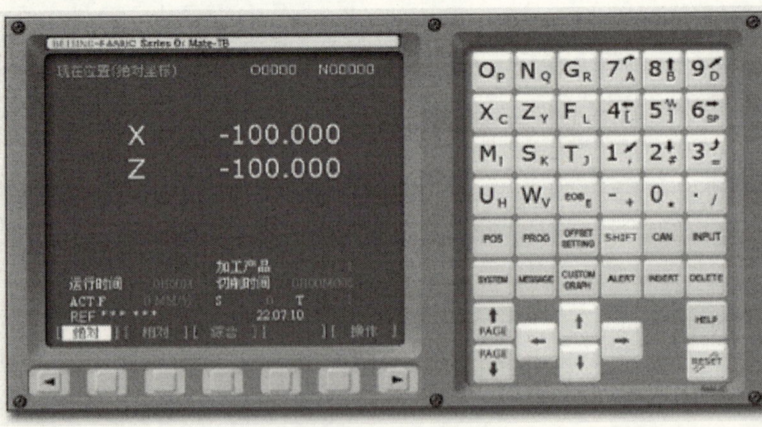

图 1-37　FANUC 0i Mate-TB 数控系统 MDI 操作面板

(1)数字/字母键

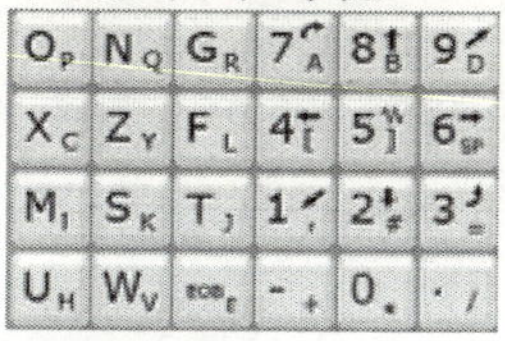

用于输入数据到输入区域。

(2)编辑键

ALTER 替代键：用输入的数据替代光标所在位置的数据。

DELTE 删除键：删除光标所在位置的数据；或者删除一个数控程序或者删除全部数控程序。

INSERT 插入键：把输入域之中的数据插入到当前光标之后的位置。

CAN 修改键：消除输入域内的数据。

EOB E 回车换行键：结束一行程序的输入并且换行。

SHIFT 上挡键。

(3)页面切换键

PROG 数控程序显示与编辑页面。

POS 位置显示页面：位置显示有绝对、相对、综合三种方式，用软键或 PAGE 按钮选择。

OFFSET SETTING 显示刀偏/设定(SETTING)页面。

HELP 系统帮助页面。

CUSTM GRAPH 图形显示页面。

MESGE 信息显示页面，如“报警”信息。

SYSTM 系统参数页面。

RESET 复位键。

(4)翻页按钮(PAGE)

↑PAGE 向上翻页。

PAGE↓ 向下翻页。

(5)光标移动(CURSOR)

↑ ↓ ← → 向上(下、左、右)移动光标。

(6)输入键

INPUT 把输入域内的数据输入参数页面或者输入一个外部的数控程序。

3. FANUC 系统数控车床的对刀与补偿参数设置

(1)G54 设置工件坐标系对刀

对刀就是建立工件坐标系与机床坐标系之间关系，并调整数控车床每把刀的刀位点，这样在刀架转位后，虽然各刀具的刀位点不在同一点上，但通过刀具补偿，将使每把刀的刀位点都重合在某一理想位置上，编程者只按工件的轮廓编制加工程序而不必考虑不同刀具长度和刀尖半径的影响。

设置 G54 工件坐标系。数控车床的对刀方法较多，下面主要介绍试切法对刀。操作步骤如下：

① 切削外径。按操作面板上的手动按钮(指示灯亮)，机床进入手动操作模式，按控制

面板上的“X”按钮(*X* 轴方向移动指示灯亮)，按“+”或“−”，使机床在 *X* 轴方向移动；同样使机床在 *Z* 轴方向移动。通过手动方式将机床移到接近工件的大致位置处；按操作面板上的“主轴正转”按钮(指示灯亮)，主轴转动。再按 *Z* 轴方向移动按钮“Z”(*Z* 轴方向指示灯亮)，按“−”，用所选刀具试切工件外圆。然后按“+”按钮，*X* 方向保持不动，刀具沿 *Z* 轴正方向退出。

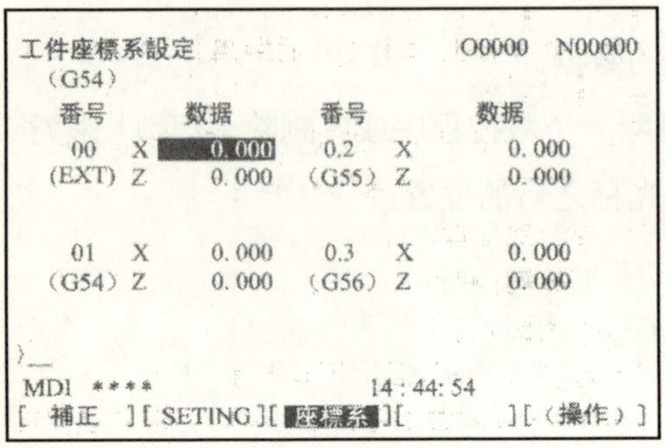

图 1-38　工件坐标系设置画面

② 测量试切外圆的直径。按操作面板上的“主轴停止”按钮，使主轴停止转动，测量切削位置的直径，记为 α。

③ 按 MDI 面板上的“OFFSET SETING”键，按“坐标系”软键，进入坐标系设置画面。如图 1-38 所示。

④ 把光标定位在需要设定的坐标系上(如“G54”)。

⑤ 光标移到设置 X 值处。在输入域输入 Xα。

⑥ 按软键“测量”，系统自动计算出工件坐标系原点在机床坐标系中的 *X* 方向坐标值填入。

⑦ 切削端面：按操作面板上的“主轴正转”按钮(指示灯亮)，主轴转动。手动切削工件端面。然后按“+”按钮，*Z* 方向保持不动，刀具沿 *X* 方向退出。

⑧ 按操作面板上的“主轴停止”按钮，使主轴停止转动，按下 MDI 面板上的“OFFSET SETING”键，按“坐标系”软键，把光标定位在需要设定的坐标系上(如“G54”)。

⑨ 光标移到设置 *Z* 值处，在输入域输入 Zβ(β 为所切端面在工件坐标系中 *Z* 坐标值)。

⑩ 按软键“测量”，系统自动计算出工件坐标系原点在机床坐标系中的 *Z* 方向坐标值填入。

(2) G50 指令建立工件坐标系对刀

该指令规定了刀具起点在工件坐标系中的坐标值为(α，β)。在图 1-39 中，工件定位夹紧后，工件坐标系原点在机床上的位置已确定，对刀就是按工件已定的位置，使刀具的刀位点在程序运行前准确停在 G50 指令要求的在工件坐标系中的坐标位置(α，β)上。对图 1-39 所示的零件，当以工件左端面为编程原点时，指令为

```
G50 X200 Z240;
```

当以工件右端面为编程原点时，指令为

```
G50 X200 Z120;
```

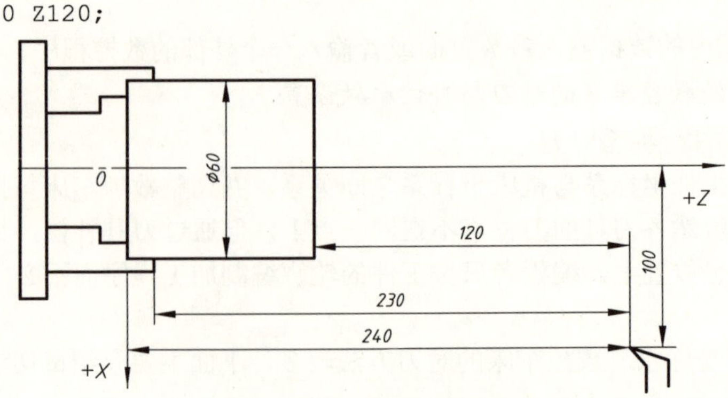

图 1-39　工件坐标系设定

对刀步骤如下：

① 机床回原点。采用“回原点”操作，建立机床坐标系。此时 CRT 上将显示刀架中心(对刀参考点)在机床坐标系中当前位置的坐标值，也代表刀具刀位点的位置。

② 试切测量。采用手动、手摇脉冲或 MDI 方式操作，将工件右端面试车一刀，保持刀具 Z 轴方向位置不变，沿 X 轴方向退刀，测量试切端面至工件原点的距离(长度)L，并记录 CRT 上显示的刀架中心(对刀参考点)在机床坐标系中 Z 轴方向上的当前位置的坐标值 Z_1。再试切工件外圆表面，沿纵向 Z 轴方向退刀，保持刀具在 X 轴方向上的位置尺寸不变，主轴停止转动，然后测量并记录试切外圆的直径 D、CRT 上显示的刀架中心在机床坐标系中 X 轴方向上当前位置的坐标值 X_1。

③ 计算坐标增量。根据测量的试切工件外圆直径 D、端面距离长度 L 与程序所要求的起刀点位置(α，β)，即可计算出刀尖移到起刀点位置所需的 X 轴坐标移动增量($\alpha - D$)与 Z 轴坐标移动增量($\beta - L$)。因为刀位点的 X 轴和 Z 轴坐标移动增量与刀架中心的移动增量值完全相等，移动时刀架中心的移动增量值可通过 CRT 上显示的来控制。

④ 对刀。用手摇轮根据计算出的坐标增量移动刀具，使前面记录的刀架中心坐标值(X_1，Z_1)增加相应的坐标值增量，即将刀具移至使 CRT 屏幕上所显示的刀架中心在机床坐标系中的坐标值为($X_1+\alpha-D$，$Z_1+\beta-L$)时为止，这样就完成了对刀，将刀位点置于程序所要求的起刀点位置(α，β)上。

⑤ 建立工件坐标系。若执行程序段 G50 Xα Zβ，则屏幕将会在工件坐标系位置画面内显示当前刀位点在工件坐标系中的位置(α，β)。

(3)车刀刀尖有圆弧半径时的对刀

数控加工程序是针对刀具上的刀位点进行编制的，建立工件坐标系和对刀也都应按选定的刀位点来操作。车刀的刀位点可以为理想尖锐状态下的刀尖点，也可以是刀尖圆弧中心，共有九种刀头形式。具体选用哪种方式应结合刀头的朝向和对刀方式来确定。实际加工中的车刀刀尖往往不是一理想尖锐点(理想刀尖)，而是一段圆弧线。当加工轨迹与坐标轴线平行时，实际切削点与理想尖锐点之间没有加工轴方向上的偏移，故不影响其形状、尺寸；当加工轨迹与坐标轴线不平行时(斜线或圆弧)，则实际切削点与理想刀尖之间有加工轴方向上的偏移，会造成过切或少切，用刀尖半径补偿功能可消除由于过切或少切造成的误差。这时既可以按理想刀尖建立工件坐标系，也可以按刀尖圆弧中心建立工件坐标系，但对刀时应作相应的处理。

对图 1-40 所示的外圆端面车刀，当按刀尖圆弧中心建立工件坐标系时，G50 的坐标值α、β 是指刀尖圆弧中心在工件坐标系中的位置，若理想刀尖在工件坐标系中的位置为 X200 Z240，刀尖圆弧半径为 0.5mm，则刀尖圆弧中心在工件坐标系中的位置为 X201 Z240.5，因此编程指令为：G50 X201 Z240.5。

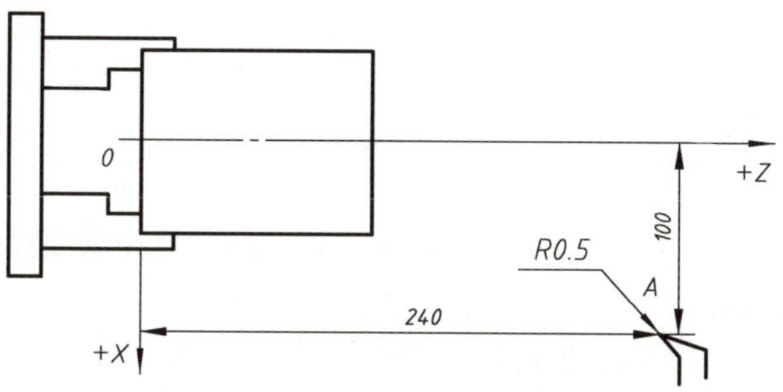

图 1-40 刀尖有圆弧半径时的对刀

X方向(直径)增加 1，Z方向增加 0.5。对刀时按刀尖圆弧中心对刀，但试切时仍将理想刀尖置于 X200，Z240 的位置上，这时刀尖圆弧中心在工件坐标系中的位置恰为 X201，Z240.5。此时刀具的方位号 T 为 0 或 9。

当按理想刀尖建立工件坐标系时，G50XαZβ中的坐标值α、β 是指刀尖在工件坐标系中的位置。若理想刀尖在工件坐标系中的位置仍为 X200 Z240，试切时将理想刀尖置于 X200，Z240 的位置上。编程指令为：G50 X200 Z240。

此时刀具的方位号 T 为 3。在上述两种方式下，编程时都应使用刀具补偿指令(用 G41 或 G42 建立刀尖圆弧半径补偿)。

(4) 设置偏置值完成多把刀具对刀

1) 方法一

选择一把刀作为标准刀具，采用试切法完成对刀，把工件坐标系原点在机床坐标系中的坐标值放入 G54，然后通过设置偏置值完成其他刀具的对刀，下面介绍刀具偏置值的获取办法。

按 MDI 键盘上“POS”键和“相对”软键，进入相对坐标显示界面。

① 用选定的标准刀具试切工件端面，将刀具当前的Z轴位置设为相对零点(设零前不得有Z轴方向的位移)。依次按 MDI 面板上的“SHIFT”，“W”，“0”输入“W0”，按软键“预定”，则将当前位置设为Z轴方向的相对坐标原点。

② 用标准刀具试切工件外圆，将刀具当前X轴的位置设为相对零点(设零前不得有X轴的位移)，依次按 MDI 面板盘上的“SHIFT”、“U”、“0”输入“U0”，按软键“预定”，则将当前位置设为X轴方向的相对坐标原点。

③ 在 MDI 方式下换刀(如 T0200)后，移动 T02 刀具使其刀尖分别与标准刀切削过的外圆、端面接触。接触时显示的相对坐标值，即为该刀相对于标刀的偏置值ΔX，ΔZ(为保证刀具准确移到工件的基准点上，可采用手动脉冲进给方式)。此时 CRT 界面如图 1-41 所示，所显示的值即为偏置值。

④ 按 MDI 面板上“OFFSET SETING”键，依次按“补偿”、“工具补偿”、“形状”软键，把光标定位在 T02 刀具偏置值的相应位置。

⑤ 在输入域输入 T02 刀具的偏置值，即第③步中的ΔX，ΔZ 值。

⑥ 按“输入”软键(或 MDI 面板上的“INPUT”键)，将 T02 刀具的偏置值输入到形状参数补偿表内，如图 1-41 所示。

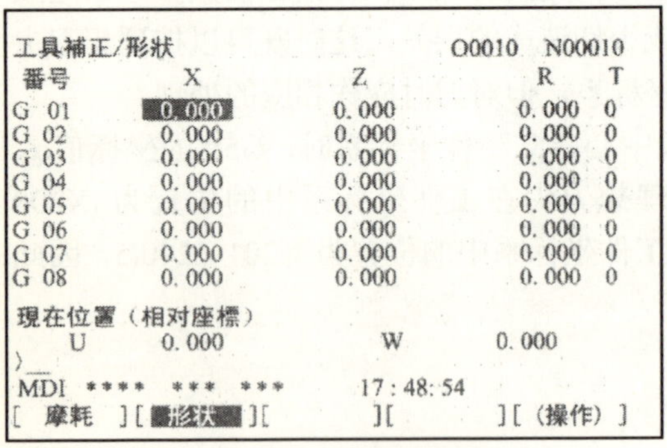

图 1-41　刀具的偏置值的输入

2) 方法二

① 用标准刀试切工件，并设好工件坐标系。

② 换另一把刀具(如 T0200)试切工件外圆，沿Z轴正方向退刀，手动停止主轴转动，测量工件试切外圆直径d。

③ 按 MDI 面板上“OFFSET SETING”键，依次按“补偿”、“工具补偿”、“形状”软键，把光标定位在需要设定刀具偏置值的位置。

④ 在输入域输入 Xd。

⑤ 按软键“测量”，系统自动计算出当前刀具相对标准刀具在X方向的偏置值填入。

⑥ 用同一把刀具(上述 T0200)刀尖靠标准刀试切的端面。

⑦ 同第③步。

⑧ 在输入域输入 Zβ，β 为标准刀所切端面在工件坐标系中 Z 方向的坐标值。

⑨ 按软键“测量”，系统自动计算出当前刀具相对标准刀具在 X 方向的偏置值填入。

用同样的方法可设置其他刀具的偏置值。

(5) 设置补偿参数

车床的刀具补偿包括刀具的磨损量补偿参数和形状补偿参数，两者之和构成车刀偏置量补偿参数。

1) 输入磨耗量补偿参数

刀具使用一段时间后磨损，会使产品尺寸产生误差，因此需要对刀具设定磨损量补偿。步骤如下：

① 在 MDI 键盘上按“OFFSET SETING”键，进入磨耗补偿参数设定页面，如图 1-42 所示。

② 用方位键“↑”、“↓”选择所需的番号，并用“←”、“→”将光标移到需设置补偿值处。

③ 输入补偿值到输入域。

④ 按软键“输入”或按 MDI 面板上“INPUT”键，参数输入到指定区域。按“CAN”键逐字删除输入域中的字符。

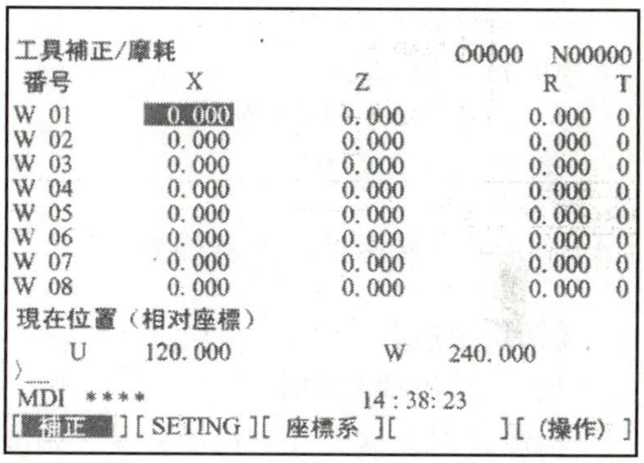

图 1-42　磨耗补偿参数设定画面

2) 输入形状补偿参数

① 在 MDI 键盘上按“OFFSET SETING”键，进入形状补偿参数设定画面，如图 1-42 所示。

② 用方位键“↑”、“↓”选择所需的番号，并用“←”、“→”确定所需补偿的值。

③ 按数字键，输入补偿值到输入域。

④ 按软键“输入”或按“INPUT”，参数输入到指定区域。按“CAN”键逐字删除输入域中的字符。

3) 输入刀尖半径和方位号

分别把光标移到 R 和 T，按数字键输入半径或方位号，按软键“输入”。

4) 刀具补偿值的修改

当使用已有刀具补偿值的车刀加工工件时，如果测得加工后的工件尺寸(无论外圆或内圆)比图纸要求的尺寸大或小，说明对刀有误差，应对原刀具补偿值进行修改，以便加工出合格的工件。例如：加工要求为 ϕ20mm 的外圆或内圆后，测量工件直径为 20.1mm，即实际尺寸比图纸要求尺寸大了 0.1mm，此时，在原刀具 X 轴方向补偿值的基础上，应再补偿–0.1mm。假设原刀具 X 轴方向补偿值为 0.5mm，则刀具补偿值修改后应为 0.4mm(0.5mm–0.1mm)。修改刀具补偿值的操作步骤如下：

① 按下功能键“OFFSET SETTING”。

② 按软键“补正”或连续按“OFFSET SETTING”键直至显示出磨损补偿画面后按“操作”软键，出现刀具磨损补偿数据输入画面。

③ 用翻页键和光标键移动光标至所需设定或修改的补偿值处。

④ 当以绝对值输入时，在输入域输入 X0.4，然后按软键“输入”，CRT 屏幕上显示修改后的刀补值 0.4mm 代替了原刀补值 0.3mm。

⑤ 以增量值输入时，在输入域输入 X–0.1，按软键“+输入”，CRT 屏幕上显示系统自动修改原刀补值 0.5mm 为新刀补值 0.4mm。

如果测得加工后的工件尺寸(无论外圆或内圆)比图纸要求的尺寸小，如小 0.1mm，则应在原刀具 *X* 轴方向补偿值的基础上，再补偿 0.1mm。

【任务实施】

根据以下操作步骤，完成零件的加工。

① 开机，各坐标轴回机床参考点；

② 工件的定位、装夹和找正；

③ 刀具安装；

④ 对刀，建立工件坐标系；

⑤ 程序输入，并调试；

⑥ 自动加工；

⑦ 取下工件，并检测；

⑧ 清理工作现场。

1.4.2　冲孔凸模零件的质量检测

【知识链接】

1. 零件的检测方法

检测是对机械零件中包括长度、角度、粗糙度、几何形状和相互位置等尺寸的测量。机械零件的检测极为重要，它是把握产品质量的关键环节，检测人员必须在充分准备的基础上按照程序进行，并要分析误差的产生原因。机械零件的技术要求很多，它有几何形状、尺寸公差、形位公差、表面粗糙度、材质的化学成分及硬度等。检测时先从何处着手，用哪些量具，采用什么样的先进方法，是检测中技术性很强的一个问题。零件质量是否合格，避免出现错检、误检和漏检，对此检测人员应遵守程序，做好各方面工作。

(1) 检测准备

1) 阅读图纸

检验人员要通过对视图的分析，掌握零件的结构。 首先分析主视图，然后按顺序分析其他视图。同时要把各视图由哪些表面组成，如平面、圆柱面、圆弧面、螺旋面等，组成表面的特征，如孔、槽等，它们之间的位置都要看懂、记清楚。检验人员要认真看图纸中的尺寸，通过看尺寸，可以了解零件的大小，看尺寸要从长、宽、高三个方向的设计基准进行分析，要分清定形尺寸、定位尺寸、关键尺寸，要分清精加工面、粗加工面和非加工面。在关键尺寸中，根据公差精度、表面粗糙度等级分析零件在整机中的作用。掌握各类机械零件的国家标准，是检验人员的基本功。有表面需热处理的工序零件，应注意处理前后尺寸公差变化的情况。检验人员还应分析图纸中的标题栏，标题栏内标有所用材料零件名称，通过看标题栏，掌握零件所用材料规格、牌号和标准，从中分析材料的工艺性能，以及对加工质量的影响。

2) 分析工艺文件

工艺文件是加工、检验零件的指导书，一定要认真仔细查看。按照加工顺序，对每个工序加工的部位、尺寸、工序余量、工艺尺寸换算都要认真审阅，同时应了解关键工序的装夹方法，定位基准和所使用的设备、工装夹具刀具等技术要求。往往有个别操作者不按工艺中所制定的工序加工，从而对整个机械零件的加工后造成不合格的后果，这一问题常常又被检验人员所忽视。待装配时，不能使用，造成了成批产品报废。

(2)合理选用量具、确定测量方法

当看清图纸和工艺文件后，下一步就是选取恰当的量具进行机械零件检测。一般根据被测工件的几何形状、尺寸大小、生产批量等选用。如测量圆柱台阶轴时，有公差要求的尺寸，应选用卡尺、千分尺、钢板尺等；如测量带公差的内孔尺寸时，应选用卡尺、钢板尺、内径百分表或内径千分尺等。有些被测零件，用现有的量具不能直接检测，这就要求检测人员，根据一定的实践经验、理论知识，用现有的量具进行整改，或进行一系列检测工具的制作。

2. 检测内容

(1)合理选用测量基准

测量基准应尽量与设计基准、工艺基准重合。在任选基准时，要选用精度高，能保证测量时稳定可靠的部位作为检验的基准。如测量同轴度、圆跳动、套类零件以内孔，轴类零件以中心孔为基准；测量垂直度应以大面为基准；测量辊类零件的圆跳动以两端轴头下轴承的台阶(将两端轴承台阶放在V形铁上)为基准。

(2)表面检测

机械零件的破坏，一般总是从表面层开始的。产品的性能，尤其是它的可靠性和耐久性，在很大程度上取决于零件表面层的质量。研究机械加工表面质量的目的就是为了掌握机械加工中各种工艺因素对加工表面质量影响的规律，以便运用这些规律来控制加工过程，最终达到改善表面质量、提高产品使用性能的目的，如磕碰、划伤、变形、裂纹等。细长轴、薄壁件注意变形，冷冲件要注意裂纹，螺纹类零件、铜材质件要注意磕碰、划伤等。对以上检测的机械零件，检测完后，都要认真作记录，特别是半成品，对合格品、返修品、报废产品要分清，并作上标记，以免混淆不清。

(3)检测尺寸公差

测量时应尽量采用直接测量法，因为直接测量法比较简便，很直观，无需繁琐的计算，如测量轴的直径等。有些尺寸无法直接测量，就需用间接测量，间接测量方法比较麻烦，有时需用繁琐的函数计算，计算时要细心，不能少一个因素，如测量角度、锥度、孔心距等。当检查形状复杂，尺寸较多的零件时，测量前应先列一个清单，对要求的尺寸写在一边，实际测量的尺寸在另一边，按照清单一个尺寸一个尺寸地测量，并将测量结果直接填入实际尺寸一边。待测量完后，根据清单汇总的尺寸判断零件合格与否，这样既不会漏掉一个尺寸，又能保证检测质量。

(4)检测形位公差

按国家标准规定有14种形位公差项目。对于测量形位公差时，要注意应按国家标准或企业标准执行，如轴、长方件要测量直线度，键槽要测量其对称度。

【任务实施】

1. 零件检测

1)数控车床外圆精度的测量用千分尺，千分尺的零位要校正，测量外圆时要测量多个点。

2)径向圆跳动检验是用两中心孔定位检验，加工基准与测量基准重合，减少了误差。

3)长度尺寸、沟槽尺寸用游标卡尺测量。

2. 加工质量分析

测量过程中，影响所得的数据准确性的因素非常多。

1) 数控车床车出的外圆呈锥体，原因是前后顶尖的连线未与主轴轴线同轴，使数控机床尾座中心位置不对造成的。

2) 数控车床车削时工件产生振动，其原因是：

① 尾座套筒伸出太长或工件支顶太松。

② 车刀不够锐利或刀尖圆弧过大。

③ 回转顶尖的轴承间隙大或中、小滑板的间隙太大。

3) 圆跳动达不到要求，其原因是：

① 前顶尖已与主轴轴线不同轴或回转顶尖的轴承磨损而产生的圆跳动。

② 工件中心孔未擦干净或中心孔碰毛。

③ 机心夹头的拨杆碰卡盘端面而使中心孔起不到作用。

4) 数控车床中心孔严重磨损或咬毛，其原因是：

① 使用固定顶尖未加润滑油或主轴转速过高。

② 机心夹头未夹紧，车削时工件曾停止转动。

操作评分标准见表 1-9。

表 1-9　零件加工评分标准

序号	评价项目	评价标准	合格
1	外圆车刀装配	刀体与刀柄组装是否正确	
2	百分表安装	百分表与磁力表座固定在机床上的位置	
3	三爪卡盘找正	三爪卡盘平行度误差不大于 0.03mm	
4	找正导轨平行度	长度不小于 100mm，平行度误差不大于 0.03mm	
5	工件装夹	三爪卡盘夹紧工件，工件伸出卡爪 65mm，工件右侧用顶尖顶住	
6	对刀，建立工件坐标系	工件坐标系与图纸相对应	
7	切削参数选择	合理选择主轴转速、进给速度	
8	工件测量	总长误差控制在 0.1 范围内，ϕ9.12 满足公差	
9	加工表面粗糙度	加工表面粗糙度不超过 Ra3.2μm	
10	安全操作	着装标准，操作符合安全规范	
11	结束工作	规范清理、复位机床、归放刀具、夹具和量具	

1.5　项 目 训 练

根据所学知识，完成图 1-43 和图 1-44 所示零件的加工(要求编程用到 G94 端面切削循环指令)。

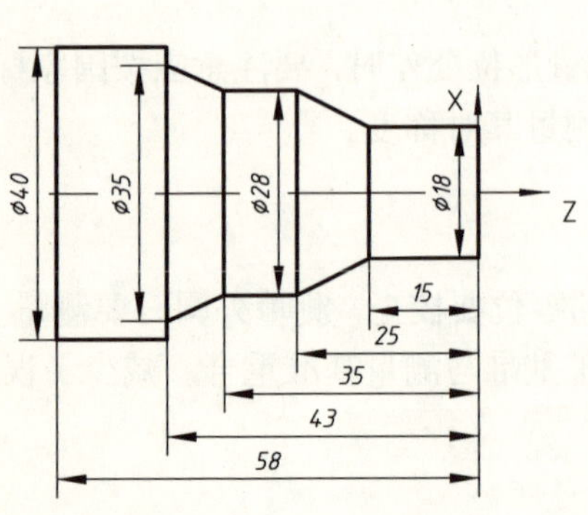

图 1-43　项目一训练图 1

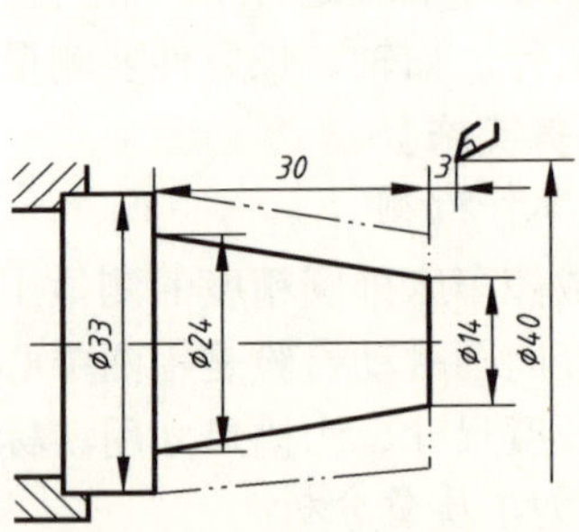

图 1-44　项目一训练图 2

项目二　阶梯轴数控车削加工

【项目能力目标】

1）能设计阶梯轴的车削加工工艺；

2）能运用 G71、G70 指令进行编程；

3）能正确选用数控车刀；

4）能进行阶梯轴的加工质量检测与分析。

【加工任务】

任务描述：冲孔凸模零件如图 2-1 所示，按单件小批生产设计其数控车削加工工艺，编写出加工程序。毛坯为ϕ50mm×130mm 棒料，材料为 45 钢。

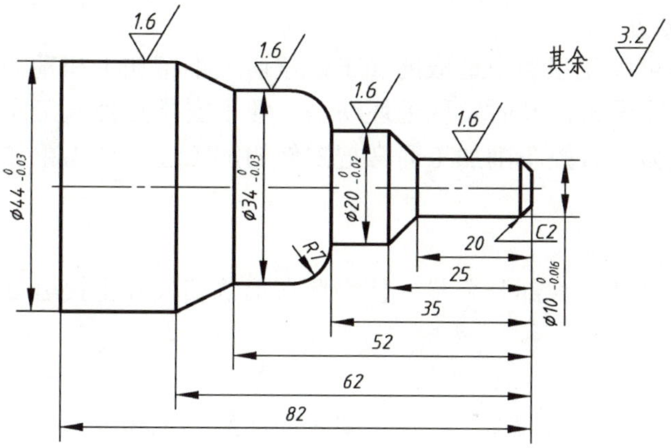

图 2-1　阶梯轴

2.1　工 艺 分 析

该零件属于简单阶梯轴，由圆柱面、圆弧面、圆锥面等表面组成。其中ϕ44mm、ϕ34mm、ϕ20mm、ϕ10mm 圆柱面精度要求较高，表面粗糙度为 *Ra*1.6μm，需要进行精车，其余表面都需要加工。

2.2　工 艺 制 定

2.2.1　表面加工方案选择

简单阶梯轴毛坯为ϕ50mm×130mm 棒料，材料为 45 钢，适合采用数控车削加工。外圆柱面、圆弧面、圆锥面、端面经粗、精加工达到尺寸要求。

2.2.2　定位装夹方案选择

此零件属于规则的回转体零件，毛坯为ϕ50mm×130mm 棒料，选择用三爪自定心卡盘装夹。

2.2.3 数控加工工艺制定

【知识链接】

1. 加工工艺路线拟定

(1) 加工内容的选择

数控车床有其优点，但价格较贵、消耗较大、维护费用较高，导致加工成本增加。因此从技术和经济等角度出发，对于某个零件来说，并非全部加工工艺过程都适合在数控车床上进行，而往往只选择其中一部分内容采用数控加工。因此，在对零件图进行详细工艺分析的基础上，选择那些适合而需要进行数控加工的内容和工序进行数控加工，以充分发挥数控加工的优势。一般按下列原则顺序选择：普通车床无法加工的内容优先；普通车床加工困难、质量难以保证的内容作为重点；普通车床加工效率低、劳动强度大的内容作为平衡。

此外，在选择确定加工内容时，还要考虑生产批量、生产周期、工序间周转情况等，尽量做到合理，以充分发挥数控车床的优势，达到多、快、好、省的目的。

(2) 加工阶段的划分

划分加工阶段，可以使粗加工造成的加工误差通过半精加工和精加工予以纠正，保证加工质量，还可合理使用设备，及时发现毛坯缺陷，便于安排热处理工序。为保证加工质量和合理地使用设备、人力，数控车削加工通常把零件的加工过程分为粗加工、半精加工、精加工三个阶段。

1) 粗加工阶段

主要任务是切除毛坯上大部分余量，使毛坯在形状和尺寸上接近零件成品，主要目标是提高生产率。

2) 半精加工阶段

主要任务是完成次要表面的加工，使主要表面达到一定精度并留一定精加工余量，为主要表面的精加工做好准备。

3) 精加工阶段

主要任务是保证各主要表面达到规定的尺寸精度和表面粗糙度要求，主要目标是保证加工质量。

此外随着精密车削技术的发展，对零件上精度和表面粗糙度要求高(IT6 级以上，表面粗糙度值为 *Ra* 0.2μm 以下)的表面，可进行光整加工，主要目标是提高尺寸精度和减小表面粗糙度，一般不用来提高位置精度。

(3) 工序集中与工序分散

划分工序有两种不同的原则，即工序集中原则和工序分散原则。

工序集中原则：将零件的加工集中在少数几道工序内完成，有利于采用高效专用设备和数控机床提高生产率，减少机床数量、操作工人数和生产占地面积；缩短工序路线，简化生产计划和生产组织工作；减少零件的装夹次数，保证各加工表面间的相互位置精度，节省辅助时间。但专用设备和工艺装备投资大，调整维修困难，生产准备周期长，不利于转产。

工序分散原则：将零件的加工分散在较多的工序内进行，每道工序的加工内容很少。它使加工设备和工艺装备结构简单，调整和维修方便，操作简单，转产容易，有利于选择合理的切削用量，减少机动时间。但工艺路线较长，所需设备和工人数较多，生产占地面积大。

(4)工序划分的方法

数控车床加工一般按工序集中原则进行工序的划分，在一次装夹中尽可能完成大部分甚至全部表面的加工。在批量生产中，划分工序的方法如下。

1)按零件定位装夹方式划分工序

由于每个零件结构形状不同，各表面的技术要求也有所不同，故加工时其定位方式则各有差异。一般加工外形时以内形定位，加工内形时又以外形定位，因而可根据定位方式的不同来划分工序。

2)按粗、精加工划分工序

根据零件的加工精度、刚度和变形等因素来划分工序时，可按粗、精加工分开的原则来划分工序，即先粗加工再精加工。此时可用不同的机床或不同的刀具进行加工。通常在一次装夹中，不允许将零件某一部分表面加工完毕后再加工零件的其他表面。

3)按所用刀具划分工序

为了减少换刀次数、压缩空行程时间、减少不必要的定位误差，可将一把刀具加工的内容作为一工序。

(5)车削加工顺序的安排原则

1)基面先行

用作精基准的表面优先加工，定位基准表面越精确装夹误差就越小。如轴类零件的加工，总是先加工中心孔，再以中心孔为基准加工外圆表面和端面。

2)先粗后精

如图 2-2 所示，在车削加工中，按照粗车—半精车—精车的顺序安排加工，逐步提高加工表面的精度和减小表面粗糙度。粗车在短时间内切除毛坯的大部分加工余量，以提高生产率，同时尽量满足精加工的余量均匀性要求，为精车做好准备。粗加工完毕后，再进行半精加工、精加工。

3)先近后远

如图 2-3 所示，离起刀点近的部位先加工，离起刀点远的部位后加工，这样可缩短刀具移动距离、减少空行程时间、提高生产效率。

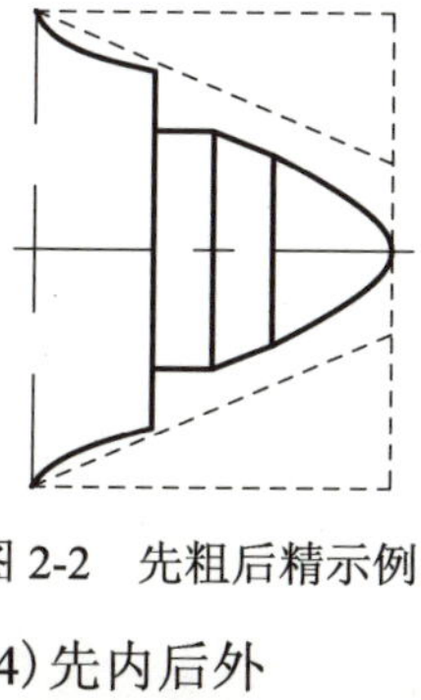

图 2-2　先粗后精示例

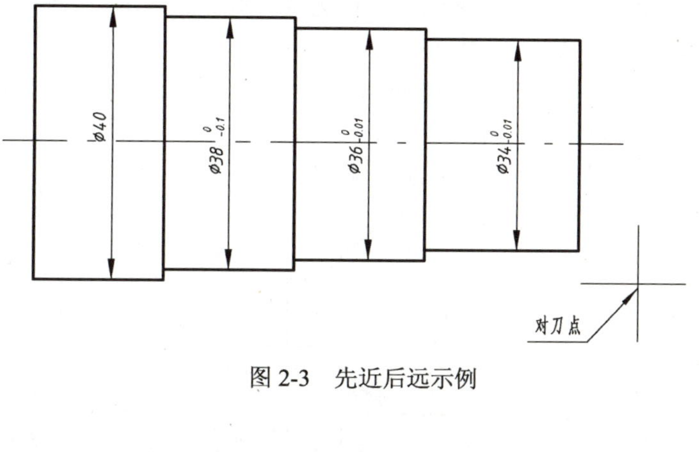

图 2-3　先近后远示例

4)先内后外

既有内表面又有外表面的零件应对先加工内表面，再加工外表面。

5)上、下道工序关系

上道工序的加工不能影响下道工序的定位与夹紧。

(6) 数控加工工序与普通工序的衔接

数控加工的工艺路线设计常常仅是几道数控加工工序的设计，而非指毛坯到成品的整个工艺过程。它常穿插于零件加工的整个工艺过程中。为使之与整个工艺过程协调，必须建立相互状态要求，如留多少加工余量、定位面与定位孔的精度要求及形位公差、对校形工序的技术要求、对毛坯热处理状态要求等，目的是达到相互能满足加工需要。

(7) 进给路线的确定

进给路线又称走刀路线，指加工过程中刀具相对于被加工零件的运动轨迹，包括切削加工的路径及刀具的引入、返回等非切削空行程。它包括了工步的内容，也反映了工步顺序。确定进给路线的重点在于确定粗加工及空行程的路线，因精加工切削过程的进给路线基本上都是沿零件轮廓顺序进行的。

确定进给路线的原则如下：

1) 应能保证零件轮廓表面加工后的精度和粗糙度要求。

2) 使数值计算容易，以减少编程工作量。

3) 应使进给路线最短，以提高加工效率。

2. *走刀路线的确定*

确定最短的走刀路线，除了依靠大量的实践经验外，还应善于分析，必要时辅以一些简单计算。现将实践中的部分设计方法或思路介绍如下。

(1) 巧设起刀点

图 2-4 (a) 所示为采用矩形循环方式进行粗车的一般情况示例。其起刀点 A 的设定是考虑到精车等加工过程中需方便地换刀，故设置在离坯料较远的位置处，同时将起刀点与其对刀点重合在一起，按三刀粗车的走刀路线安排如下：

第一刀为 $A \to B \to C \to D \to A$；

第二刀为 $A \to E \to F \to G \to A$；

第三刀为 $A \to H \to I \to J \to A$。

如图 2-4 (b) 所示，则是巧将起刀点与对刀点分离，并设于图示 B 点位置，仍按相同的切削用量进行三刀粗车，其走刀路线安排如下：

起刀点与对刀点分离的空行程为 $A \to B$；

第一刀为 $B \to C \to D \to E \to B$；

第二刀为 $B \to F \to G \to H \to B$；

第三刀为 $B \to I \to J \to K \to B$。

显然，图 2-4 (b) 所示的走刀路线短。

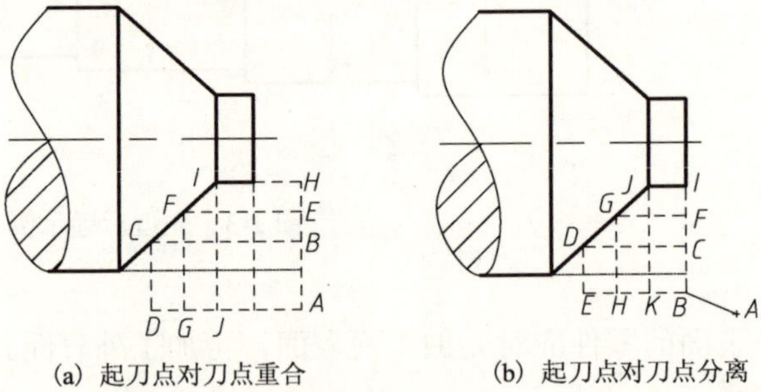

(a) 起刀点对刀点重合　　(b) 起刀点对刀点分离

图 2-4　巧用起刀点

(2) 巧设换刀点

为了考虑换(转)刀的方便和安全，有时将换(转)刀点也设置在离坯件较远的位置处(如图 2-4(a)中 A 点)，那么，当换第二把刀后，进行精车时的空行程路线必然也较长；如果将第二把刀的换刀点也设置在图 2-4(b)中的 B 点位置上，则可缩短空行程距离。

(3) 合理安排“回零”路线

在手工编制较复杂轮廓的加工程序时，为使其计算过程尽量简化，既不易出错，又便于校核，编程者(特别是初学者)有时将每一刀加工完后的刀具终点通过执行“回零”指令，使其全都返回到对刀点位置，然后再进行后续程序。这样会增加走刀路线的距离，从而大大降低生产效率。因此，在合理安排“回零”路线时，应使其前一刀终点与后一刀起点间的距离尽量减短，或者为零，即可满足走刀路线为最短的要求。

(4) 确定最短的切削进给路线

切削进给路线短，可有效地提高生产效率，降低刀具损耗等。在安排粗加工或半精加工的切削进给路线时，应同时兼顾到被加工零件的刚性及加工的工艺性等要求，不要顾此失彼。

图 2-5 为粗车工件时几种不同切削进给路线的安排示例。其中，图 2-5(a)表示利用数控系统具有的封闭式复合循环功能而控制车刀沿着工件轮廓进行走刀的路线；图 2-5(b)为利用其程序循环功能安排的“三角形”走刀路线；图 2-5(c)为利用其矩形循环功能而安排的“矩形”走刀路线。

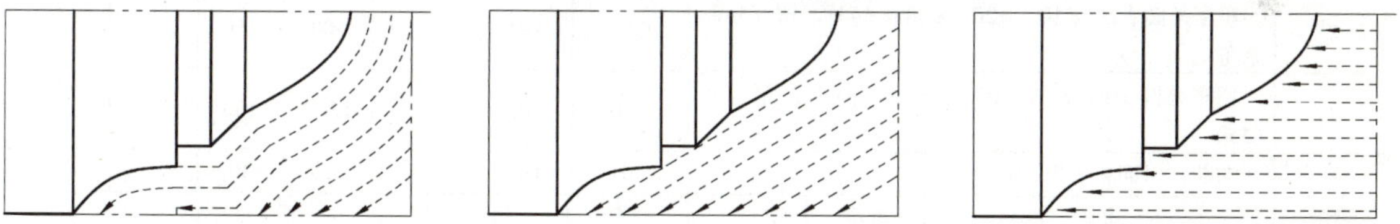

(a) 沿工件轮廓走刀　　(b)“三角形”走刀　　(c)“矩形”走刀

图 2-5　走刀路线示例

对以上三种切削进给路线，经分析和判断后可知矩形循环进给路线的走刀长度总和为最短。因此，在同等条件下，其切削所需时间(不含空行程)为最短，刀具的损耗小。另外，矩形循环加工的程序段格式较简单，所以这种进给路线的安排，在制定加工方案时应用较多。

【任务实施】

阶梯轴零件刀具选用 90°、55°的外圆车刀和宽 3mm 的切槽刀。安装外圆车刀时注意是机夹可转位车刀，要把刀片和刀柄之间螺钉固定好，刀片伸出刀柄的长度适中，刀柄应贴住刀架壁内侧，安装在回转刀架上用螺钉锁紧。车削时，让刀尖高度和工件中心高度平齐，如果刀尖高度不够，可以垫上垫片调整高度。切槽刀采用的是整体式刀具，在加工前要用砂轮机刃磨，刀片伸出刀柄的长度要适中。

阶梯轴零件的数控加工刀具卡、数控加工工序卡分别如表 2-1、表 2-2 所示。

表 2-1　阶梯轴数控加工刀具卡

<table>
<tr><td colspan="2">产品名称或代号</td><td colspan="2">×××</td><td>零件名称</td><td colspan="2">阶梯轴</td><td colspan="2">零件图号</td><td>×××</td></tr>
<tr><td>序号</td><td>刀具号</td><td colspan="2">刀具规格名称</td><td>数量</td><td colspan="4">加工表面</td><td>备注</td></tr>
<tr><td>1</td><td>T01</td><td colspan="2">90°外圆车刀</td><td>1</td><td colspan="4">车端面、粗车外圆</td><td></td></tr>
<tr><td>2</td><td>T02</td><td colspan="2">55°外圆车刀</td><td>1</td><td colspan="4">精车外圆</td><td></td></tr>
<tr><td>3</td><td>T03</td><td colspan="2">宽度为 3mm 切槽刀</td><td>1</td><td colspan="4">切断</td><td></td></tr>
<tr><td>编制</td><td>×××</td><td>审核</td><td>×××</td><td>批准</td><td>×××</td><td colspan="2">年　月　日</td><td>共　页</td><td>第　页</td></tr>
</table>

表 2-2　阶梯轴数控加工工序卡

<table>
<tr><td rowspan="2">单位</td><td rowspan="2">数控加工工序卡片</td><td rowspan="2">产品名称或代号</td><td>零件名称</td><td>零件图号</td></tr>
<tr><td>阶梯轴</td><td></td></tr>
<tr><td colspan="2" rowspan="6">工序简图
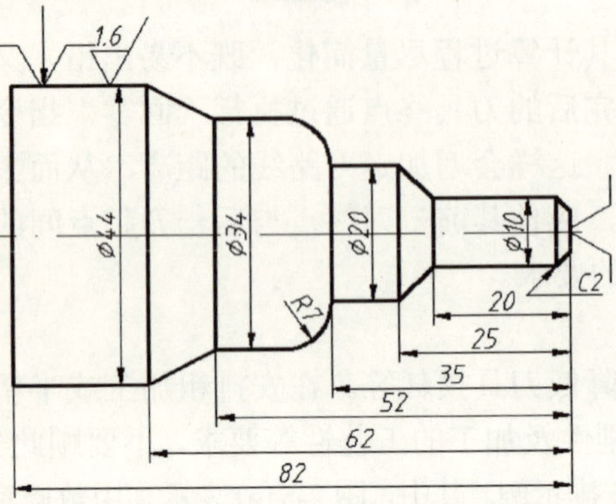</td><td>车间</td><td colspan="2">使用设备</td></tr>
<tr><td>机加工车间</td><td colspan="2">数控车床</td></tr>
<tr><td>工艺序号</td><td colspan="2">工序名称</td></tr>
<tr><td>10</td><td colspan="2">车外圆(圆角)</td></tr>
<tr><td>夹具名称</td><td colspan="2">程序号</td></tr>
<tr><td>三爪卡盘</td><td colspan="2">O0020</td></tr>
</table>

工步号	工步作业内容	G 功能	刀具号	刀补量	主轴转速	进给速度	背吃刀量	备注
1	车端面	G01	T01		600	150		
2	粗车外圆表面(ϕ10、ϕ20、ϕ34、ϕ44)，留 0.5mm 余量	G71	T01		600	150	2	
3	精车外圆表面(ϕ10、ϕ20、ϕ34、ϕ44)，至尺寸要求	G70	T02		1200	100	0.2	
4	切断，保证总长为 82mm	G01	T03		300	30		
编制		审核		批准	年　月　日	共　页	第　页	

2.3　程 序 编 制

【知识链接】G71、G70 指令

1. 内、外圆粗车固定循环指令 G71

编程格式：

```
G71U(Δd)R(e);
G71P(ns)Q(nf)U(Δu)W(Δw)F(f)S(s)T(t);
N(ns)…
…
N(nf)…
```

式中，Δd 为切削深度(半径指定)不指定正负符号，切削方向依照 AA' 的方向决定；e 为退刀量；ns 为精加工程序第一个程序段的顺序号；nf 为精加工程序最后一个程序段的顺序号；Δu 为 X 方向精加工余量(直径值)；Δw 为 Z 方向精加工余量。

功能：粗车切去起点 A、$A'B$ 区域留精加工余量Δu/2 及Δw 后多余的材料，如图 2-6 所示。

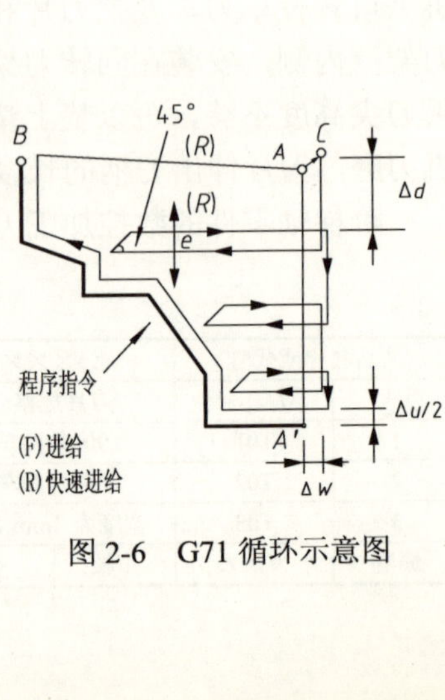

图 2-6　G71 循环示意图

2. 精车循环 G70

编程格式：`G70 P(ns)Q(nf);`

式中，ns 为精加工程序第一个程序段的顺序号；nf 为精加工程序最后一个程序段的顺序号。

功能：G71、G72 或 G73 粗车后，用 G70 进行精车。

特别提示：

G71 指令要求零件轮廓形状是单调递增或递减的，在精加工程序第一个程序段不能出现 Z 地址。S、T 功能可在 G71 指令之前的程序段中设定。G71 指令中的 F、S 功能只在粗车时有效，精车时无效；ns 与 nf 之间的程序段中设定的 F、S 功能只在精车时有效，粗车时无效。

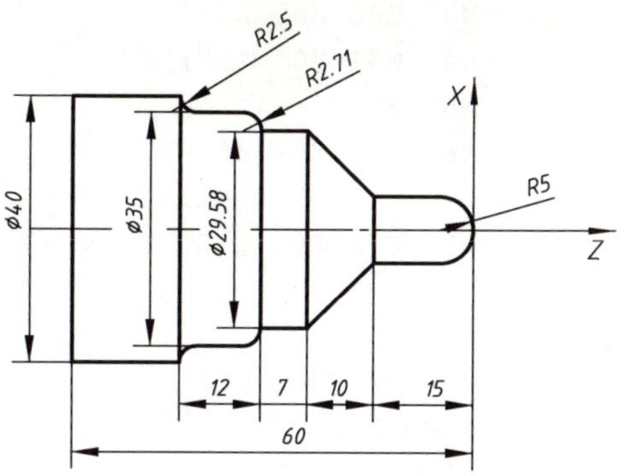

图 2-7　G71 应用示例

例 2-1：如图 2-7 所示零件，材料为ϕ42mm 的圆钢料，要求用两把刀具分别进行粗、精车加工，试编制出其加工程序。

编程坐标系设定如图 2-7 所示，精车刀作为基准刀，粗车时背吃刀量为 2mm，精加工余量 *X* 轴方向为 0.4mm，*Z* 轴方向为 0.1mm。程序如下：

```
O0010                                  程序名
N10 G54 G98 G40 G18 G21;               建立工件坐标系；系统初始化
N20 M03 S600;                          主轴正转，转速 600r/min
N30 T0101;                             换上加工用的 1 号刀
N40 G00 X44 Z5;                        快速定位到循环起点
N50 G71 U2 R1;                         外圆粗车循环；背吃刀量 2mm，退刀量 1mm
N60 G71 P70 Q160 U0.4 W0.1 F200;       N70 到 N160 为循环内部程序
                                       X 方向精加工余量 0.4mm(双边)，
                                       Z 方向精加工余量 0.1mm
N70 G01 X0 F100;                       直线插补到 X0
N80 Z0;                                直线插补到顶点
N90 G03 X10 Z-5 R5 F80;                逆时针加工圆弧 R5
N100 G01 Z-15;                         直线插补到 Z-15
N110 X29.58 Z-25;                      车削圆锥面
N120 W-7;                              车削ϕ 29.58
N130 G03 X35 W-2.71 R2.71;             逆时针加工圆弧 R2.71
N140 G01 Z-52.5;                       直线插补到 Z-52.5
N150 G02 X40 Z-55 R2.5;                顺时针倒角 R2.5
N160 G01 Z-60;                         车削ϕ 40
N170 G00 X50 Z100;                     快速退刀
N180 T0202 M08;                        换上 2 号精车刀；冷却液开
N190 M03 S1200;                        主轴转速提高到 1200r/min
N200 G00 X44 Z5;                       快速定位到循环起点
N210 G70 P70 Q160;                     精车循环
N220 G00 X100 Z100;                    快速退刀
N230 T0100;                            换上 1 号刀；取消刀补
N240 M05;                              主轴停止
N250 M30;                              主程序结束并复位
```

【任务实施】

阶梯轴数控车削加工程序如下：

```
O0020;                                程序名
N10 G54 G98 G40 G18 G21;              建立工件坐标系；系统初始化
N20 M03 S800 T0101;                   主轴正转，换上加工用的 1 号刀
N30 G00 X55 Z5;                       快速定位到循环起点
N40 G01 Z0 F150;                      直线插补到 Z0
N50 X0;                               车端面
N60 G00 X52 Z5;                       退回到设定的 G71 循环起点
N70 G71 U1.5 R1;                      外圆粗车循环；背吃刀量 1.5mm，退刀量 1mm
N80 G71 P90 Q180 U0.4 W0.1 F150;          N90 到 N180 为循环内部程序
                                          X 方向精加工余量 0.4mm(双边),
                                          Z 方向精加工余量 0.1mm
N90 G01 X6 F100;                      直线插补到 X6  Z5
N100 Z0;                              直线插补到倒角顶点
N110  X10 Z-2;                        车削 2×45°倒角
N120 Z-20;                            车削φ10 外圆
N130 G02 X20 W-5 R5;                  顺时针车削 R5 圆弧
N140 G01 W-10;                        车削φ20 外圆
N150 G03 X34 W-7 R7;                  逆时针车削 R7 圆弧
N160 G01 Z-52;                        车削φ34 外圆
N170 X44 W-10;                        车削圆锥面
N180 Z-86;                            车削φ44 外圆
N182 G00 X50 Z100;                    定位至换刀点
N184 T0202;                           换精车刀
N186 G00 X52 Z5;                      定位至精加工起点
N190 M03 S1200;                       转速提高为精车做准备
N200 G70 P90 Q180;                    精车循环
N210 G00 X80;                         径向退刀
N220 Z50;                             轴向退刀
N230 T0303 M03 S300;                  换上 3 号切断刀，主轴转速降到 300r/min
N240 G00 Z-85;                        快速定位到 Z-85
N250 X50;                             快速定位到切断的准备点
N260 G01 X0 F30;                      切断，保证总长
N270 G00 X50 Z100;                    快速退刀到起始位置
N210 M05;                             主轴停止
N220 M30;                             程序结束并复位
```

2.4 零件加工与质量检测

根据以下操作步骤，完成零件的加工，并进行质量检测与分析：

① 开机，各坐标轴回机床参考点；

② 工件的定位、装夹和找正；

③ 刀具安装；

④ 对刀，建立工件坐标系；

⑤ 程序输入，并调试；

⑥ 自动加工；

⑦ 取下工件，并检测；

⑧ 清理工作现场。

2.5 项 目 训 练

试编制图 2-8～图 2-10 所示零件数控加工工艺、程序，并完成零件加工。

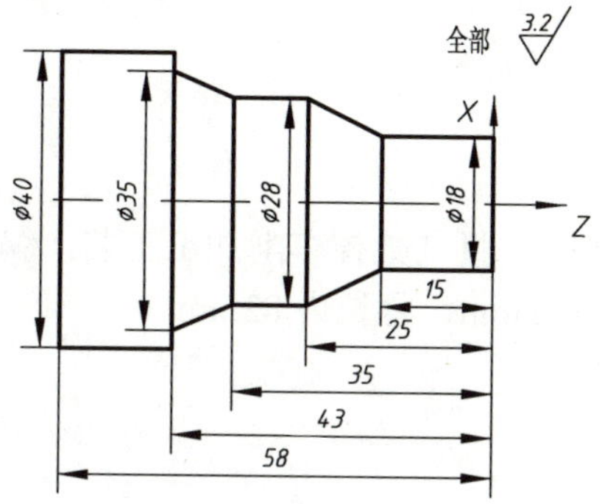

图 2-8　项目二训练图 1

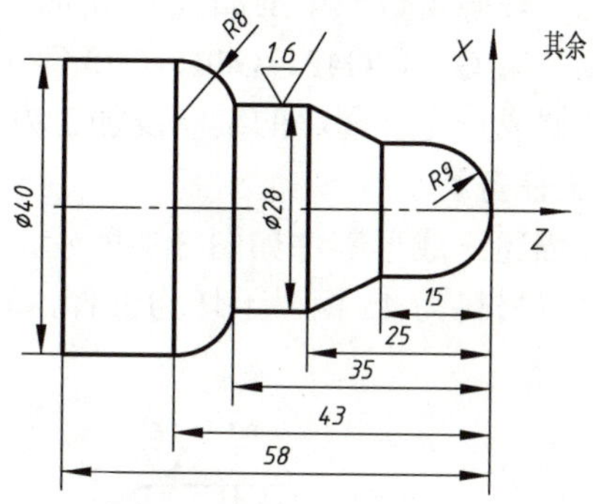

图 2-9　项目二训练图 2

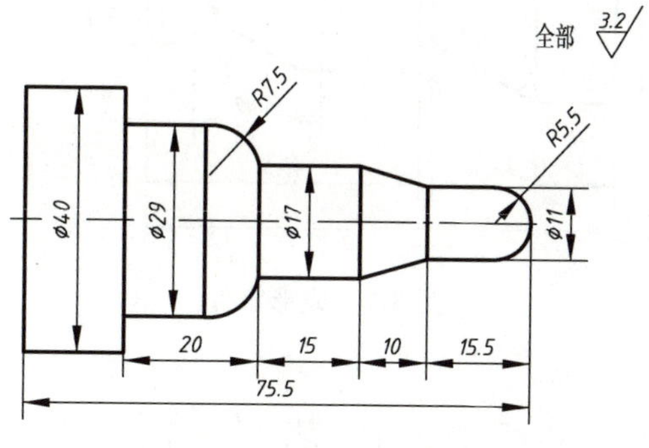

图 2-10　项目二训练图 3

项目三　成形零件数控车削加工

【项目能力目标】

1) 能合理确定数控车削加工的切削用量；

2) 能应用 G41、G42、G40、G73 等指令进行零件程序的编制；

3) 掌握成形零件程序的编制及加工方法。

【加工任务】

任务描述：成形零件如图 3-1 所示，按单件小批生产安排其数控车削加工工艺，编写出加工程序。材料为 45 钢，毛坯为锻件，直径方向余量为 5mm，总长为 82mm。

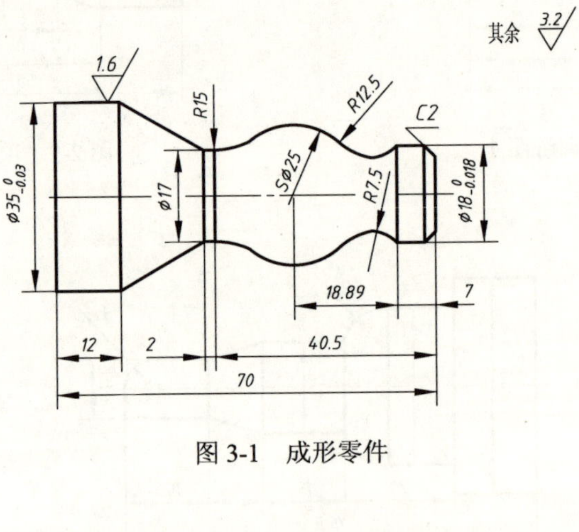

图 3-1　成形零件

3.1　工 艺 分 析

成形零件由圆柱面、圆弧面、圆锥面等表面组成，ϕ18mm、ϕ35mm 圆柱面要求较高、其余表面没有严格的尺寸公差要求，但圆弧较多，加工有一定难度。零件材料为 45 钢，所有表面都需要加工。

3.2　工 艺 制 定

3.2.1　表面加工方案选择

此零件属于回转体零件，形状较复杂，适合采用数控车削加工。毛坯为锻件，用数控车床粗车、精车各表面至尺寸要求。

3.2.2　定位装夹方案选择

毛坯长度 82mm，选用三爪自定心卡盘装夹，两次安装完成加工。

3.2.3　切削用量确定

【知识链接】

1. 切削用量选取原则

切削用量(α_p、F、V_c)选择是否合理，对于能否充分发挥机床潜力与刀具切削性能，实现优质、高产、低成本和安全操作具有很重要的作用。粗车时，主要考虑提高生产效率，首先考虑选择一个尽可能大的背吃刀量α_p，其次选择一个较大的进给量 F，最后确定一个合适的切削速度 V_c。增大背吃刀量α_p可使走刀次数减少，增大进给量 F 有利于断屑。

精车时，着重考虑如何保证加工质量，并在此基础上尽量提高生产效率。因此精车时应选用较小(但不太小)的背吃刀量α_p和进给量 F，高的切削速度 V_c。

2. 切削用量的选择

(1)背吃刀量α_p

根据零件的加工余量，由机床、夹具、刀具、零件组成的工艺系统的刚性确定。在工艺系统刚性允许的情况下，背吃刀量应尽可能大；如果不受加工精度的限制，可使背吃刀量等于零件的加工余量，这样可以减少进给次数，提高加工效率。

粗车时在保留半精车、精车余量前提下，尽可能将粗车余量一次切去。当毛坯余量较大，粗车不能一次切除余量时，应尽可能选取较大的背吃刀量，减少进给次数。数控机床的精加工余量可略小于普通机床。半精车和精车时，背吃刀量是根据加工精度和表面粗糙度要求，由于粗加工后留下的余量不大，且一次进给不会影响加工质量要求时，可以一次进给车到尺寸。如一次进给产生振动或切屑拉伤已加工表面(例如车孔)，应分成两次或多次车削，背吃刀量按余量分配，依次减小。

(2)进给量 F(mm/min 或 mm/r)

背吃刀量α_p值选定以后，根据零件的加工精度、刀具和零件的材料进行选择，确定适当的进给量。最大进给量受到机床的制约。

1)粗车时由于作用在工艺系统上的切削力较大，在机床功率和系统刚性允许的前提下，可选用较大的进给量。

2)半精车和精车时因背吃刀量较小，切削阻力不会很大。为保证加工精度和表面粗糙度要求，一般选用较小的进给量。

3)刀具空行程特别是远距离“回零”时，可设定尽量高的进给速度。

4)进给速度应与主轴转速和背吃刀量相适应。

5)车孔时刀具刚性较差，应采用小一些的背吃刀量和进给量。在切断或用高速钢刀具时应采用较低的进给速度，一般在 20～50mm/min 范围内选取。

(3)切削速度 V_c

切削速度 V_c对切削功率、刀具寿命、表面加工质量和尺寸精度有较大影响。

1)粗车时，背吃刀量和进给量均较大，切削速度受刀具寿命和机床功率的限制，可根据生产实践经验和有关资料确定，一般选择较低的切削速度。但必须考虑机床的许用功率，如超出机床的许用功率，必须适当降低切削速度。

2)半精车和精车时，一般可根据刀具切削性能的限制来确定切削速度，可选择较高的切削速度，但须避开产生积屑瘤的区域。

零件材料加工性较差时，应选较低的切削速度。加工灰铸铁的切削速度应较加工中碳钢低，加工铝合金和铜合金的切削速度较加工钢高得多。

3) 刀具材料的切削性能越好，切削速度可选得越高。因此硬质合金刀具的切削速度可选得比高速钢高几倍，而涂层硬质合金、陶瓷、金刚石和立方氮化硼刀具的切削速度又可选得比硬质合金刀具高许多。

切削速度确定以后，要计算主轴转速，计算方法如下。

① 车削光轴时的主轴转速：根据零件上被加工部位的直径，按零件和刀具的材料及加工性质等条件所允许的切削速度来确定，计算公式为

$$V_c = \pi Dn / 1000$$

式中，V_c 为切削速度，单位 m/min；D 为零件切削部位回转直径，单位 mm；n 为主轴转速，单位 r/min。

② 车削螺纹时的主轴转速：在车螺纹时车床主轴转速过高，会使螺纹破牙，所以对普通数控车床，车螺纹时的主轴转速为

$$n \leqslant 1200/P - k$$

式中，P 为被加工螺纹螺距，单位 mm；k 为保险系数，一般取为 80。

【任务实施】

零件材料是 45 钢，根据经验，此零件切削用量的选取见表 3-1。

3.2.4 数控加工工艺技术文件

成形零件的数控加工工序卡、数控加工刀具卡分别如表 3-1、表 3-2 所示。

表 3-1　成形零件数控加工工序卡

<table>
<tr><td rowspan="2">单位</td><td rowspan="2" colspan="3">数控加工工序卡片</td><td colspan="4">产品名称或代号</td><td colspan="2">零件名称</td><td>零件图号</td></tr>
<tr><td colspan="4"></td><td colspan="2">成形零件</td><td></td></tr>
<tr><td colspan="4" rowspan="7">工序简图
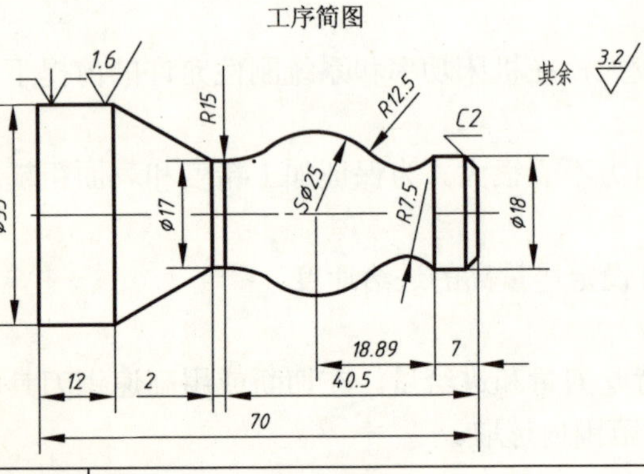</td><td colspan="4">车间</td><td colspan="3">使用设备</td></tr>
<tr><td colspan="4">机加工车间</td><td colspan="3">数控车床</td></tr>
<tr><td colspan="4">工艺序号</td><td colspan="3">工序名称</td></tr>
<tr><td colspan="4">10</td><td colspan="3">车外圆（圆角）</td></tr>
<tr><td colspan="4">夹具名称</td><td colspan="3">程序号</td></tr>
<tr><td colspan="4">三爪卡盘</td><td colspan="3">O1302、O1303</td></tr>
<tr><td colspan="4"></td><td colspan="3"></td></tr>
<tr><td>工步号</td><td colspan="3">工步作业内容</td><td>G 功能</td><td>刀具号</td><td>刀补量</td><td>主轴转速</td><td>进给速度</td><td>背吃刀量</td><td>备注</td></tr>
<tr><td>1</td><td colspan="3">车左端面</td><td>G01</td><td>T01</td><td></td><td>600</td><td>150</td><td></td><td></td></tr>
<tr><td>2</td><td colspan="3">粗车左端ϕ35 外圆，留 0.2mm 余量</td><td>G71</td><td>T01</td><td></td><td>600</td><td>150</td><td>2</td><td></td></tr>
<tr><td>3</td><td colspan="3">精车左端ϕ35 外圆至尺寸要求</td><td>G70</td><td>T01</td><td></td><td>1200</td><td>80</td><td>0.2</td><td></td></tr>
<tr><td>4</td><td colspan="3">调头装夹，车削右端面，保证总长</td><td>G94</td><td>T01</td><td></td><td>600</td><td>150</td><td></td><td></td></tr>
<tr><td>5</td><td colspan="3">粗车右端ϕ18、R12.5、Sϕ25、R15、ϕ17 外圆，留 0.2mm 余量</td><td>G73</td><td>T01</td><td></td><td>600</td><td>150</td><td>2</td><td></td></tr>
<tr><td>6</td><td colspan="3">精车右端ϕ18、R12.5、Sϕ25、R15、ϕ17 外圆至尺寸要求</td><td>G70</td><td>T02</td><td></td><td>1200</td><td>80</td><td>0.2</td><td></td></tr>
<tr><td>编 制</td><td></td><td>审 核</td><td></td><td>批 准</td><td colspan="2"></td><td>年 月 日</td><td colspan="2">共 页</td><td>第 页</td></tr>
</table>

表 3-2 成形零件数控加工刀具卡

<table>
<tr><td colspan="2">产品名称或代号</td><td colspan="2">×××</td><td>零件名称</td><td colspan="2">成形零件</td><td colspan="2">零件图号</td><td>×××</td></tr>
<tr><td>序号</td><td>刀具号</td><td colspan="2">刀具规格名称</td><td>数量</td><td colspan="4">加工表面</td><td>备注</td></tr>
<tr><td>1</td><td>T01</td><td colspan="2">90°外圆车刀</td><td>1</td><td colspan="4">车端面、粗车外圆</td><td></td></tr>
<tr><td>2</td><td>T02</td><td colspan="2">外圆车刀(圆弧刀片)</td><td>1</td><td colspan="4">精车外圆</td><td></td></tr>
<tr><td>编制</td><td>×××</td><td>审核</td><td>×××</td><td>批准</td><td>×××</td><td colspan="2">年 月 日</td><td>共 页</td><td>第 页</td></tr>
</table>

3.3 程 序 编 制

【知识链接】

数控车床刀具补偿功能包括刀具位置补偿和刀尖圆弧半径补偿两个方面。在加工程序中用 T 功能指定，T××××中前两个“××”为刀具号，后两个“××”为刀具补偿号，如果刀具补偿号为 00，则表示取消刀补。例：T0303 表示选用 3 号刀及 3 号刀具几何补偿值和刀尖圆弧半径补偿值。T0300 表示取消刀具补偿。

1. *刀具位置补偿*

刀具位置补偿用来补偿实际刀具和编程中的假想刀具(通常所谓标准刀具)的位置偏差(偏置量)，如图 3-2 所示。有两种类型：一种是刀具磨耗，用于补偿刀尖磨损造成的位置偏差；另一种是用于补偿刀具安装位置的刀具几何偏置。因此，在刀具磨损或重新安装刀具引起刀具位置变化时，建立、执行刀具位置补偿后，其加工程序不需要重新编制。办法是测出每把刀具的位置和磨耗并输入到指定的存储器内，程序执行刀具补偿指令后，刀具的实际位置就代替了原来位置。

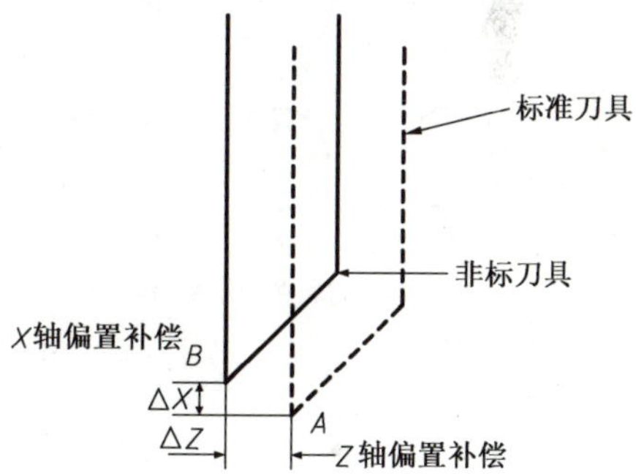

图 3-2 刀具偏置

2. *刀尖圆弧半径补偿*

编程时，通常都将车刀刀尖作为一点来考虑，但实际上刀尖处存在圆角，如图 3-3 所示。当用按理想刀尖点编出的程序进行端面、外径、内径等与轴线平行或垂直的表面加工时，是不会产生误差的。但在进行倒角、锥面及圆弧切削时，则会产生少切或过切现象，这必将产生加工工件的形状误差。另一方面，刀尖圆弧所处位置、车刀的形状对工件加工也将产生影响，如图 3-4 所示。而这些可采用刀尖圆弧半径补偿来解决，具有刀尖圆弧自动补偿功能的数控系统能根据刀尖圆弧半径计算出补偿量，避免少切或过切现象的产生。

建立和取消刀尖圆弧半径补偿时，使用 G41、G42、G40 指令：

G41—左偏刀具半径补偿，按程序路径前进方向刀具偏在零件左侧进给。

G42—右偏刀具半径补偿，按程序路径前进方向刀具偏在零件右侧进给。

G40—取消刀具半径补偿，按程序路径进给。

在设置刀尖圆弧自动补偿值时，还要设置刀尖圆弧位置编码，指定编码值的方法参考图 3-5。

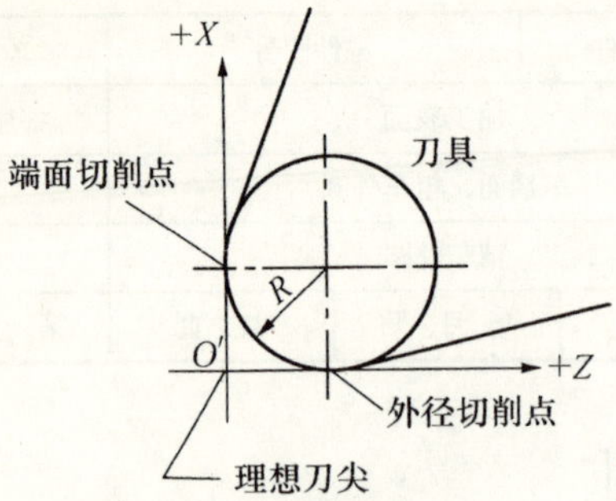

图 3-3　刀尖圆角 R

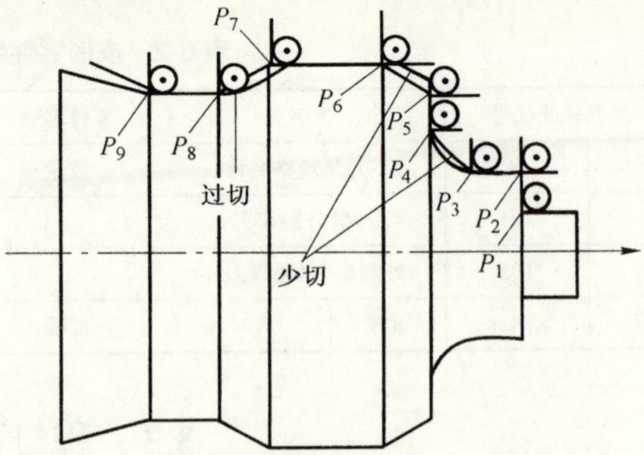

图 3-4　刀尖圆角 R 造成的少切与过切

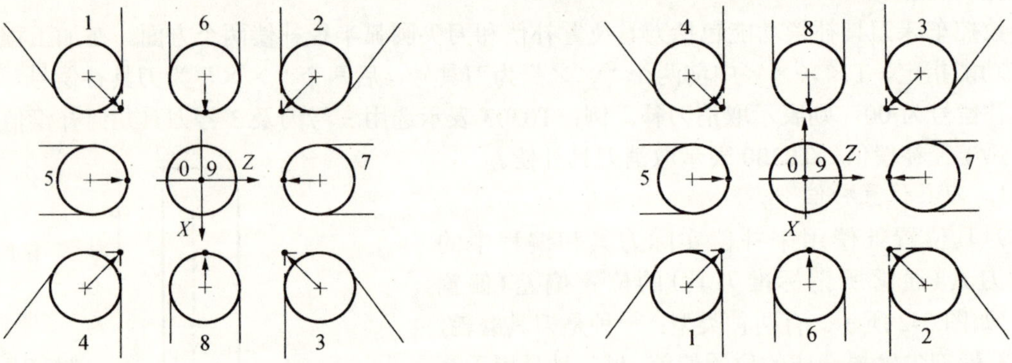

(a) 刀架在操作者的内侧　　(b) 刀架在操作者的外侧

●代表刀具刀位点 A；+代表刀尖圆弧圆心 O

图 3-5　刀尖圆弧位置编码的确定方法

3. 封闭粗车复合循环指令 G73

封闭切削循环是一种复合固定循环，又称仿形车削复合循环，如图 3-6 所示。封闭切削循环适于对铸、锻毛坯切削，对零件轮廓的单调性则没有要求。

编程格式：

```
G73 U(Δi) __W(Δk) __R(d) __;
G73 P(ns) __Q(nf)__U(Δu) __W(Δw)
    __F__S__T__;
```

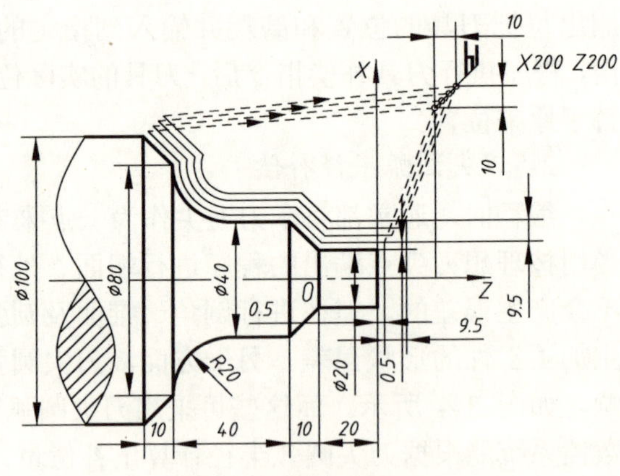

图 3-6　封闭切削循环加工

式中，Δi 为 X 轴方向总切除量(半径值)；Δk 为 Z 轴方向总切除量；d 为重复加工循环次数，即分多少次粗车完成；ns 为精加工程序第一个程序段的顺序号；nf 为精加工程序最后一个程序段的顺序号；Δu 为 X 轴方向精加工余量(直径值)；Δw 为 Z 轴方向精加工余量；

特别提示：

(1) 与 G71 和 G72 不同，G73 的循环过程如图 3-6 所示，它每次加工都是按照相同的形状轨迹进行进给，只不过在 X、Z 轴方向进了一个量，这个量等于总切削量除以粗加工循环次数。

循环起点在 A 点，循环开始时，从 A 点向 B 点退一定距离，然后从 B 点进刀切削，按图中箭头所示进行循环加工，直到达到需留的余量后的轮廓轨迹为止。

(2) 从 G73 的加工过程来看，它主要用于成形毛坯的加工，如铸造件、锻造件等。

(3) 两个程序段都有地址 U、W，在使用时要注意区别它们各自代表的含义。

车削图 3-6 所示零件，利用 G73 指令编写出其加工程序：

```
O1301;                              程序号
N10 G54 G98 G40;                    建立工件坐标系、系统初始化
N20 M03 S600 T0101;                 主轴正转、换上加工用的 1 号刀
N30 G00 X140 Z40 M08;               快速定位在轮廓循环起刀点、开切削液
N40 G73 U9.5 W9.5 R3;               仿形粗车复合循环
N50 G73 P60 Q120 U0.5 W0.1 F150;    N60～N120 为循环内部程序
N60 G01 X20 Z0;                     移动到轮廓起始点
N70 Z-20;                           车削φ20 外圆
N80 X40 Z-30;                       车削圆锥面
N90 Z-50;                           车削φ40 外圆
N100 G02 X80 Z-70 R20;              顺时针加工 R20 圆弧
N110 G01 X100 Z-80;                 车削φ100 圆锥面
N120 X105;                          X 方向退刀
N130 G70 P60 Q120;                  从 N60～N120 对轮廓进行精加工
N140 G00 X200 Z40;                  快速退刀
N150 M05;                           主轴停转
N160 M30;                           程序结束并复位
```

【任务实施】

成形零件数控车削程序如下所示。

左端数控车削程序：

```
O1302;                                  程序号
N10 G54 G98 G40 G18 G21 G00 X50 Z100;   建立工件坐标系、系统初始化
N20 M03 S600 T0101;                     主轴正转、换上加工用的 1 号刀
N30 G00 X45 Z5;                         快速定位到加工准备点
N40 G94 X0 Z0.5 F150;                   车端面
N50 Z0 F100;                            车端面
N60 G00 X45 Z5;                         退刀到循环起始点
N70 G90 X38 Z-25 F150;                  外圆固定循环
N80 X37;                                粗车至φ37
N90 X35.5;                              粗车至φ35.5
N100 X35 F80;                           精车至φ35
N110 G00 X50 Z100 M05;                  快速退刀
N120 M30;                               程序结束并复位
```

右端数控车削程序：

```
O1303;                                  程序号
N10 G54 G98 G40 G18 G21 G00 X50 Z100;   建立工件坐标系、系统初始化
N20 M03 S600 T0101;                     主轴正转、换上加工用的 1 号刀
N30 G00 X45 Z5;                         快速定位到加工准备点
N40 G94 X0 Z1 F150;                     粗车端面
N50 Z0.5;
N60 Z0;                                 车削右端面至尺寸要求，保证总长
N70 G00 X50 Z3;                         定位到循环起点
```

```
N80 G73 U2.5 W1 R6;                    仿形粗车复合循环
N90 G73 P100 Q190 U0.4 W0.1 F150;      N100～N190 为循环内部程序
N100 G00 X14 Z1 S1200;                 快速定位加工准备点
N110 G41 G01 Z0 F200;                  直线插补到端面顶点
N120 X18 W-2 F80;                      车倒角
N130 Z-7;                              车φ18 外圆
N140 G02 X15 W-4.5 R7.5;               顺时针车削圆弧 R7.5
N150 G02 X10 W-7.5 R12.5;              顺时针车削圆弧 R12.5
N160 G03 X10.68 W-12.98 R12.5;         顺时针车削圆弧 R12.5
N170 G02 X17 W-7.79 R15;               逆时针车削圆弧 R15
N180 G01 W-2;                          车削φ17 外圆
N190 X35 W-15.5;                       车削锥面
N192 G40 G00 X50 Z100;                 定位至换刀点
N194 T0202;                            换精车刀具
N196 G00 X50 Z3;                       定位至精车起点
N200 G70 P100 Q190;                    精车循环
N210 G00 X50 Z100 M05;                 快速退刀；主轴停止
N200 M30;                              程序结束并返回开头
```

3.4　零件加工与质量检测

根据以下操作步骤，完成零件的加工，并进行质量检测与分析。

① 开机，各坐标轴回机床参考点；

② 工件的定位、装夹和找正；

③ 刀具安装；

④ 对刀，建立工件坐标系；

⑤ 程序输入，并调试；

⑥ 自动加工；

⑦ 取下工件，并检测；

⑧ 清理工作现场。

3.5　项 目 训 练

编制图 3-7～图 3-9 所示零件数控加工工艺、加工程序，利用数控车床加工出零件。

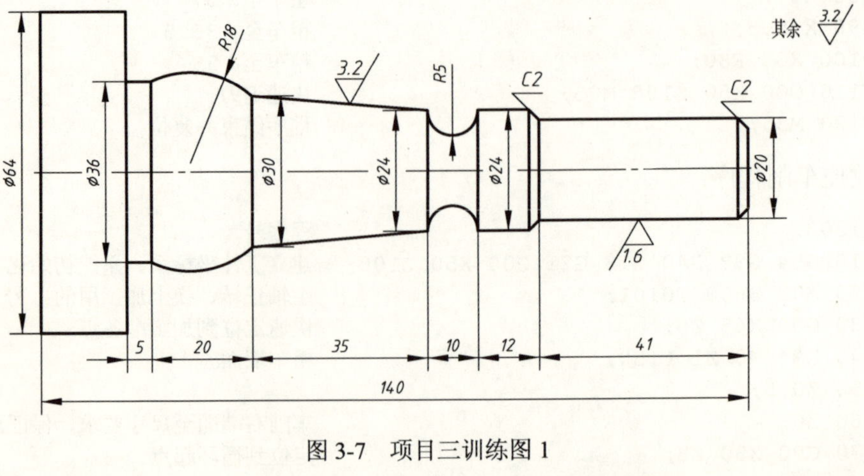

图 3-7　项目三训练图 1

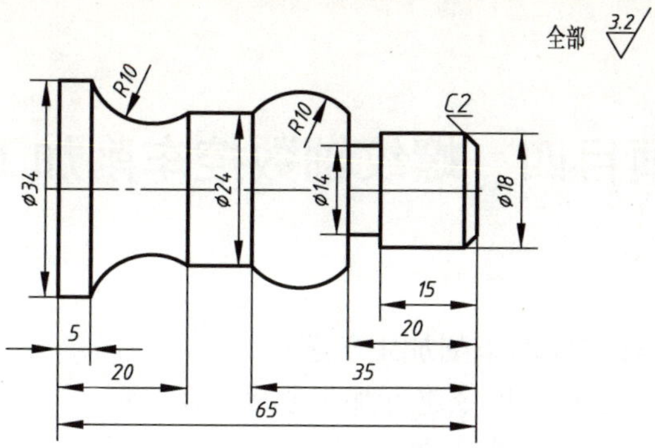

图 3-8　项目三训练图 2

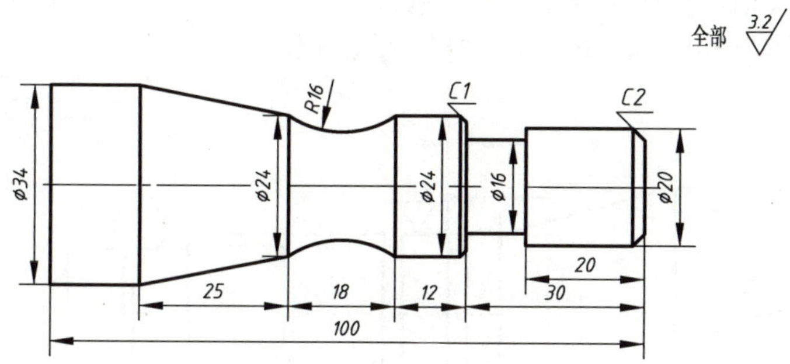

图 3-9　项目三训练图 3

项目四　螺纹轴数控车削加工

【项目能力目标】

1) 能分析和设计螺纹轴零件的车削加工工艺；

2) 能应用 G32、G92、G76 等指令进行加工程序的编制；

3) 能进行螺纹轴零件程序的编制及加工。

【加工任务】

任务描述：螺纹轴零件如图 4-1 所示，按单件小批量生产安排其数控车削加工工艺，编写出加工程序。毛坯为ϕ45mm×105mm，材料为 45 钢。

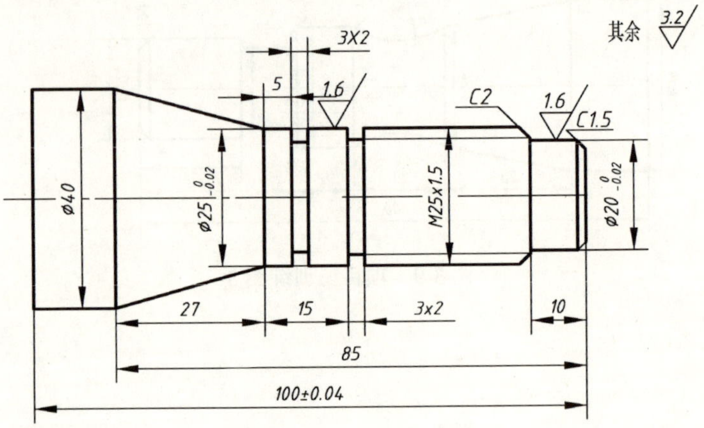

图 4-1　螺纹轴

4.1　工 艺 分 析

螺纹轴零件由圆柱面、圆锥面、螺纹、槽等表面组成。其尺寸标注完整，轮廓描述清楚，其中直径尺寸要求严格。零件材料为 45 钢，热处理达到 48～52HRC，所有表面都需要加工。

4.2　工 艺 制 定

4.2.1　表面加工方案选择

螺纹轴零件属于回转体零件，适合采用数控车削加工。毛坯为ϕ45mm×105mm 棒料，外圆柱面、圆锥面、螺纹、端面等经粗车、精车达到尺寸要求。

4.2.2　定位装夹方案选择

螺纹轴零件毛坯长度 105mm，形状规则尺寸适中，选择三爪自定心卡盘装夹，需要两次安装。

4.2.3　数控加工工艺技术文件

【知识链接】数控车刀的选用

1. 数控刀具的结构

数控车床刀具种类繁多，功能互不相同。根据不同的加工条件正确选择刀具是编制程序的重要环节，因此必须对车刀的种类及特点有一个基本的了解。如图 4-2～图 4-8 所示，数控车削加工使用的刀具主要有外圆车刀、钻头、镗刀、切断刀、螺纹加工刀具等，其中以外圆车刀、镗刀、钻头最为常用。

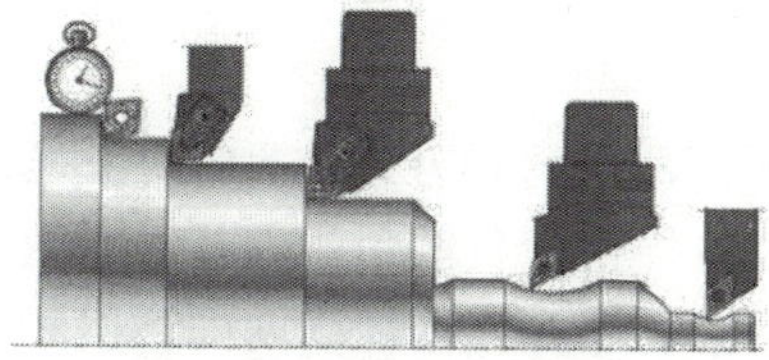

图 4-2　外圆车刀

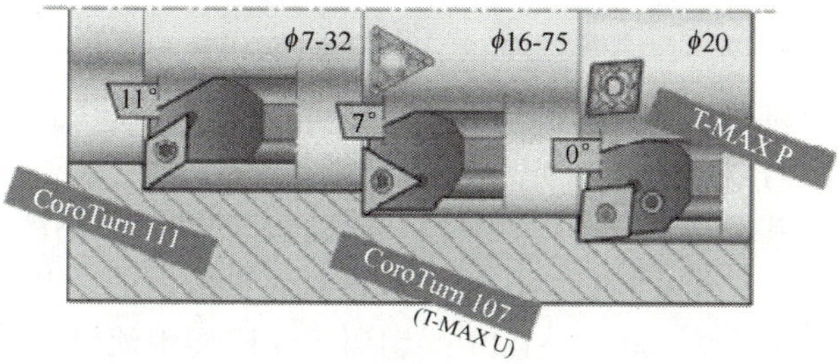

图 4-3　内孔车刀

图 4-4　切断(槽)刀

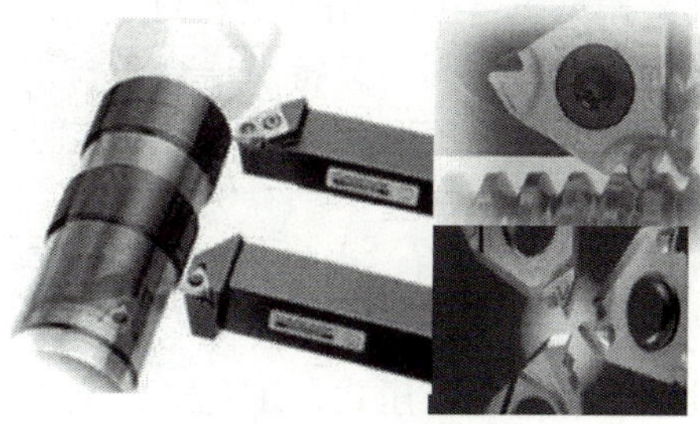

图 4-5　螺纹刀

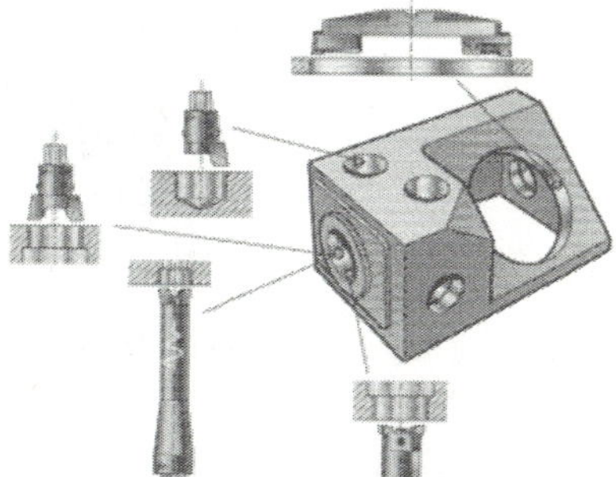

图 4-6　镗刀

图 4-7　钻头

生产中广泛采用不重磨机夹可转位车刀。刀片各刃可转位轮流使用，减少换刀时间；刀刃不重磨，有利于采用涂层刀片；断削槽型压制而成，尺寸稳定，节省硬质合金；刀杆刀槽的制造精度高。

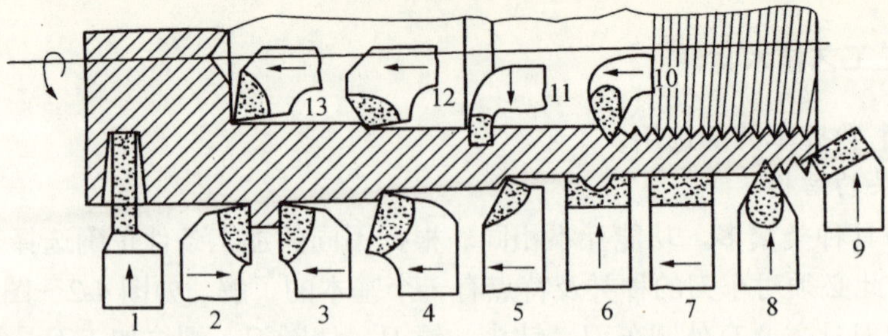

图 4-8 常用车刀

1—切断刀；2—90°左偏刀；3—90°右偏刀；4—弯头车刀；5—直头车刀；6—成形车刀；7—宽刃精车刀；8—外螺纹车刀；9—端面车刀；10—内螺纹车刀；11—内槽车刀；12—通孔车刀；13—盲孔车刀

可转位车刀的结构形式主要有杠杆式、楔块式、楔块夹紧式等。

(1) 杠杆式

其结构见图 4-9，由杠杆、螺钉、刀垫、刀垫销、刀片所组成。这种方式依靠螺钉旋紧压靠杠杆，由杠杆的力压紧刀片达到夹固的目的。其特点适合各种正、负前角的刀片，有效的前角范围为–60°～+180°；切屑可无阻碍地流过，切削热不影响螺孔和杠杆；两面槽壁给刀片有力的支撑，并确保转位精度。

(2) 楔块式

其结构见图 4-10，由紧定螺钉、刀垫、销、楔块、刀片所组成。这种方式依靠销与楔块的挤压力将刀片紧固。其特点适合各种负前角刀片，有效前角的变化范围为–60°～+180°。两面无槽壁，便于仿形切削或倒转操作时留有间隙。

(3) 楔块夹紧式

其结构见图 4-11，由紧定螺钉、刀垫、销、压紧楔块、刀片所组成。这种方式依靠销与楔块的压下力将刀片夹紧。其特点同楔块式，但切屑流畅不如楔块式。

此外还有螺栓上压式、压孔式、上压式等形式。

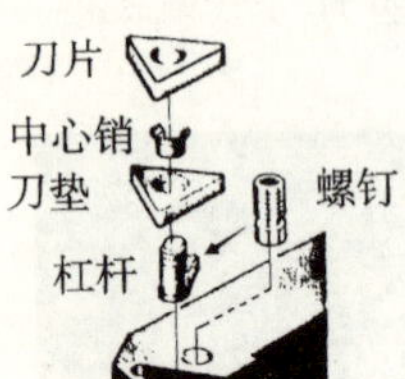

图 4-9 杠杆式

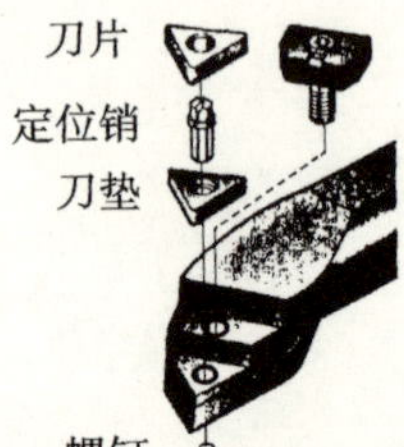

图 4-10 楔块式

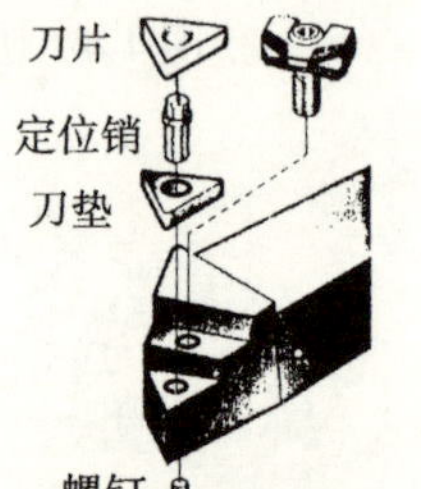

图 4-11 楔块夹紧式

2. 数控车刀的选择

为了减少换刀时间和方便对刀，便于实现机械加工的标准化，数控车削加工时，应尽量采用机夹刀和机夹刀片。数控车床一般选用可转位车刀，使用时需考虑以下几个方面。

1) 刀片材质的选择。常见刀片材料有高速钢、硬质合金、涂层硬质合金、陶瓷、立方氮化硼和金刚石等，其中应用最多的是硬质合金和涂层硬质合金刀片。切削刀具材料的硬度和韧性如图 4-12 所示。

2) 刀片尺寸的选择。刀片尺寸的大小取决于必要的有效切削刃长度 L。

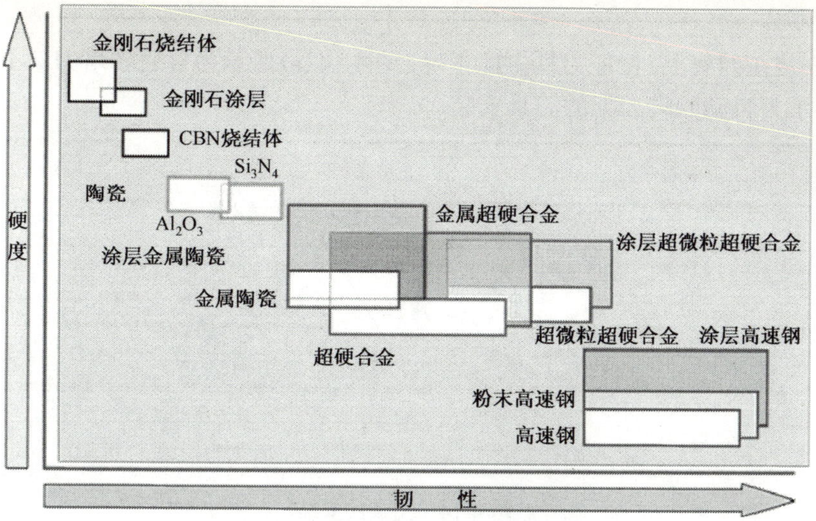

图 4-12　切削刀具材料的硬度和韧性

3)刀片形状的选择。刀片形状主要依据被加工工件的表面形状、切削方法、刀具寿命和刀片的转位次数等因素选择。常见刀片形状如图 4-13 所示。

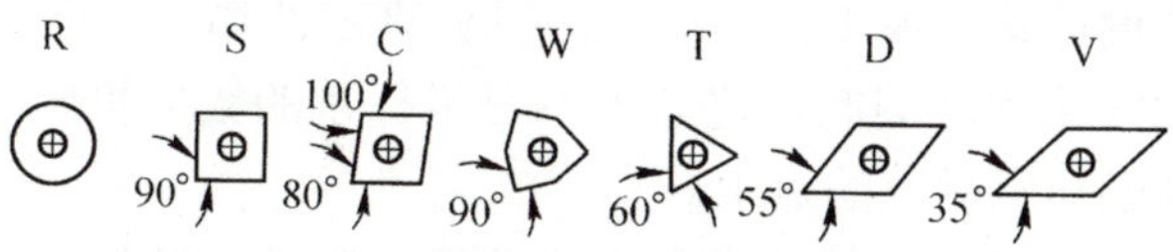

图 4-13　刀片形状

正三角形刀片可用于主偏角为 60°或 90°的外圆车刀、端面车刀和内孔车刀。由于此刀片刀尖角小、强度差、耐用度低、故只宜用较小的切削用量。

正方形刀片的刀尖角为 90°，比正三角形刀片的 60°要大，因此其强度和散热性能均有所提高。这种刀片通用性较好，主要用于主偏角为 45°、60°、75°等的外圆车刀、端面车刀和镗孔刀。

正五边形刀片的刀尖角为 108°，其强度、耐用度高、散热面积大。但切削时径向力大，只宜在加工系统刚性较好的情况下使用。

菱形刀片和圆形刀片主要用于成形表面和圆弧表面的加工，其形状及尺寸可结合加工对象参照国家标准来确定。

4)刀尖圆弧半径的选择。刀尖圆弧半径的大小直接影响刀尖的强度及被加工零件的表面粗糙度。刀尖圆弧半径大，表面粗糙度值增大，切削力增大且易产生振动，但刀刃强度增加。通常在切深较小的精加工、细长轴加工、机床刚度较差情况下，选用刀尖圆弧较小些；而在需要刀刃强度高、零件直径大的粗加工中，选用刀尖圆弧大些。

5)杆头部形式的选择。

6)右手刀柄的选择。有三种选择：R(右手)、L(左手)和 N(左右手)。

7)断屑槽形的选择。断屑槽形的参数直接影响着切屑的卷曲和折断，槽形根据加工类型和加工对象的材料特性来确定：基本槽形按加工类型有精加工(代码 F)、普通加工(代码 M)和粗加工(代码 R)；加工材料按国际标准有加工钢的 P 类、不锈钢和合金钢的 M 类和铸铁的 K 类。这两种情况一组合就有了相应的槽形，选择时可查阅具体的产品样本。

3. 安装刀具

将刀具安装在刀架上，保证刀杆方向正确，图 4-14(a)所示为普通转塔刀架上的刀具安装，图 4-14(b)所示为自动回转刀架的刀具安装。

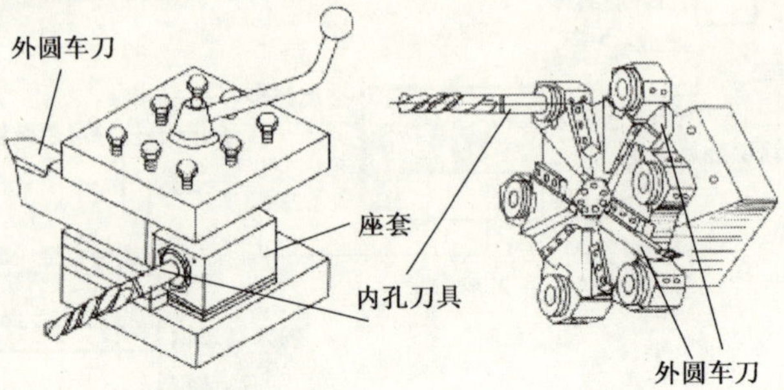

(a) 普通转塔刀架　(b) 自动回转刀架

图 4-14　刀架的安装

4. 对刀点与换刀点

对刀点的选择原则如下：

1) 对刀点应选在对刀方便的位置，便于观察和检测。

2) 尽量选在零件的设计基准或工艺基准上，以提高零件加工精度。

3) 便于数学处理和简化程序编制，建立了绝对坐标系的数控机床对刀点最好选在该坐标系的原点上，或者选择已知坐标值的点上。

4) 需要换刀时，每次换刀所选择的换刀点位置应在零件外部的合适位置，避免换刀时刀具与零件、夹具和机床相碰。

5) 引起的加工误差小。

对刀点可选在零件、夹具或机床上。若选在夹具或机床上则须与零件的定位基准相联系，以保证机床坐标系与零件坐标系的关系。

对刀点不仅是程序的起点，往往也是程序的终点。因此在批量生产中要考虑对刀点的重复定位精度，刀具加工一段时间后或每次机床启动时，都要进行刀具回机床原点或参考点的操作，以减小对刀点的累积误差。

刀具在机床上的位置是由“刀位点”的位置来表示的。“刀位点”指程序编制中用于表示刀具特征的点。切削加工时经常要对刀，也就是使刀位点和对刀点重合。实际操作时，可以通过手工对刀，但对刀精度较低；也可采用光学对刀镜、对刀仪等自动对刀装置，以减少对刀时间，提高对刀精度。

【任务实施】

螺纹轴零件的数控加工刀具卡、数控加工工序卡分别见表 4-1、表 4-2。

表 4-1　螺纹轴数控加工刀具卡

<table>
<tr><td colspan="2">产品名称或代号</td><td colspan="3">×××</td><td>零件名称</td><td>螺纹轴</td><td>零件图号</td><td>××</td></tr>
<tr><td>序号</td><td>刀具号</td><td colspan="3">刀具规格名称</td><td>数量</td><td colspan="2">加工表面</td><td>备注</td></tr>
<tr><td>1</td><td>T01</td><td colspan="3">90°外圆车刀</td><td>1</td><td colspan="2">车端面、粗车外圆</td><td></td></tr>
<tr><td>2</td><td>T02</td><td colspan="3">55°外圆车刀</td><td>1</td><td colspan="2">精车外圆</td><td></td></tr>
<tr><td>3</td><td>T03</td><td colspan="3">宽度为 3mm 切槽刀</td><td>1</td><td colspan="2">切槽、切断</td><td></td></tr>
<tr><td>4</td><td>T04</td><td colspan="3">60°螺纹刀</td><td>1</td><td colspan="2">车螺纹</td><td></td></tr>
<tr><td>编制</td><td></td><td>审核</td><td></td><td>批准</td><td></td><td>年　月　日</td><td>共　页</td><td>第　页</td></tr>
</table>

表 4-2　数控加工工序卡

<table>
<tr><td rowspan="2">名称</td><td rowspan="2">数控加工工序卡片</td><td colspan="4">产品名称或代号</td><td colspan="2">零件名称</td><td>零件图号</td></tr>
<tr><td colspan="4"></td><td colspan="2">螺纹轴</td><td></td></tr>
<tr><td colspan="2" rowspan="6">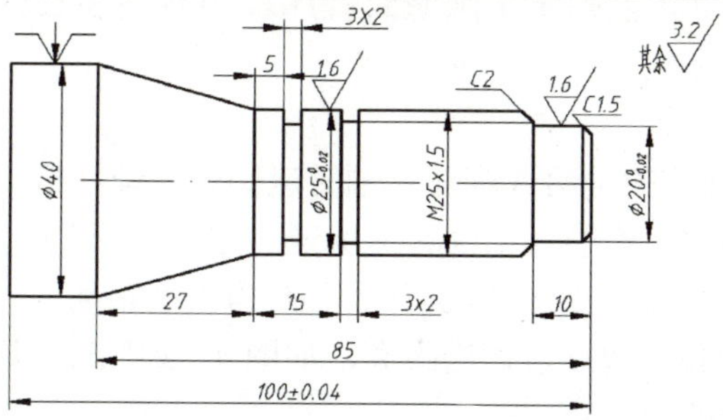</td><td colspan="4">车间</td><td colspan="3">使用设备</td></tr>
<tr><td colspan="4">机加工车间</td><td colspan="3">数控车床</td></tr>
<tr><td colspan="4">工艺序号</td><td colspan="3">工序名称</td></tr>
<tr><td colspan="4">10</td><td colspan="3">车外圆、端面</td></tr>
<tr><td colspan="4">夹具名称</td><td colspan="3">程序号</td></tr>
<tr><td colspan="4">三爪卡盘</td><td colspan="3">O0040、O0050</td></tr>
<tr><td>工步号</td><td>工步作业内容</td><td>G 功能</td><td>刀具号</td><td>刀补量</td><td>主轴转速</td><td>进给速度</td><td>背吃刀量</td><td>备注</td></tr>
<tr><td>1</td><td>车左端面</td><td>G01</td><td>T01</td><td></td><td>600</td><td>150</td><td></td><td></td></tr>
<tr><td>2</td><td>粗车左端ϕ40 外圆，留 0.4mm 余量</td><td>G71</td><td>T01</td><td></td><td>600</td><td>150</td><td>2</td><td></td></tr>
<tr><td>3</td><td>精车左端ϕ40 外圆至尺寸要求</td><td>G70</td><td>T02</td><td></td><td>1200</td><td>80</td><td>0.2</td><td></td></tr>
<tr><td>4</td><td>调头装夹，车右端面，保证总长</td><td>G01</td><td>T01</td><td></td><td>600</td><td>150</td><td></td><td></td></tr>
<tr><td>5</td><td>粗车外圆表面(ϕ20、ϕ25)，留 0.4mm 余量</td><td>G71</td><td>T01</td><td></td><td>600</td><td>150</td><td>2</td><td></td></tr>
<tr><td>6</td><td>精车外圆表面(ϕ20、ϕ25)至尺寸要求</td><td>G70</td><td>T02</td><td></td><td>1200</td><td>100</td><td>0.2</td><td></td></tr>
<tr><td>7</td><td>切退刀槽、工艺槽(3×2)</td><td>G01</td><td>T03</td><td></td><td>300</td><td>30</td><td></td><td></td></tr>
<tr><td>8</td><td>车螺纹(M25×1.5)</td><td>G92</td><td>T04</td><td></td><td>300</td><td></td><td></td><td></td></tr>
<tr><td>编 制</td><td>审核　　　　批 准</td><td colspan="2"></td><td colspan="2">年　月　日</td><td colspan="2">共　页</td><td>第 页</td></tr>
</table>

4.3　程 序 编 制

【知识链接】

1．螺纹加工的工艺知识

(1)加工螺纹方法

加工螺纹是数控车床的基本功能之一，加工类型包括：内(外)圆柱螺纹和圆锥螺纹、单线螺纹和多线螺纹，恒螺距螺纹和变螺距螺纹。数控车床加工螺纹的指令主要有三种：螺纹加工指令、单循环螺纹加工指令、复合循环螺纹加工指令。因为螺纹加工时，刀具的进给速度与主轴的转速要保持严格的关系，所以数控车床要实现螺纹加工，必须在主轴上安装测量系统。不同的数控系统，螺纹加工指令也不尽相同，在实际使用时应按机床的要求进行编程。

在数控车床上加工螺纹，有两种进给方法：直进法和斜进法。以普通螺纹为例，直进法是从螺纹牙沟槽的中间部位进给，每次切削时，螺纹车刀两侧的切削刃都受切削力，一般螺距小于 3mm 时，可用直进法加工。斜进法加工时，从螺纹牙沟槽的一侧进刀，除第一刀外，每次切削只有一侧的切削刃受切削力，有助于减轻负载，当螺距大于 3mm 时，可用斜进法进行加工。

螺纹加工时，应遵循“后一刀的背吃刀量不应超过前一刀的背吃刀量”的原则。也就是说，背吃刀量逐次减小，目的是使每次切削面积接近。多线螺纹加工时，先加工好一条螺纹，然后在轴向进给移动一个螺距，加工第二条螺纹，直到全部加工完为止。

(2)确定车螺纹前直径尺寸

普通螺纹各基本尺寸：

螺纹大径　　$d=D$（螺纹大径的基本尺寸与公称直径相同）

中径　　$d_2=D_2=d-0.6495P$（P 为螺纹的螺距）

螺纹小径　　$d_1=D_1=d-1.0825P$

螺纹加工之前，需要对一些相关尺寸进行计算，以确定车削螺纹程序段中有关参数的取值。

(3) 确定螺纹行程

在数控车床上加工螺纹时，沿着螺距方向（Z方向）的进给速度与主轴转速必须保证严格的比例关系，但是螺纹加工时，刀具起始时的速度为零，不能和主轴转速保证一定的比例关系。在这种情况下，当刚开始切入时，必须留一段切入距离，如图 4-15 所示，δ_1 为引入距离，一般取 2～3mm。同样的道理，当螺纹加工结束时，必须留一段切出距离，如图 4-15 中δ_2，称为超越距离，一般取 1～2mm。具体宽度由退刀槽的尺寸决定。

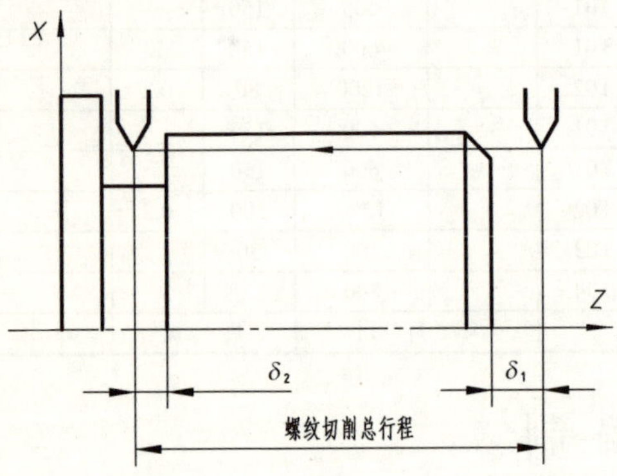

图 4-15　螺纹切削时的引入距离和超越距离

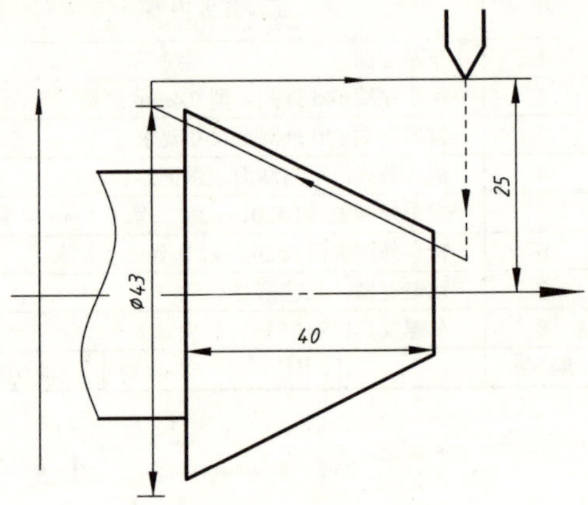

图 4-16　螺纹切削 G32

引入距离δ_1与超越距离δ_2的数值与所加工螺纹的导程、数控机床主轴转速和伺服系统的特性有关。具体取值由实际的数控系统及数控机床来决定。

在数控车床上加工螺纹时，由于机床伺服系统本身具有滞后特性，会在螺纹起始段和停止段发生螺距不规则现象，所以实际加工螺纹的长度 W 应包括引入距离和超越距离。即

$$W=L+\delta_1+\delta_2$$

式中，L 为螺纹长度。δ_1 为引入距离，一般取 2～3mm；δ_2 为超越距离，一般取 1～2mm。

(4) 背吃刀量的确定。参见表 4-3。

2. 加工螺纹指令

(1) G32—螺纹车削基本指令

编程格式：`G32 X(U)___Z(W)___F(f)___;`

式中，X(U)、Z(W) 为螺纹切削终点的坐标值；F 为螺纹导程，mm/r。

特别提示：

1) G32 指令为单行程螺纹切削指令，如图 4-16 所示，即每使用一次，切削一刀。

2) 在加工过程中，要将引入距离和超越距离编入到螺纹切削中。

3) X 坐标省略或与前一程序段相同时为圆柱螺纹，否则为锥螺纹。

4) 螺纹切削时，为保证螺纹加工质量，一般采用多次切削方式，其切削次数及背吃刀量可参考表 4-3。

表 4-3　普通螺纹背吃刀量及切削次数参考表

公制螺纹								
螺距/mm		1.0	1.5	2	2.5	3	3.5	4
牙深(半径值)/mm		0.649	0.974	1.299	1.624	1.949	2.273	2.598
切削次数及被吃刀量(直径值)/mm	1次	0.7	0.8	0.9	1.0	1.2	1.5	1.5
	2次	0.4	0.6	0.6	0.7	0.7	0.7	0.8
	3次	0.2	0.4	0.6	0.6	0.6	0.6	0.6
	4次		0.16	0.4	0.4	0.4	0.6	0.6
	5次			0.1	0.4	0.4	0.4	0.4
	6次				0.15	0.4	0.4	0.4
	7次					0.2	0.2	0.4
	8次						0.15	0.3
	9次							0.2
英制螺纹								
牙/英寸		24	18	16	14	12	10	8
牙深(半径值)/mm		0.678	0.904	1.016	1.162	1.355	1.626	2.033
切削次数及背吃刀量(直径值)/mm	1次	0.8	0.8	0.8	0.8	10.9	1.0	1.2
	2次	0.4	0.6	0.6	0.6	0.6	0.7	0.7
	3次	0.16	0.3	0.5	0.5	0.6	0.6	0.6
	4次		0.11	0.14	0.3	0.4	0.4	0.5
	5次				0.13	0.21	0.4	0.5
	6次						0.16	0.4

例 4-1：加工图 4-17 所示的 M30×2-6g 普通圆柱螺纹，外径已经车削完成，设螺纹牙底半径 R=0.2mm，车螺纹时的主轴转速 n=300r/min，用 G32 指令编程。

解：螺纹计算：

查螺纹公差表知 Td_2 = 0.28mm，es=−0.038mm，螺纹的大径尺寸为 29.682～29.962mm，取 29.8mm。

螺纹的小径为

$$d_1 = d-1.75H+2R+es-Td_2/2$$
$$=(30-1.75\times0.866\times2+2\times0.2-0.038-0.28/2)$$
$$= 27.191\,(mm)$$

取编程小径为 27.2mm。

取引入距离 δ_1=5mm，超越距离 δ_2=1mm。

设起刀点位置(100，50)，螺纹刀为 1 号刀。

程序如下：

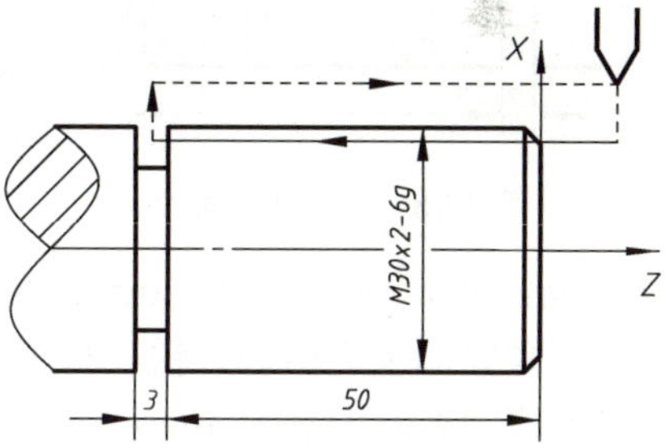

图 4-17　M30×2-6g 普通圆柱螺纹

```
O0010;                    程序名
N10 G54 G98 G40 T0100;    坐标系设定，选用 1 号刀
N20 M03 S300;             启动主轴，转速 300r/min
N30 T0101;                建立刀具补偿
N40 G00 X28.9 Z5;         进刀
N50 G32 Z-51 F2;          切削螺纹第一刀
N60 G00 X32;              退刀
N70 Z5;                   返回
```

```
N80 X28.3;                    进刀
N90 G32 Z-51;                 切削螺纹第二刀
N100 G00 X32;                 退刀
N110 Z5;                      返回
N120 X27.7;                   进刀
N130 G32 Z-51;                切削螺纹第三刀
N140 G00 X32;                 退刀
N150 Z5;                      返回
N160 X27.3;                   进刀
N170 G32 Z-51;                切削螺纹第四刀
N180 G00 X32;                 退刀
N190 Z5;                      返回
N200 X27.2;                   进刀
N210 G32 Z-51;                切削螺纹第五刀
N220 G00 X32;                 退刀
N230 X100 Z50 T0000;          返回起始位置，取消刀具补偿
N240 M05;                     主轴停
N250 M30;                     程序结束并返回程序
```

(2) G92—螺纹车削循环指令

编程格式：G92 X(U)__Z(W)___I___F___;

式中，X(U)、Z(W)为螺纹切削终点的坐标值；I为螺纹起始点与终点的半径差，如果为圆柱螺纹则省略此值，有的系统也用R；F为螺纹的导程。

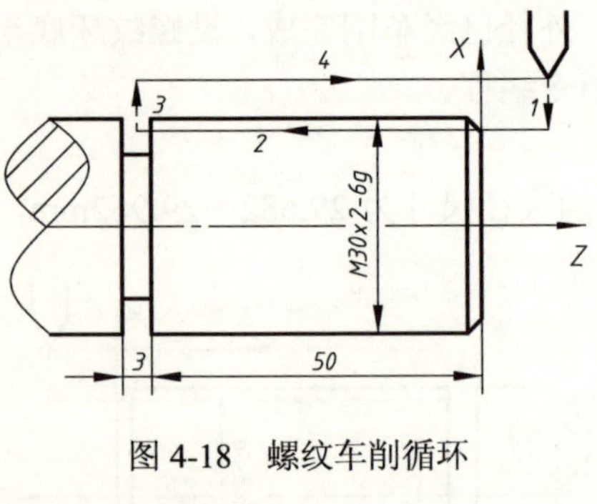

图 4-18　螺纹车削循环

特别提示：

1)用G92指令加工螺纹时，循环过程如图4-18所示，一个指令完成四步动作"1进—2加工—3退刀—4返回"，除加工外，其他三步的速度为快速进给的速度。

2)用G92指令加工螺纹时的计算方法同G32指令。

3)格式中的X(U)、Z(W)为螺纹切削终点的坐标。

例4-2：如图4-18所示，给定材料外径为M30×2–6g，编写螺纹部分的加工程序。

螺纹计算与前面G32指令实例一样，螺纹大径为29.8mm，螺纹小径d_1=27.2mm，取引入距离δ_1=3mm。取超越距离δ_2=1mm。

在螺纹加工之前进行粗、精车外圆并倒角、切槽。1号刀为粗车刀，2号刀为精车刀，3号刀为切槽刀，刀宽为4mm，4号刀为螺纹车刀。

程序如下：

```
O0020;                        程序名
N10 G54 G98 G40 T0100;        设定坐标系，选用1号粗车刀
N20 M03 S600                  启动主轴，转速为600r/min
N30 T0101;
N40 G00 X40 Z0;
N50 G01 X0 F30;               加工端面
N60 G00 X29.8;                进刀
N70 G01 Z-50 F150;            粗车外圆柱面
```

```
N80 G00 X32 Z2;
N90 X21.8;
N100 G01 X29.8 Z-2;          倒角
N110 G00 X100 Z50 M00;       退刀，主轴暂停
N120 T0202;                  换 2 号精车刀
N130 M03 S1000;              启动主轴，转速为 1000r/min
N140 G00 X29.8 Z2;           进刀
N150 G01 X29.8 Z-2 F30;      倒角
N160 Z-50;                   精车外圆柱面
N170 G00 X100 Z50 M05;       退刀，主轴暂停
N180 T0303;                  换 3 号切槽刀
N190 M03 S300;               启动主轴，转速为 300r/min
N200 G00 X38 Z-49;           进刀
N210 G75 R2;                 切槽循环
N220 G75 X28 P10 F20;        切槽循环
N230 G00 X100 Z50 M05;       返回，主轴暂停
N240 T0404;                  换 4 号螺纹刀
N250 M03 S300                启动主轴，转速为 300r/min
N260 G00 X32 Z3;             进刀
N270 G92 X28.9 Z-51 F2;      加工螺纹第一刀
N280 X28.3;                  加工螺纹第二刀
N290 X27.7;                  加工螺纹第三刀
N300 X27.3;                  加工螺纹第四刀
N310 X27.2;                  加工螺纹第五刀
N320 X27.2;                  光一刀，去毛刺
N330 G00 X100 Z50;           退刀，返回
N340 T0100;                  换 1 号刀，取消刀具补偿
N350 M05;                    主轴停
N360 M30;                    程序结束并返回程序头
```

(3) G76—螺纹车削复合循环指令

编程格式:

```
G76 P(m) __ (r) __ (a) __Q(Δdmin) __R(d) __;
G76 X(U) __Z(W) __R(i) __P(k) __Q(Δd) __F(l) __;
```

式中，m 为精加工次数(01～99)；r 为螺纹加工退尾时的导程数(00～99)，不使用小数点，实际退尾量为 2r×0.1×F，其中 F 为导程；a 为螺纹角度(0°、29°、30°、55°、60°、80°六种)；Δdmin 为螺纹加工时的最小背吃刀量，为半径值，始终取正值；d 为螺纹加工时精加工余量；X(U)、Z(W)为螺纹终点坐标值；i 为螺纹加工时螺纹加工起始点与终点的半径差，圆柱螺纹可省略；k 为螺纹牙型高，始终取正值；Δd为螺纹加工第一刀的背吃刀量，为半径值，始终取正值；l 为螺纹导程。

例 4-3：如图 4-19 所示，零件粗车已经完成，试编写其精车及螺纹加工程序，螺纹加工部分用螺纹切削复合循环指令编写。

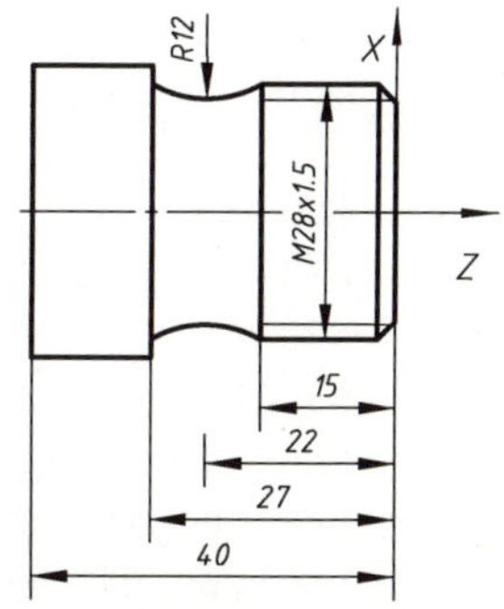

图 4-19　螺纹切削复合循环举例

本例用两把刀进行加工，M28×1.5mm 螺纹小径为 26.376mm，牙深为 0.974mm。程序如下：

```
O0030;                                   程序名
N10 G50 X100 Z50 T0100;                  设定坐标系，选用 1 号刀
N20 M03 S1500;                           启动主轴，转速为 1500r/min
N30 T0101 M07;                           建立刀具补偿
N40 G00 X21 Z2;                          进刀
N50 G01 X28 Z-2 F100;                    倒角
N60 Z-15;                                车削螺纹大径
N70 X24 Z-22;                            车削锥度部分
N80 Z-27;                                车削槽
N90 G00 X30;                             退刀
N100 X50 Z100 M05;                       返回
N110 T0202 M08;                          换 2 号刀，开冷却液
N120 M03 S300;                           启动主轴
N130 G00 X32 Z3;                         进刀至螺纹切削起始点
N140 G76 P031060 Q0.02 R0.01;            螺纹加工
N150 G76 X26.376 Z-22 P0.974 Q400 F1.5;  k=0.974,Δd=400μm,l=1.5mm
N160 G00 X50 Z100 M09;                   返回，关冷却液
N170 T0100;                              换回 1 号刀，取消刀具补偿
N180 M30;                                程序结束并返回程序头
```

【任务实施】

螺纹轴数控车削程序如下。

左端数控车削程序：

```
O0040;                                   程序号
N10 G54 G98 G40 G18 G21 G00 X50 Z100;    建立工件坐标系、系统初始化
N20 M03 S600 T0101;                      主轴正转、换上加工用的 1 号刀
N30 G00 X45 Z5;                          快速定位到加工准备点
N40 G94 X0 Z0.5 F150;                    车端面
N50 Z0 F100;                             车端面
N60 G00 X45 Z5;                          快速退刀到循环起始点
N70 G90 X42 Z-25 F150;                   外圆固定循环车φ40 外圆
N80 X40.4;                               粗车外圆至φ40.4
N90 X40;                                 精车外圆至φ40
N100 G00 X50 Z100 M05;                   快速退刀
N110 M30;                                程序结束并复位
```

右端数控车削程序：

```
O0050;                                   程序名
N10 G55 G98 G40 G18 G21;                 建立工件坐标系；系统初始化
N20 M03 S600 T0101;                      主轴正转；换上加工用的 1 号刀
N30 G00 X50 Z5;                          快速定位到加工准备点
N40 G01 Z0 F150;                         定位到端面顶点
N45 G01 X0 Z0 F100;                      车端面
N50 G00 X47 Z3;                          退刀到轮廓循环起刀点
N60 G71 U2 R1;                           外圆粗车复合循环
```

```
N70 G71 P80 Q150 U0.4 W0.1 F150;      N80～N170 为循环内部程序
N80 G00 X17;                          定位到轮廓起始点
N90 G01 Z0 F100;                      准备倒角
N95 X20 Z-1.5;                        倒角 C1.5
N100 Z-10;                            车削φ20 外圆
N110 X21;                             准备倒角
N120 X25 Z-12;                        倒角 C2
N130 Z-58;                            车削φ25 外圆
N140 X40.75 Z-86.35;                  车削φ40 圆锥面
N150 X45;                             退刀
N152 G00 Z100;                        回换刀点
N154 T0202;                           换精车刀 T02
N156 G00 X47 Z3;                      定位至精车起点
N160 M03 S1200;                       主轴正转；转速 1200r/min
N170 G70 P80 Q150;                    从 N80～N150 对轮廓进行精加工
N180 G00 Z100;                        快速退刀
N190 M03 S300 T0303;                  降速 300r/min，换上 3 号切槽刀
N200 G00 X40 Z-43 ;                   快速定位到切槽准备点
N210 G01 X21 F30;                     切槽
N220 X40;                             退刀
N230 Z-53;                            快速定位到加工准备点
N240 X21;                             进刀
N245 X40 F100
N250 G00 Z100;                        快速退刀
N260 T0404;                           换上 4 号螺纹刀具
N270 G00 X30 Z-7;                     快速定位到加工准备点
N280 G92X24.2 Z-42 F1.5;              加工螺纹第一刀
N290 X23.6;                           加工螺纹第二刀
N300 X23.2;                           加工螺纹第三刀
N310 X23.04;                          加工螺纹第四刀
N320 X23.04;                          去毛刺
N330 G00 X40 Z50;                     快速退刀
N340 M30;                             程序结束光标返回开头
```

4.4　零件加工与质量检测

根据以下操作步骤，完成零件的加工，并进行质量检测与分析。

① 开机，各坐标轴回机床参考点；

② 工件的定位、装夹和找正；

③ 刀具安装；

④ 对刀，建立工件坐标系；

⑤ 程序输入，并调试；

⑥ 自动加工；

⑦ 取下工件，并检测；

⑧ 清理工作现场。

4.5 项目训练

编制图 4-20～图 4-22 所示零件数控加工工艺、加工程序，利用数控车床加工出零件。

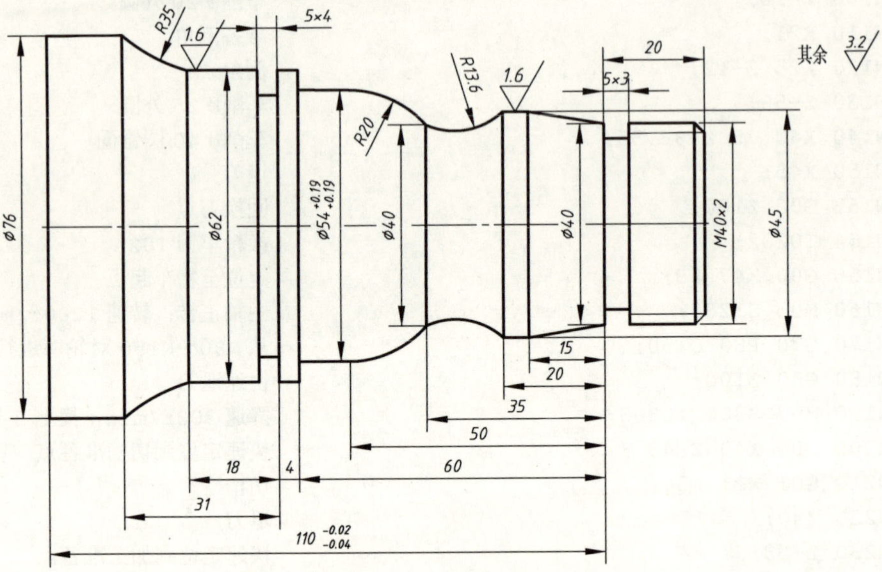

图 4-20　项目四训练图 1

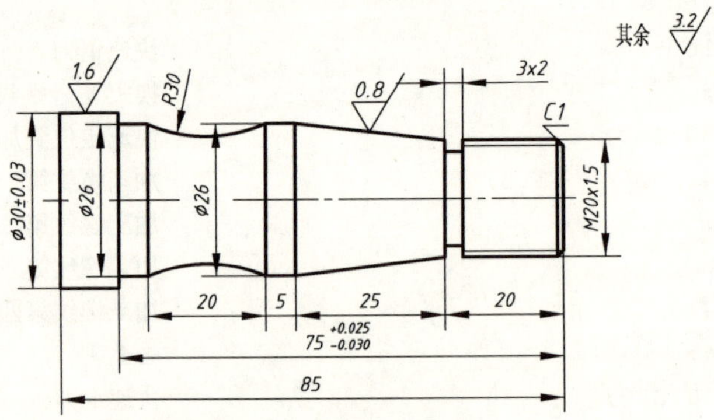

图 4-21　项目四训练图 2

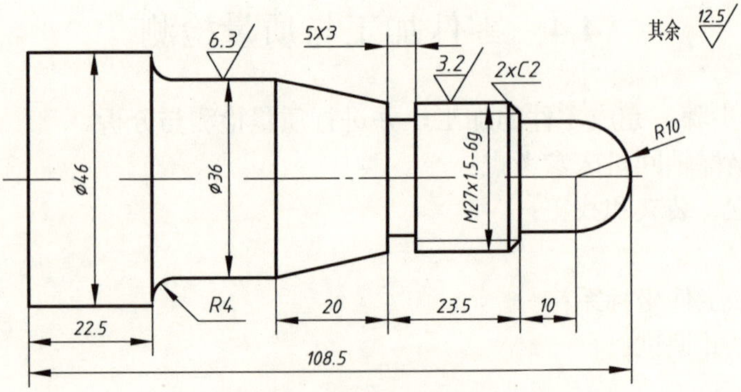

图 4-22　项目四训练图 3

项目五　轴套零件数控车削加工

【项目能力目标】

1) 能分析和设计套类零件的车削工艺；

2) 能应用 G72、G70、G74、G75 指令进行程序编制；

3) 能进行套类零件程序的编制及数控加工。

【加工任务】

任务描述：轴套零件如图 5-1 所示，按单件小批量生产安排其数控车削加工工艺，编写出加工程序，并完成零件加工与检测。材料为 45 钢，毛坯为ϕ 50mm×55mm，热处理状态为正火。

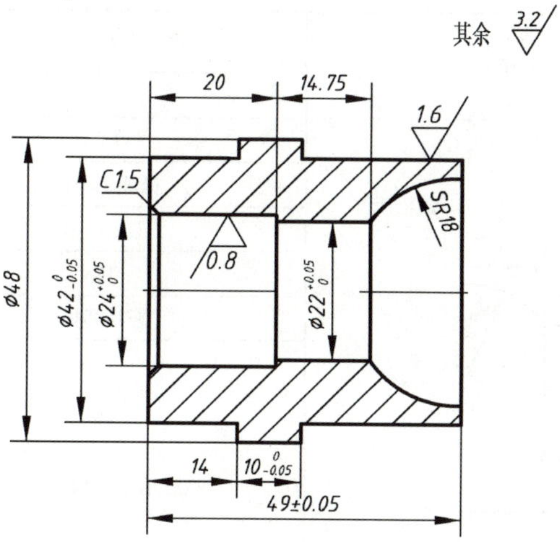

图 5-1　轴套零件

5.1　工 艺 分 析

该零件由内外圆柱面、圆弧面等表面组成，外圆尺寸规则，孔径尺寸ϕ22mm、ϕ24mm 和外圆尺寸ϕ42mm 有公差要求。尺寸标注完整，轮廓描述清楚，需要加工所有表面。

5.2　工 艺 制 定

5.2.1　表面加工方案选择

轴套零件属于回转体零件，毛坯为ϕ 50mm×55mm，有 *SR*18 的内球面，适合用数控车削加工。其中ϕ22mm、ϕ24mm 内径尺寸和ϕ42mm 外圆柱面精度要求较高，需要粗车、半精车、精车加工达到尺寸要求，其余尺寸已经粗车、半精车达到至尺寸要求。

5.2.2 定位装夹方案选择

毛坯长度 55mm，需要两次装夹，该零件选择用三爪自定心卡盘中的软爪来装夹。

5.2.3 数控加工工艺技术文件

轴套零件的数控加工刀具卡、数控加工工序卡分别见表 5-1、表 5-2。

表 5-1 轴套零件数控加工刀具卡

<table>
<tr><td colspan="2">产品名称或代号</td><td colspan="2">×××</td><td>零件名称</td><td colspan="2">轴套零件</td><td>零件图号</td><td>×××</td></tr>
<tr><td>序号</td><td>刀具号</td><td colspan="2">刀具规格名称</td><td>数量</td><td colspan="3">加工表面</td><td>备注</td></tr>
<tr><td>1</td><td>T01</td><td colspan="2">90°外圆车刀</td><td>1</td><td colspan="3">粗、精车外圆</td><td></td></tr>
<tr><td>2</td><td>T02</td><td colspan="2">内孔车刀</td><td>1</td><td colspan="3">粗、精车内孔</td><td></td></tr>
<tr><td>编制</td><td>×××</td><td>审核</td><td>×××</td><td>批准</td><td>×××</td><td>年 月 日</td><td>共 页</td><td>第 页</td></tr>
</table>

表 5-2 轴套零件数控加工工序卡

<table>
<tr><td rowspan="2">单位</td><td rowspan="2" colspan="3">数控加工工序卡片</td><td colspan="4">产品名称或代号</td><td colspan="2">零件名称</td><td>零件图号</td></tr>
<tr><td colspan="4"></td><td colspan="2">轴套零件</td><td></td></tr>
<tr><td colspan="4" rowspan="8">工序简图
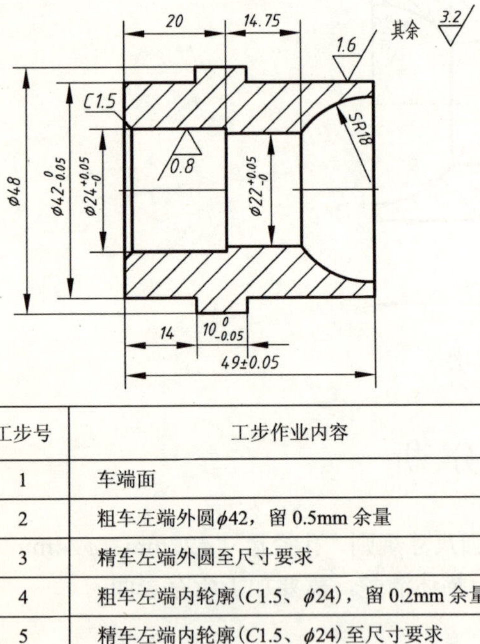
</td><td colspan="4">车间</td><td colspan="3">使用设备</td></tr>
<tr><td colspan="4">机加工车间</td><td colspan="3">数控车床</td></tr>
<tr><td colspan="4">工艺序号</td><td colspan="3">工序名称</td></tr>
<tr><td colspan="4">10</td><td colspan="3">车外圆(圆角)</td></tr>
<tr><td colspan="4">夹具名称</td><td colspan="3">程序号</td></tr>
<tr><td colspan="4">三爪卡盘(软爪)</td><td colspan="3">O0050、O0052</td></tr>
<tr><td colspan="4"></td><td colspan="3"></td></tr>
<tr><td colspan="4"></td><td colspan="3"></td></tr>
<tr><td>工步号</td><td colspan="3">工步作业内容</td><td>G 功能</td><td>刀具号</td><td>刀补量</td><td>主轴转速</td><td>进给速度</td><td>背吃刀量</td><td>备注</td></tr>
<tr><td>1</td><td colspan="3">车端面</td><td>G01</td><td>T01</td><td></td><td>600</td><td>150</td><td></td><td></td></tr>
<tr><td>2</td><td colspan="3">粗车左端外圆$\phi42$，留 0.5mm 余量</td><td>G71</td><td>T01</td><td></td><td>600</td><td>150</td><td>2</td><td></td></tr>
<tr><td>3</td><td colspan="3">精车左端外圆至尺寸要求</td><td>G70</td><td>T01</td><td></td><td>1200</td><td>100</td><td>0.2</td><td></td></tr>
<tr><td>4</td><td colspan="3">粗车左端内轮廓(C1.5、$\phi24$)，留 0.2mm 余量</td><td>G01</td><td>T02</td><td></td><td>300</td><td>30</td><td></td><td></td></tr>
<tr><td>5</td><td colspan="3">精车左端内轮廓(C1.5、$\phi24$)至尺寸要求</td><td>G01</td><td>T02</td><td></td><td>1200</td><td>150</td><td>0.2</td><td></td></tr>
<tr><td>6</td><td colspan="3">调头装夹，车右端面，保证总长</td><td></td><td></td><td></td><td></td><td></td><td></td><td></td></tr>
<tr><td>7</td><td colspan="3">粗车右端外圆，留 0.5mm 余量</td><td>G71</td><td>T01</td><td></td><td>600</td><td>150</td><td>2</td><td></td></tr>
<tr><td>8</td><td colspan="3">精车右端外圆至尺寸要求</td><td>G70</td><td>T01</td><td></td><td>1200</td><td>100</td><td>0.2</td><td></td></tr>
<tr><td>9</td><td colspan="3">粗车右端内轮廓(R18、$\phi22$)，留 0.2mm 余量</td><td>G01</td><td>T02</td><td></td><td>300</td><td>30</td><td></td><td></td></tr>
<tr><td>10</td><td colspan="3">精车右端内轮廓至尺寸要求</td><td>G01</td><td>T02</td><td></td><td>1200</td><td>100</td><td>0.2</td><td></td></tr>
<tr><td>编制</td><td></td><td>审核</td><td></td><td>批准</td><td colspan="3">年 月 日</td><td colspan="2">共 页</td><td>第 页</td></tr>
</table>

5.3 程序编制

【知识链接】

1. 孔加工工艺知识

(1)加工孔的方法

孔加工在金属切削中应用广泛。孔加工的方法比较多，在数控车床上常用的方法有钻孔、扩孔、铰孔、镗孔等。

(2)钻孔

1)刀具。常见孔加工刀具如图 5-2 所示。

2)钻孔切削用量。高速钢钻头加工钢件时的切削用量见表 5-3。

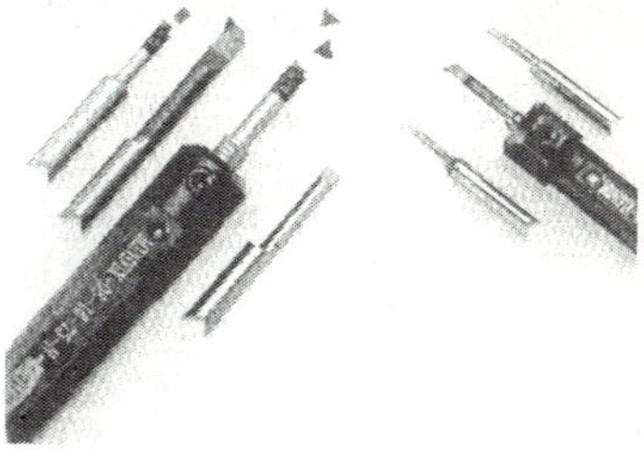

图 5-2　常见镗刀

表 5-3　高速钢钻头加工工件的切削用量

钻头直径/mm	σ_b=520～700MPa (35、45 钢)		σ_b=700～900MPa (15Cr、20Cr 钢)		σ_b=1000～1100MPa (合金钢)	
	Vc /(m/min)	f /(mm/r)	Vc /(m/min)	f /(mm/r)	Vc /(m/min)	f /(mm/r)
≤6	8～25	0.05～0.1	12～30	0.05～0.1	8～15	0.03～0.08
>6～12	8～25	0.1～0.2	12～30	0.1～0.2	8～15	0.08～0.15
>12～22	8～25	0.2～0.3	12～30	0.2～0.3	8～15	0.15～0.25
>22～30	8～25	0.3～0.45	12～30	0.3～0.4	8～15	0.25～0.35

3)镗孔

① 刀具。图 5-2 所示的刀具为镗孔刀具。

② 镗孔时切削用量。查阅相关切削手册。

2. 孔加工指令

(1)端面粗车复合循环指令 G72

编程格式：

```
G72 W(Δd)R(e);
G72 P(ns)Q(nf)U(Δu)W(Δw)F(f)S(s)T(t);
N(ns)…
…
N(nf)…
```

式中，Δd 为粗车时每一刀切削时的背吃刀量，即 Z 轴方向的进刀量；e 为粗车时，每一刀切削完成后在 Z 轴方向的退刀量。其他参数与 G71 相同。

特别提示：

1)G72 与 G71 指令加工方式相似，只是车削循环是沿着平行于 X 轴进行的，端面粗切循环适于 Z 向余量小，X 向余量大的棒料粗加工，加工过程如图 5-3 所示。

2)与 G71 相同，G72 程序段中 F 指定的是粗加工的进给速度，其他过程如进刀、退刀、返回等的速度均为快速进给的速度。

3)格式中的 S、T 功能如在 G71 指令所在的程序段中已经设定，则可省略。

4) 在顺序号 ns 到 nf 的程序段中，可有 G02/G03 指令，但不能有子程序。

5) ns 与 nf 之间的程序段中设定的 F、S 功能，精车时有效，粗车时无效。

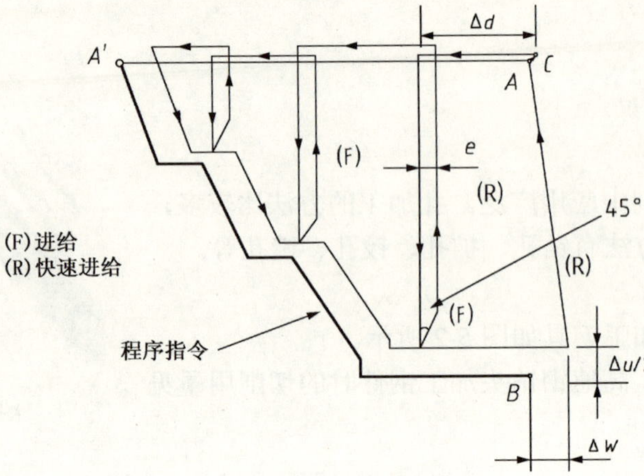

图 5-3　G72 循环示意图

(2) 深孔钻削循环指令 G74

编程格式：

```
G74R(e);
G74 X(U)Z(W)P(Δi)Q(Δk)R(Δd)F(f)S(s);
```

式中，e 为 Z 轴方向切削每次的退刀间隙；X(U)、Z(W) 为切削终点坐标值；Δi 为 X 轴方向每次切削的深度(无符号)；Δk 为 Z 轴方向每次切削的深度(无符号)；Δd 为每次切削完成后的 X 轴方向退刀量；F 为进给速度。

特别提示：

1) G74 的名称虽然是深孔钻削循环指令，但是从真正意义上来讲，它既能进行 Z 轴方向的孔加工，又能进行端面切槽。在上述格式中省略 X(U)、P 及第二个程序段的 R，则程序变成只沿 Z 轴方向进行加工，即钻孔加工，G74 最常见的也是这种加工方式。

2) G74 循环过程如图 5-4 所示，刀具定位在 A 点，沿 Z 轴方向进行加工，每次加工Δk 后，退 e 的距离，然后再加工Δk，依次循环至 Z 轴方向坐标给定的值，返回 A 点，再向 X 轴方向进Δi，重复以上的动作至 Z 轴方向坐标给定的值，最后加工至给定坐标位置(图中 C 点)再分别沿 Z 轴方向和 X 轴方向返回 A 点。

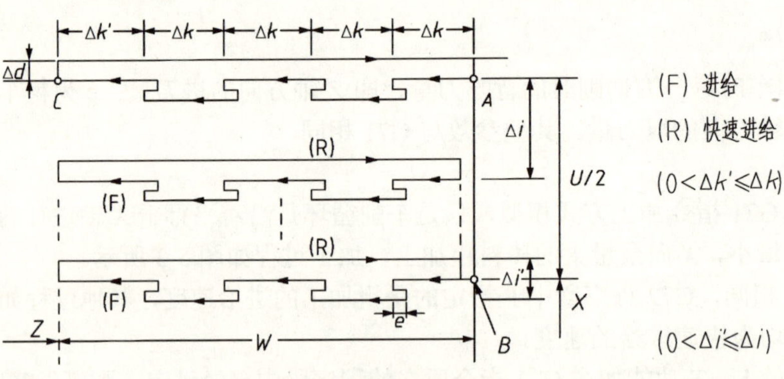

图 5-4　深孔钻削循环

3. 沟槽切削循环指令 G75

编程格式：

```
G75R(e);
G75X(U)Z(W)P((Δi)Q(Δk)R(Δd)F(f)S(s);
```

式中，e 为 X 轴方向切削每次的退刀间隙；X(u)为需要切削的最终凹槽直径；Z(W)为最后一个凹槽的 Z 轴方向位置；Δi 为 X 轴方向每次切削的深度(无符号)；Δk 为各槽之间的距离(无符号，单个槽则省略)；Δd 为每个槽切削完成后 Z 轴方向的退刀量(若槽宽同刀宽一样时，此值省略)。

特别提示：

1) G75 沿着 X 轴方向切削，G75 循环过程如图 5-5 所示，刀具定位在 A 点，沿 Z 轴方向进行加工，每次加工Δu 后，退 e 的距离，然后再加工Δu，依次循环至 Z 轴方向坐标给定的值，返回 A 点，再向 X 轴方向进Δu，重复以上动作至 Z 轴方向坐标给定的值……最后加工至给定坐标位置(图 5-5 中 A 点)，再分别沿 Z 轴方向和 X 轴方向返回 A 点。

2) 使用 G75 指令既可加工单个槽，也可加工多个槽，只需要在编程时注意其格式即可。

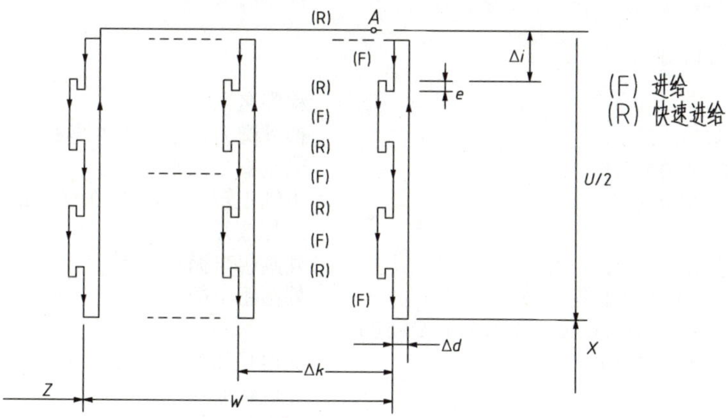

图 5-5　沟槽切削循环循环

【任务实施】

轴套零件程序编制如下(工件已钻有ϕ20mm 通孔)。

左端数控车削程序：

```
O0050;
N10 G54 G98 G40 G18 G21;
N20 M03 S800;                    主轴正转，转速 800r/min
N30 T0101;                       换外圆车刀，建立工件坐标系
N40 G00 X52 Z2;                  外圆粗车循环起点
N50 M08;                         冷却液开
N60 G71 U2 R1;                   外圆粗车循环
N70 G71 P80 Q130 U0.4 W0.1 F200;
N80 G01 X42 F100;                快速移动至精加工起点
N90 Z0;                          靠近端面
N100 Z-14;                       车φ 42 的外圆
N110 X48;                        台阶面
N120 Z-25;                       车φ 48 的外圆
N130 X51;                        退刀
N140 M03 S1200;                  精加工主轴转速 1200r/min
```

```
N150 G70 P80 Q130;                          外圆精车循环
N160 G00 X50;                               退回安全点
N170 Z100;
N180 T0303;                                 换内孔车刀，建立工件坐标系
N190 M03 S600;                              主轴正转，转速 600r/min
N200 X19 Z2;                                内孔粗车循环起点
N210 G71 U2 R1;                             内孔粗车循环
N220 G71 P230 Q270 U-0.4 W0.1 F140;
N230 G01 X27 F80;                           快速移动至精加工起点
N240 Z0;                                    靠近端面
N250 X24 Z-1.5;                             C1.5 倒角
N260 Z-20;                                  车φ24mm 内孔
N270 X19;                                   退刀
N280 M03 S1000;                             精加工主轴转速 1000r/min
N290 G70 P230 Q270 F80;                     内孔精车循环
N300 G00 Z100;                              退回安全点(先将刀 Z 轴方向退离孔)
N310 X100;
N320 M30;                                   程序结束
```

右端数控车削程序:

```
O0052;                                      程序名
N10 G55 T0101;                              换外圆刀，建立工件坐标系
N20 G00 X100 Z100;                          确定安全位置
N30 M03 S800;                               主轴正转，转速 800r/min
N40 M08;                                    冷却液开
N50 G00 X52 Z2;                             外圆粗车循环起点
N60 G71 U1.5 R1;                            外圆粗车循环
N70 G71 P80 Q110 U0.4 W0.1 F150;
N80 G01 X42 F80;                            快速移动至精加工起点
N90 Z0;                                     靠近端面
N100 Z-25;                                  车φ42mm 外圆
N110 X51;                                   退刀
N120 M03 S1200;                             精加工主轴转速 1200r/min
N130 G70 P80 Q110 F80;                      外圆精车循环
N140 G00 X50;                               退回安全点
N150 Z100;
N160 T0303;                                 换内孔刀，建立工件坐标系
N170 M03 S600;                              主轴正转，转速 600r/min
N180 G00 X19 Z2;                            内孔粗车循环起点
N190 G71 U1.5 R1;                           内孔粗车循环
N200 G71 P210 Q250 U-0.5 W0.05 F140;
N210 G01 X36 F80;                           快速移动至精加工起点
N220 Z0;                                    靠近端面
N230 G03 X22 Z-14.25 R18;                   车 R18 圆弧
N240 G01 Z-29;                              车φ22 内孔
N250 X19;                                   退刀
N260 M03 S1200;                             精加工主轴转速 1200r/min
N270 G70 P210 Q250 F80;                     内孔精车循环
N280 G00 Z100;                              退回安全点(先将刀 Z 轴方向退离孔)
N290 X50;
N300 M30;                                   程序结束
```

5.4　零件加工与质量检测

根据以下操作步骤，完成零件的加工，并进行质量检测与分析。

① 开机，各坐标轴回机床参考点；

② 工件的定位、装夹和找正；

③ 刀具安装；

④ 对刀，建立工件坐标系；

⑤ 程序输入，并调试；

⑥ 自动加工；

⑦ 取下工件，并检测；

⑧ 清理工作现场。

5.5　项 目 训 练

试编制图 5-6～图 5-8 所示套类零件数控加工工艺、并编写程序，并完成零件加工。

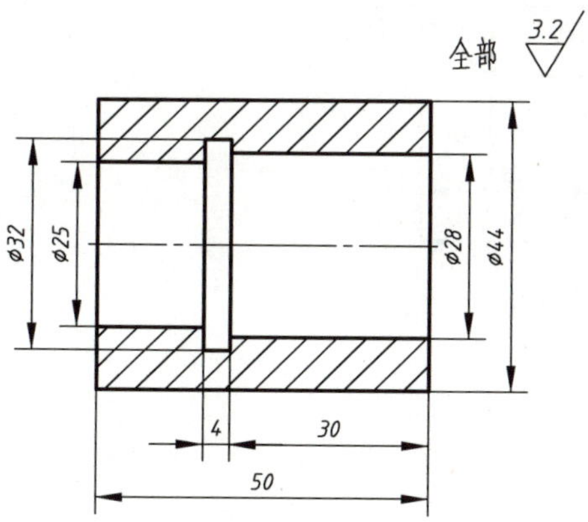

图 5-6　项目五训练图 1

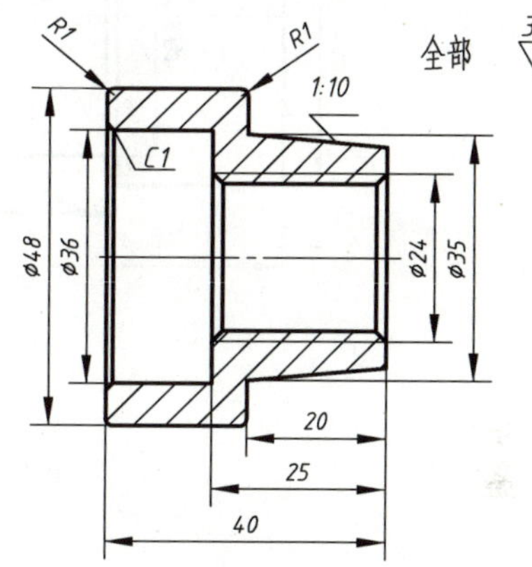

图 5-7　项目五训练图 2

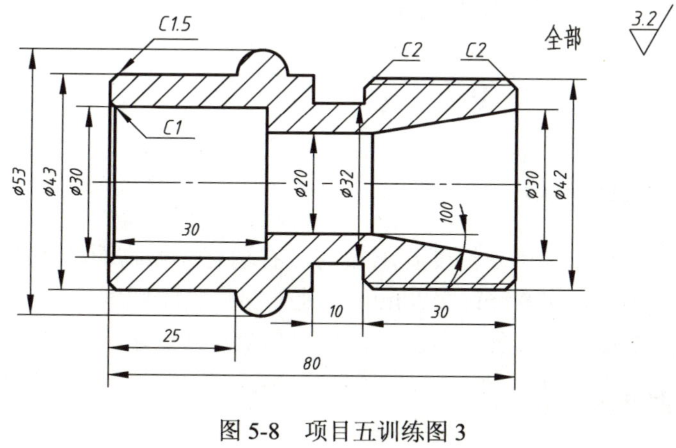

图 5-8　项目五训练图 3

项目六　抛物线轴零件数控车削加工

【项目能力目标】

1) 能分析和设计非圆曲线类零件的车削工艺；

2) 掌握 B 类宏程序的编程格式，并能进行宏程序的编制；

3) 能进行有非圆曲线的零件加工程序编制及加工。

【加工任务】

任务描述：抛物线轴零件图如图 6-1 所示，按单件小批量生产安排其数控车削加工工艺，编写出加工程序，并完成零件加工与检测。毛坯为 ϕ50mm×95mm，材料为 45 钢。

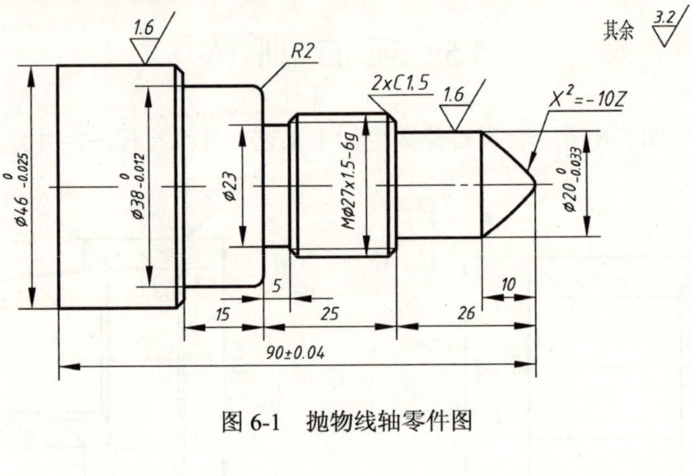

图 6-1　抛物线轴零件图

6.1　工 艺 分 析

该零件为一个非圆曲线加工的零件，由圆柱面、圆弧面、圆锥面、螺纹、槽和抛物线曲面等表面组成。其外形较为复杂，零件右端为抛物线 $X^2=-10Z$，外圆尺寸 ϕ46mm、ϕ38mm、ϕ20mm 有公差要求，表面粗糙度要求较高。

6.2　工 艺 制 定

6.2.1　表面加工方案选择

此零件属于回转体零件，尺寸精度要求较高，右端有一抛物面，加工有一定难度，适合用数控车削加工。ϕ46mm、ϕ38mm、ϕ20mm 三处外圆柱表面精度较高，需要粗车、半精车、精车的方法车削至尺寸要求，其余表面粗车、半精车至尺寸要求。

6.2.2　定位装夹方案选择

毛坯长 95mm，形状规则，选择用三爪自定心卡盘进行装夹，需要两次安装。

6.2.3　数控加工工艺技术文件

抛物线轴零件的数控加工刀具卡、数控加工工序卡分别见表 6-1、表 6-2。

表 6-1　抛物线轴数控加工刀具卡

产品名称或代号		×××		零件名称	抛物线轴零件		零件图号		×××
序号	刀具号	刀具规格名称		数量	加工表面				备注
1	T01	90°外圆车刀		1	车端面、粗车外圆				
2	T02	55°外圆车刀		1	精车车外圆				
3	T03	宽度为 5mm 切槽刀		1	切槽				
4	T04	60°车螺纹刀		1	车螺纹				
编制	×××	审核	×××	批准	×××	年 月 日	共 页		第 页

表 6-2　抛物线轴数控加工工序卡

名称	数控加工工序卡片	产品名称或代号	零件名称	零件图号
			抛物线轴	
工序简图		车间	使用设备	
		机加工车间	数控车床	
		工艺序号	工序名称	
		10	车外圆、端面	
		夹具名称	程序号	
		三爪卡盘	O0020	

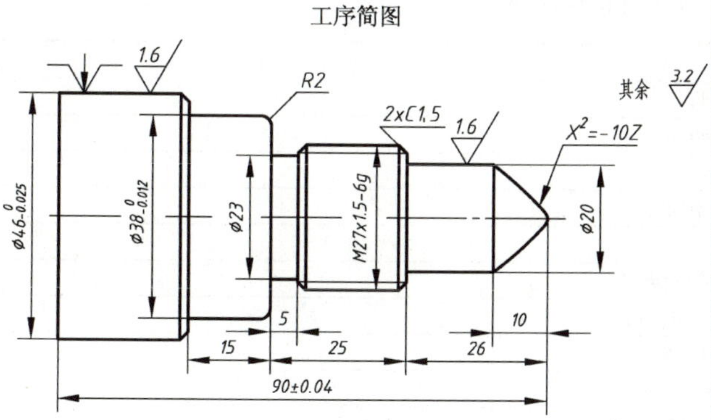

工步号	工步作业内容	G 功能	刀具号	刀补量	主轴转速	进给速度	背吃刀量	备注
1	车端面	G01	T01		600	150		
2	粗车$\phi46$ 外圆，留 0.2mm 余量	G70	T01		600	150	2	
	精车$\phi46$ 外圆至尺寸要求	G70	T01		1200	100	0.2	
3	掉头车右端面，保证总长							
4	车端面	G01	T01		600	150		
5	粗车外圆表面(抛物线、$\phi27$ 外圆、$\phi38$ 外圆、$R2$ 圆弧、$\phi46$ 台阶面)，留 0.2mm 余量	G73	T01		600	150	2	
6	精车外圆表面(抛物线、$\phi27$ 外圆、$\phi38$ 外圆、$R2$ 圆弧、$\phi46$ 台阶面)至尺寸要求	G70	T02		1200	100	0.2	
7	切槽	G01	T03		300	30		
8	车螺纹	G92	T04		300			
编 制	审 核　批 准			年 月 日		共 页		第 页

6.3　程 序 编 制

【知识链接】宏程序简介

1. 宏程序概述

用户宏程序允许使用变量、算术和逻辑运算及条件转移，使得编制相同加工操作的程序更方便、更容易。可将相同加工操作编为通用程序，使用时，加工程序可用一条简单指令调出用户宏程序。

(1)变量

普通加工程序直接用数值指定 G 代码和移动距离，例如 G90 和 X100.0。使用用户宏程序时，数值可以直接指定或用变量指定。当用变量时，变量值可用程序或用 MDI 面板上的操作改变：

```
#1=#2+100;
G01 X#1 F0.3;
```

(2)系统变量

系统变量用于读和写 NC 内部数据，例如，刀具偏置值和当前位置数据。但是，某些系统变量只能读。系统变量是自动控制和通用加工程序开发的基础。

(3)算术和逻辑运算

表 6-3 中列出的运算可以在变量中执行。运算符右边的表达式可包含常量或由函数或运算符组成的变量。表达式中的变量#j 和#k 可以用常数赋值。左边的变量也可以用表达式赋值。

表 6-3　算术和逻辑运算

功能	格式	备注
定义	#i=#j	
加法	#i=#j+#k;	
减法	#i=#j–#k;	
乘法	#i=#j*#k;	
除法	#i=#j/#k;	
正弦	#i=SIN[#j];	
反正弦	#i=ASIN[#j];	
余弦	#i=COS[#j];	
反余弦	#i=ACOS[#j];	
正切	#i=TAN[#j];	
反正切	#i=ATAN[#j]/[#k];	
平方根	#i=SQRT[#j];	
绝对值	#i=ABS[#j];	
舍入	#i=ROUND[#j];	
上取整	#i=FIX[#j];	
下取整	#i=FUP[#j];	
自然对数	#i=LN[#j];	
指数函数	#i=EXP[#j];	
或异或与	#i=#j OR #k; #i=#j XOR #k; #i=#j AND #k;	逻辑运算一位一位地按二进制数执行
从 BCD 转为 BIN，从 BIN 转为 BCD	#i=BIN[#j]; #i=BCD[#j];	用于与 PMC 的信号交换

(4)宏程序语句和 NC 语句

下面的程序段为宏程序语句：

① 包含算术或逻辑运算(=)的程序段；

② 包含控制语句(例如，GOTO，DO，END)的程序段；

③ 包含宏程序调用指令(例如，用 G65，G66，G67 或其他 G 代码，M 代码调用宏程序)的程序段。

除了宏程序语句以外的任何程序段都为 NC 语句。

2. **转移和循环**

在程序中，使用 GOTO 语句和 IF 语句可以改变控制的流向。有三种转移和循环操作可供使用：

转移和循环
- GOTO 语句(无条件转移)
- IF 语句(条件转移；IF…THEN…)
- WHILE 语句(当…时循环)

(1)无条件转移(GOTO 语句)

转移到标有顺序号 N 的程序段。当指定 1 到 99999 以外的顺序号时，出现 P/S 报警 No.128。可用表达式指定顺序号。

例：

```
GOTO n；其中，n：顺序号(1～99999)
GOTO 1；
GOTO#10
```

(2)条件转移(IF 语句)

1) IF[<条件表达式>] GOTO n

如果指定的条件表达式满足时，转移到标有顺序号 n 的程序段。如果指定的条件表达式不满足，执行下个程序段：

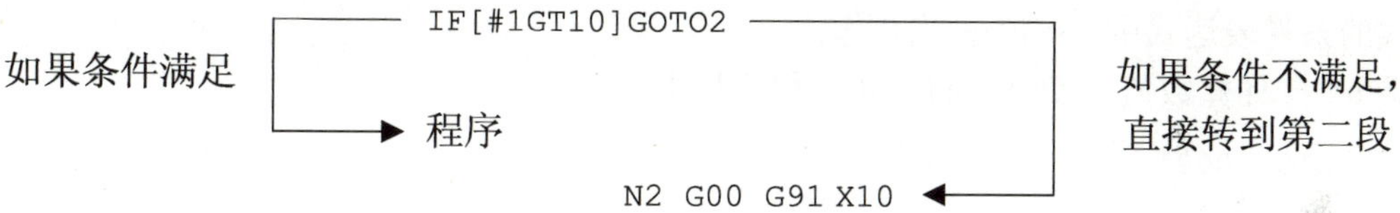

2) IF[<条件表达式>]THEN

如果条件表达式满足，执行先决定的宏程序语句。只执行一个宏程序语句。

① 条件表达式。条件表达式必须包括算符。运算符插在两个变量中间或变量和常数中间，并且用括号([,])封闭。表达式可以替代变量。

② 运算符。运算符由 2 个字母组成，用于两个值的比较，以决定它们是相等还是一个值小于或大于另一个值。运算符见表 6-4。

表 6-4　运算符

运算符	含义
EQ	等于(=)
NE	不等于(≠)
GT	大于(>)
GE	大于或等于(≥)
LT	小于(<)
LE	小于等于(≤)

下面的程序计算数值 1～10 的总和：

```
N10 O0001
N20 #1=0;                       存储和数变量的初值
N30 #2=1;                       被加数变量的初值
N40 IF [#2 GT 10] GOTO 80;      当被加数大于 10 时转移到 N80
N50 #1=#1+#2;                   计算和数
N60 #2=#2+1;                    下一个被加数
```

```
N70 GOTO 40;                 转到N40
N80 M30;                     程序结束
```

(3) 循环(WHILE 语句)

在 WHILE 后指定一个条件表达式，当指定条件满足时，执行从 DO 到 END 之间的程序。否则，转到 END 后的程序段。

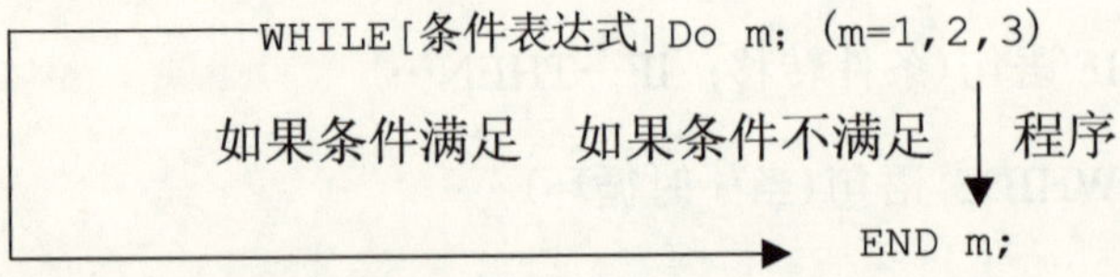

说明：当指定的条件满足时，执行 WHILE 从 DO 到 END 之间的程序。否则，转而执行 END 之后的程序段。这种指令格式适用于 IF 语句。DO 后的号和 END 后的号是指定程序执行范围的标号，标号值为 1、2、3。若用 1、2、3 以外的值会产生 P/S 报警 No.126。

(4) 嵌套

在 DO—END 循环中的标号(1 到 3)可根据需要多次使用。但是，当程序有交叉重复循环(DO 范围的重叠)时，出现 P/S 报警 No.124。

说明：

① 无限循环。当指定 DO 而没有指定 WHILE 语句时，产生从 DO 到 END 的无限循环。

② 处理时间。当在 GOTO 语句中有标号转移的语句时，进行顺序号检索。反向检索的时间要比正向检索长。用 WHILE 语句实现循环可减少处理时间。

③ 未定义的变量。在使用 EQ 或 NE 的条件表达式中，<空>和零有不同的效果。在其他形式的条件表达式中，<空>被当作零。

例 6-1：计算数值 1 到 10 的总和，程序如下：

```
N10 O0001;
N20 #1=0;
N30 #2=1;
N40 WHILE[#2 LE 10]D01;
N50 #1=#1+#2;
N60 #2=#2+1;
N70 END1;
N80 M30;
```

3. 宏程序调用

(1) 宏程序的调用方法

宏程序调用
- 非模态调用(G65)
- 模态调用(G66、G67)
- 用 G 代码调用宏程序
- 用 M 代码调用宏程序
- 用 M 代码调用子程序
- 用 T 代码调用子程序

(2)宏程序调用和子程序调用之间的差别

宏程序调用(G65)不同于子程序调用(M98)，如下所述。

① 用 G65 可以指定自变量(数据传送到宏程序)，M98 没有该功能。

② 当 M98 程序段包含另一个 NC 指令(例如，`G01 X100.0 M98Pp`)时，在指令执行之后调用子程序。相反，G65 无条件地调用宏程序。

③ M98 程序段包含另一个 NC 指令(例如，`G01 X100.0 M98Pp`)时，在单程序段方式中，机床停止。相反，G65 机床不停止。

④ 用 G65 改变局部变量的级别，用 M98 不改变局部变量的级别。

(3)宏程序的应用

用宏程序编写方程曲线车削程序时，其加工的走刀路线可以按照以下原则编程：

1)粗加工：应根据毛坯的情况选用合理的走刀路线。

① 对棒料、外圆切削，应采用类似 G71 的走刀路线；

② 对盘料，应采用类似 G72 的走刀路线；

③ 对内孔加工，选用类似 G72 的走刀路线较好，此时镗刀杆可粗一些，易保证加工质量。

2)精加工：一般应采用仿形加工，即半精车、精车各一次。

例 6-2：加工图 6-2 所示椭圆轮廓，棒料ϕ45mm，编程零点放在工件右端面。

对椭圆轮廓，其方程有两种形式。对粗加工，采用 G71/G72 走刀方式时，用直角坐标方程比较方便；而精加工(仿形加工)用极坐标方程比较方便。

极坐标方程：$\begin{cases} x = 2a \cdot \sin\theta \\ z = b \cdot \cos\theta \end{cases}$

直角坐标方程：

$$\frac{x^2}{4a^2} + \frac{z^2}{b^2} = 1$$

$$z = b \cdot \sqrt{1 - \frac{x^2}{4a^2}}$$

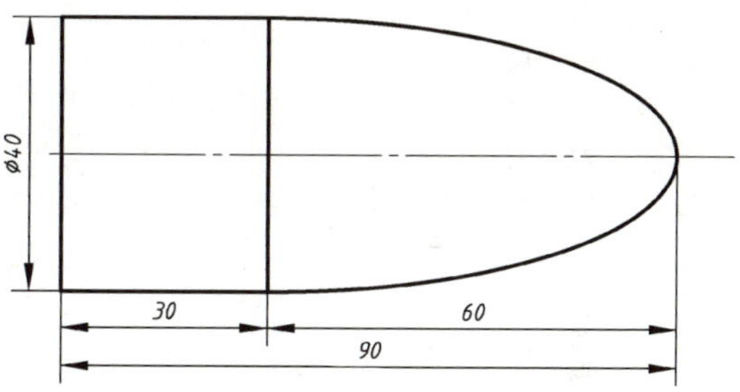

图 6-2　椭圆轮廓

式中，a 为 X 向椭圆半轴长；b 为 Z 向椭圆半轴长；θ 为椭圆上某点的圆心角，零角度在 Z 轴正向。

椭圆轮廓数控车削程序如下：

```
G54 G99 G97 G40 G0 X100 Z200;
T0101;
M03 S800;
G00 X50 Z5;
G94 X0 Z0.2 F0.3;
Z0 F0.1;
G0 X41 Z2;
G1 Z-100 F0.3;                粗加工开始
G0 X42;
Z2;
#1=20*20*4;                   4a^2
#2=60;                        b
#3=35;                        X初值(直径值)
```

```
WHILE[#3 GE 0] DO1;                 粗加工控制
#4=#2*SQRT[1-#3*#3/#1];             Z
G0 X[#3+0.5];                       进刀，留加工余量 0.5mm
G1 Z[#4-60+0.2] F0.3;               切削，留加工余量 0.2mm
G0 U2;                              退刀
Z2;                                 返回
#3=#3-2;                            下一刀切削直径
END1;
#10=0.2;                            X 向精加工余量
#11=0.1;                            Z 向精加工余量
WHILE[#10 GE 0] DO1;                半精、精加工控制
G0 X0 S1500;                        进刀，准备精加工
#20=0;                              角度初值
WHILE[#20 LE 90] DO2;               曲线加工
#3=2*20*SIN[#20];                   X
#4=60*COS[#20];                     Z
G1X[#3+#10]Z[#4+#11-60]F0.1;        精加工轮廓
#20=#20+0.5;                        角度赋值，可控制曲线精度
END2;
G1 Z-100;
G0 X45 Z2;
#10=#10-0.2;
#11=#11-0.1;
END1;
G0X60;
Z100;
T0202S300;
G00X47Z-93;
G75R2;
G75X2P5F0.1;
G00X60Z100;
G0 X100 Z200;
M05;
M30;
```

例 6-3：如图 6-3 所示，有一抛物线孔需加工，方程为 $Z=X^2/16$，换算成直径编程形式为 $Z=X^2/64$，则 X=8*sqrt[Z]。采用端面切削方式，编程零点放在工件右端面中心，工件预钻有 ϕ30mm 通孔。

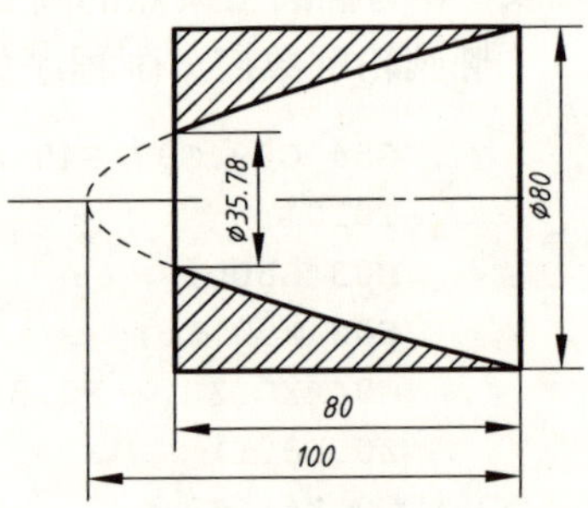

图 6-3　抛物线孔

数控车削程序如下：

```
O0010;                              程序名
N10 G54 G99 G97 G0 X100 Z200;
N20 T0101 M03 S800;
N30 G0 X28 Z2;
N40 #1=-3;                          定义抛物线 Z 坐标
N50 WHILE[#1 GE -81] DO1;           曲线加工粗加工控制
N60 #2=SQRT[100+#1]*8;              定义抛物线 X 坐标
```

```
N70 G0 Z[#1+0.3];
N80 G1 X[#2-0.3] F0.3;
N90 G0 X28 W2;
N100 #1=#1-0.5;
N110 END1;
N120 #10=0.2;
N130 #11=0.2;
N140 WHILE[#10 GE 0] DO1;                   循环语句
N150 #1=-81;
N160 G0 Z-81 S1500;
N170 WHILE[#1 LT 0.5] DO2;                  曲线加工精加工控制
N180 #2=SQRT[[100+#1]*8];
N190 G1 X[#2-#10] Z[#1+#11] F0.1;   用直线插补逼近椭圆轮廓
N200 #1=#1+0.3;
N210 END2;
N220 G0 X28;
N230 #10=#10-0.2;
N240 #11=#11-0.2;
N250 END1;
N260 G0 X100 Z200;
N270 M30;
```

【任务实施】

右端数控车削程序如下：

```
O0020;                              程序名
G54 G98 G40 G18 G21;                建立工件坐标系，系统初始化
M03 S600 T0101;                     主轴正转，换上加工 1 号刀具
G00 X55 Z5;                         快速定位到加工准备点
G71 U2 R1;                          外圆粗车循环指令
G71 P10 Q20 U0.2 W0.1 F150;         N10 至 N20 为粗车循环程序段
N10 G01 X20;                        移动到轮廓起始点
Z-26 F100;
X24;
X27 Z-27.5;
Z-51;
X34;
G03 X38 Z-53 R2 F80;
G01 X38 Z-66 F100;
N20 G01 X55 F100;
G00 X80 Z100;                       退刀至换刀点
T0202;                              换 2 号精车刀
G00 X55 Z5;                         定位至精加工起始点
M03 S1200;                          转速提高到 1200r/min
G70 P10 Q20;                        精车循环
G73 U25 W5 R13;                     仿形复合循环指令
G73 P30 Q40 U0.2 W0.1 F150;         N30 到 N40 为循环程序段
```

```
N30 G01 X0 Z0 F100;
#1=0;                          对抛物线 Z 坐标赋初值
WHILE[#1GE[-10]]DO1;           用 WHILE 循环语句
#2=SQRT[-10*#1];               对抛物线 X 标赋值
G01X[2*#2]Z#1F100;             直线插补逼近抛物线轮廓
#1=#1-0.2;                     步进值 0.2
END1;                          循环语句结束
N40 G01 X20 Z-26 F100;
G00 Z50;
M03 S300 T0303;                主轴正转，换上加工所用 3 号切槽刀
G00 X55 Z-46;
G01 X23 F30;                   切槽
X55;
G00 X30Z5;
M03 S300 T0404;                换上 4 号螺纹车刀
G92 X27Z-48 F1.5;              螺纹循环指令
X26.2 Z-48 F1.5;               加工螺纹第一刀
X25.6;                         加工螺纹第二刀
X25.2;                         加工螺纹第三刀
X25.04;                        加工螺纹第四刀
X25.04;                        光一刀，去毛刺
G00 X55 Z50;                   快速退刀
M05;                           主轴停止
M30;                           程序结束并返回开头
```

6.4 零件加工与质量检测

【任务实施】

根据以下操作步骤，完成零件的加工，并进行质量检测与分析。

① 开机，各坐标轴回机床参考点；

② 工件的定位、装夹和找正；

③ 刀具安装；

④ 对刀，建立工件坐标系；

⑤ 程序输入，并调试；

⑥ 自动加工；

⑦ 取下工件，并检测；

⑧ 清理工作现场。

6.5 项 目 训 练

试编制图 6-4 和图 6-5 所示有非圆曲线零件的数控加工工艺、程序，并完成零件加工。

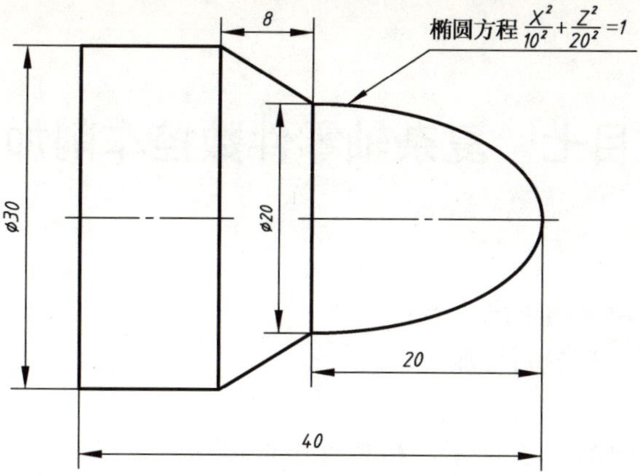

图 6-4　项目六训练图 1

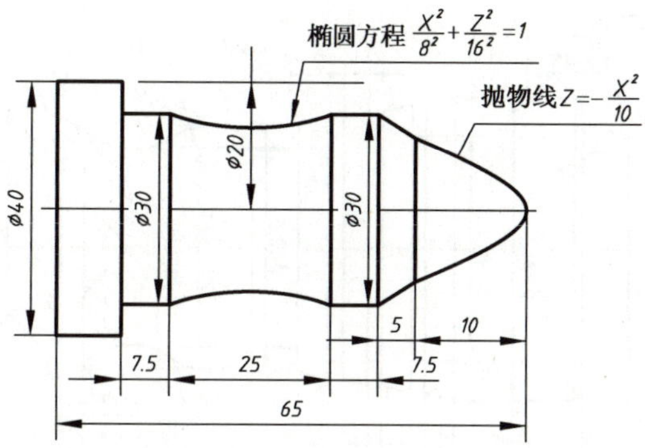

图 6-5　项目六训练图 2

项目七　复杂轴零件数控车削加工

【项目能力目标】

1) 能分析和设计复杂轴的车削工艺；

2) 能进行复杂轴程序的编制与加工。

【加工任务】

任务描述：复杂轴如图 7-1 所示，按单件小批量生产安排其数控车削加工工艺，编写出加工程序，并完成零件加工与检测。毛坯为ϕ55mm×150mm，材料为 45 钢。

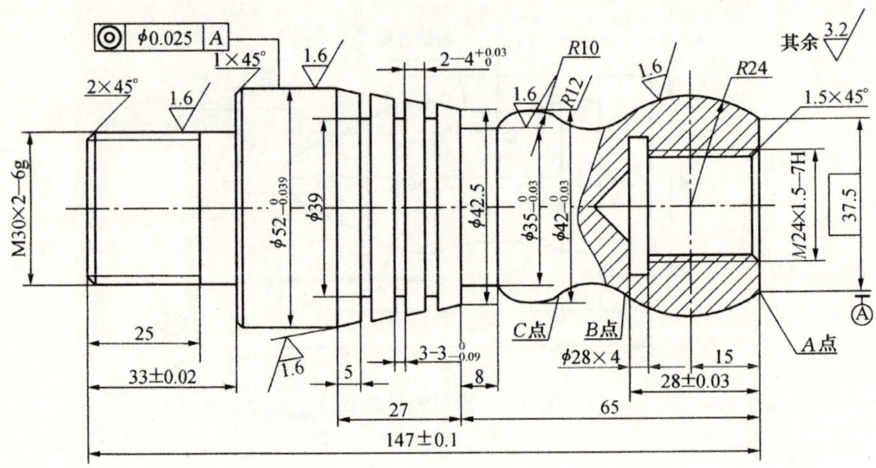

图 7-1　复杂轴

7.1　工 艺 分 析

该零件由圆柱面、圆弧面、螺纹、槽、内孔等表面组成。其中内螺纹尺寸和ϕ35、ϕ42、ϕ52 等尺寸精度要求较高。零件材料为 45 钢，需要加工所有表面。

7.2　工 艺 制 定

7.2.1　表面加工方案选择

该零件属于回转体零件，形状较复杂，尺寸精度要求较高，加工难度较大，适合用数控车削加工。毛坯ϕ55mm×150mm，ϕ35mm、ϕ42mm、ϕ52mm 等处外圆需要粗车、半精车、精车至尺寸要求，其余表面需要粗车、半精车。

7.2.2　定位装夹方案选择

毛坯长度 150mm，选择用三爪自定心卡盘和顶尖装夹，需要两次安装。第一次夹持毛坯，伸出 130mm，找正并夹紧。第二次掉头装夹已车削好的ϕ 52mm 圆柱面，为了不损伤工件，夹持前通过铜皮或开槽的工装套间接夹持工件。

7.2.3 数控加工工艺技术文件

复杂轴的数控加工刀具卡、数控加工工序卡分别如表 7-1、表 7-2 所示。

表 7-1　复杂轴数控加工刀具卡

产品名称或代号		×××	零件名称	复杂轴	零件图号	×××
序号	刀具号	刀具规格名称	数量	加工表面		备注
1	T01	中心钻	1	打中心孔		
2	T02	ϕ20mm 麻花钻	1	钻孔		
3	T03	外圆车刀	1	车端面、车外圆		
4	T04	内孔车刀	1	粗、精车内孔		
5	T05	宽度为 3mm 切槽刀	1	车 3 个 3mm 宽的沟槽		
6	T06	内孔切槽刀	1	车内螺纹退刀槽		
7	T07	60°外螺纹车刀	1	车外螺纹		
8	T08	60°内螺纹车刀	1	车内螺纹		
编制	×××	审核　×××	批准	×××　年 月 日	共 页	第 页

表 7-2　复杂轴数控加工工序卡

单位	数控加工工序卡片	产品名称或代号	零件名称	零件图号
			复杂轴	
工序简图		车间	使用设备	
		机加工车间	数控车床	
		工艺序号	工序名称	
		10	车外圆、槽、内孔	
		夹具名称	程序号	
		三爪卡盘	O0010、O0020	

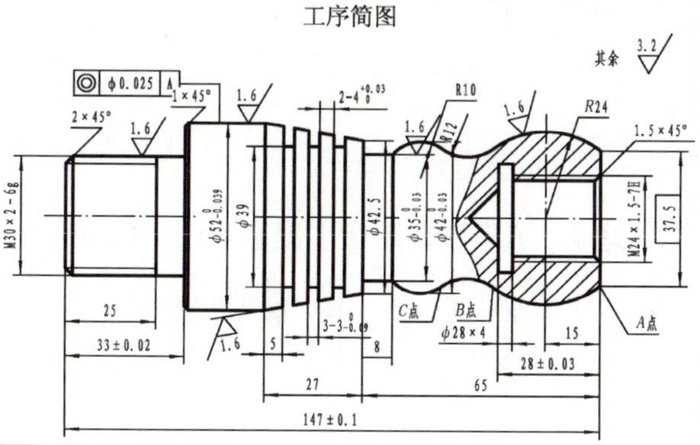

工步号	工步作业内容	G 功能	刀具号	刀补量	主轴转速	进给速度	背吃刀量	备注
1	车右端面	G01	T01		600	100		
2	钻孔，深度 35mm	G01	T02		300	100		
3	粗车内孔	G01	T04		600	150	1	
4	精车内孔	G01	T04		1200	150	0.1	
5	车削内螺纹退刀槽	G01	T06		300	100		
6	车内螺纹	G32	T08		600	100		
7	从右到左粗车外形轮廓	M98	T03		600	100	2	
8	从右到左精车外形轮廓	M98	T03		1200	150	0.2	
9	切槽	G01	T05		300	150		
10	掉头装夹，粗车端面	G01	T03		600	100		
11	精车端面，保证总长	G01	T03		1200	30		
12	粗车外形轮廓	G90	T03		600	150	2	
13	精车外形轮廓	G01	T03		1200	100	0.2	
14	车外螺纹	G92	T07		300			
15	检测、校核							
编 制	审 核	批 准			年 月 日	共 页		第 页

7.3 程序编制

【知识链接】子程序调用 M98/M99

1. M99——子程序定义

运用：O0010　　　（子程序名）

　　　⋮　　　　　（加工程序）

　　M99;　　　　（子程序结束）

说明：

① 子程序中必须有 M99 作为程序结束符。

② 子程序可以是整个零件加工程序，也可以是某一形状加工程序。

2. M98——子程序调用

编程格式：M98 P××××XXXX;

XXXX：子程序号

××××：子程序重复调用次数，只调用一次不写，最多可调用 9999 次

运用(主程序调用子程序一次)：

主程序	子程序
O0001	O0100
⋮	⋮
M98P0100;	⋮
⋮	
M30;	M99;

当主程序调用子程序时，被当作一级子程序调用。子程序调用最多嵌套 4 级。如下所示：

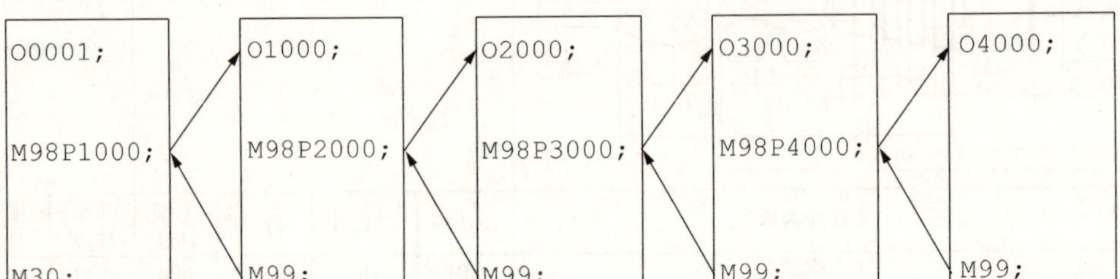

应用说明：如果一个程序包含固定顺序或频繁重复的图形，这样的顺序或频繁重复的图形就可以编成子程序存在存储器中以简化编程。

例 7-1：毛坯形状与零件形状接近(锻件)，加工余量为 5mm，零件形状如图 7-2 所示。子程序调用举例如下：

```
O0001;                    程序名
G98 G54 G00 X80 Z100;     进给速度单位为 mm/min，设置起刀点为(80, 100)
M03 S1200 T0101;
G00 X74 Z0;               快速定位到循环起点
M98 P50100;               调用子程序 5 次
```

```
G00 X80 Z100;
T0202 S200;                    转速降低，换 2 号刀并用 2 号刀补(切断刀)
G00 X60 Z-103;                 定位
G01 X0 F50;                    切断
X60;                           推刀
G00 X80 Z100;
M03;
子程序
O0100;                         子程序号
U-2;                           向 X 负方向移动 2mm
G50 X70 Z0;                    设置工件坐标新原点
G01 X0 F80;                    切入
G03 X24 Z-12 R12;              加工 R12mm 圆弧
G01 Z-65;                      加工φ 24mm 圆柱
G02 X54 Z-80 R15;              加工 R15mm 圆弧
G01 Z-105;                     加工φ 54mm 圆柱
X70;                           退刀
G00 Z0;                        返回
M99;                           子程序结束
```

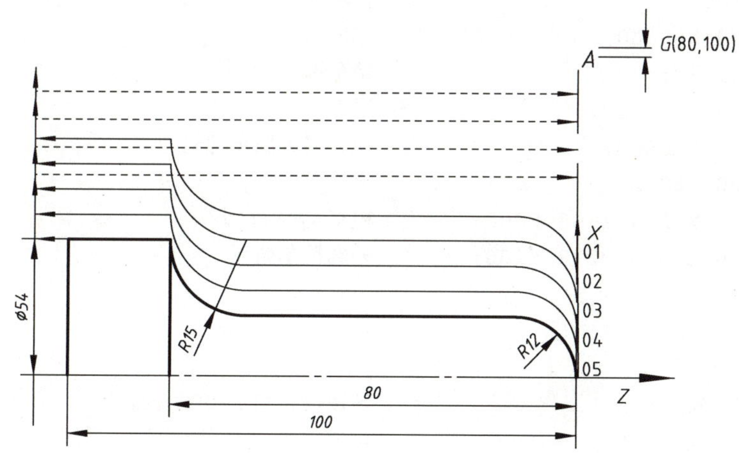

图 7-2　毛坯形状与零件形状接近零件图

【任务实施】

(1)数学计算

1)A、B、C 三点坐标计算：通过手工计算(也可以用 CAD 软件查询)，得出 A、B、C 三点坐标为：A(37.47，0)；B(38.462，−29.358)；C(38.224，−43.553)。

2)螺纹参数计算

① M30×2—6g 外螺纹的计算

牙深(直径)：　$t = 1.3P = 1.3\times2 = 2.6$(mm)

螺纹大径：　$D_{大} = D_{公称} - 0.1P = 30 - 0.1\times2 = 29.8$(mm)

螺纹小径：　$D_{小} = D_{公称} - 1.3P = 30 - 1.3\times2 = 27.4$(mm)

根据牙深，螺纹分 5 刀加工，第一刀：0.9mm；第二刀：0.6mm；第三刀：0.6mm，第四刀：0.4mm；第五刀：0.1mm。

② M24×1.5 内螺纹计算

牙深(直径)：　　$t = 1.3P = 1.3\times1.5 = 1.95$(mm)

螺纹大径：　　$D_{大} = D_{公称} - 0.1P = 24 - 0.1\times1.5 = 23.85$(mm)

螺纹小径：　　$D_{小} = D_{公称} - 1.3P = 24 - 1.3\times1.5 = 22.05$(mm)

根据牙深，螺纹分 4 刀加工，第一刀：0.8mm；第二刀：0.6mm；第三刀：0.4mm；第四刀：0.15mm。

(2) 加工程序编制

零件右边外形粗加工程序用子程序编写，左边外形用单一固定循环指令编写。

复杂轴数控车削程序如下。

复杂轴加工左端数控程序：

```
O0010;                              加工零件左端程序
N10  G54 G97 G98 G40;               选择工件坐标系
N12  M03 S500 T0101;                换 1 号端面刀，主轴正转，500r/min
N14  G00 X60 Z0.5;                  定位，留 0.5mm 精车余量
N16  G01 X0 F100;                   粗车端面
N18  G00 Z5 X60;                    退刀
N20  S1000;                         主轴转速 1000r/min
N22  G00 X60 Z0;                    定位
N24  G01 X0;                        精车端面
N26  G00 X80 Z50;                   退刀
N28  T0505 S500;                    换 5 号外圆车刀
N30  G00 X60 Z5;                    定位
N31  G90 X52.4 Z-65 F200;           粗车φ52 外圆
N32  G90 X49 Z-32.8 F200;           外圆粗车循环
N34  X43;
N36  X39;
N38  X32;
N40  S1200;                         转速提高到 1200r/mm
N42  G00 X22 Z2;                    定位
N44  G01 X29.8 Z-2 F100;            精车外形
N46  Z-33;
N48  X50;
N50  X52 Z-34;
N51  Z-65;
N52  G00 X80 Z50;                   退刀
N54  T0707;                         换 7 号外螺纹车刀
N56  G00 X40 Z5;                    定位
N58  G92 X29.1 Z-25 F2;             车外螺纹
N60  X28.5;
N62  X27.9;
N64  X27.5;
N66  X27.4;                         车外螺纹结束
N68  G00 X80 Z50;                   退刀
```

```
N70  M05;                        主轴停止
N72  M30;                        程序结束
```

复杂轴加工右端程序：

```
O0020;
N10  G54 G98 G40 G97;            选择工件坐标系
N12  M03 S1000 T0101;            换1号端面刀，主轴正转，1000r/min
N14  G00 X65 Z0;                 定位
N16  G01 X0 F100;                车端面
N18  G00 X80 Z50;                退刀
N20  T0202 S500;                 换2号内圆车刀
N22  G00 X21.5 Z5;               定位
N24  G01 Z-28 F150;              粗车内圆
N26  X18                         退刀
N28  G00 Z5;
N30  S1000;                      提高转速到1000r/min
N32  X29.05 Z2;                  定位
N34  G01 X22.05 Z-1.5 F100;      精车内圆倒角
N36  Z-28;                       精车内圆
N38  X18;                        退刀
N40  G00 Z50;
N42  X80;
N44  T0303 S300;                 换3号内圆切槽刀
N46  G00 X18 Z5;                 定位
N48  Z-28;
N50  G01 X28 F50;                切削内螺纹退刀槽
N52  X18;                        退刀
N54  G00 Z50;
N56  X80;
N58  T0404;                      换4号内螺纹车刀
N60  G00 X22.85 Z5;              定位
N62  G32 Z-25 F1.5;              第一刀车内螺纹
N64  G00 X18;                    退刀
N66  Z5;
N68  G00 X23.45;                 定位
N70  G32 Z-25 F1.5;              第二刀车内螺纹
N72  G00 X18;                    退刀
N74  Z5;
N76  X23.85;                     定位
N78  G32 Z-25 F1.5;              第三刀车内螺纹
N80  G00 X18;                    退刀
N82  Z5;
N84  X24.01;                     定位
N86  G32 Z-25 F1.5;              第四刀车内螺纹
N88  G00 X18;                    退刀
N90  Z50;
N92  X80;
N94  T0505 S800;                 换5号外圆车刀
```

```
N96  G00 X55 Z2;                     子程序开始点
N98  M98 P30002;                     调用程序号为 0002 的子程序 3 次，粗车外形
N100  S1200;                         提高转速到 1200r/min
N102  G00 X43  Z2;                   定位
N104  M98 P0002;                     调用程序号为 0002 的子程序 1 次，精车外形
N106  G00 X80 Z50;                   退刀
N108  T0606 S300;                    换 6 号外圆切槽刀
N110  G00 X60 Z-73;                  以下为切槽加工
N112  G01 X39 F50;
N114  G04 X2;
N116  G01 X60;
N118  G00 Z-80;
N120  G01 X39;
N122  G04 X2;
N124  G01 X60;
N126  G00 Z-87;
N128  G01 X39;
N130  G04 X2;
N132  G01 X60;
N134  G00 Z50;                       退刀
N136  M05;                           主轴停止
N138  M30;                           程序结束
子程序
O0002;                               子程序号 O0002
N10  G01 U-5.5 F100;
N12  W-2;
N14  G03 U0.992 W-29.358 R24;
N16  G02 U-0.238 W-14.195 R12;
N18  G03 U-3.224 W-13.447 R10;
N20  G01 W-8;
N22  U7.5;
N24  U10.45 W-28;
N28  G00 U5;
N30  W119;
N32  U-19.5;
N34  M99;                            子程序结束
```

7.4　零件加工与质量检测

根据以下操作步骤，完成零件的加工。

① 开机，各坐标轴回机床参考点；

② 工件的定位、装夹和找正；

③ 刀具安装；

④ 对刀，建立工件坐标系；

⑤ 程序输入，并调试；

⑥ 自动加工；

⑦ 取下工件，并检测；

⑧ 清理工作现场。

7.5 项目训练

试编制图 7-3～图 7-5 所示零件数控加工工艺、程序，并完成零件加工。

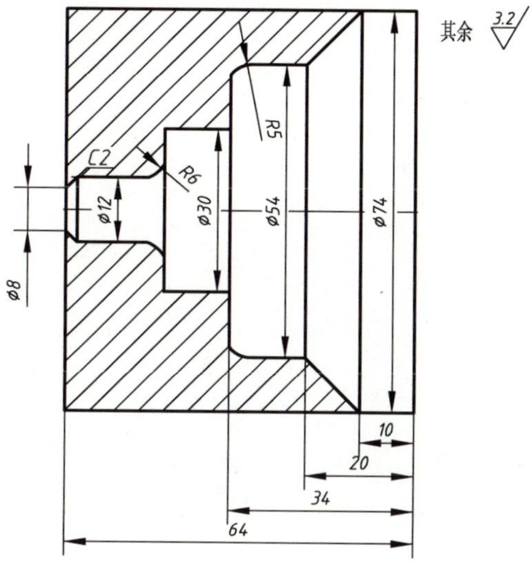

图 7-3　项目七训练图 1

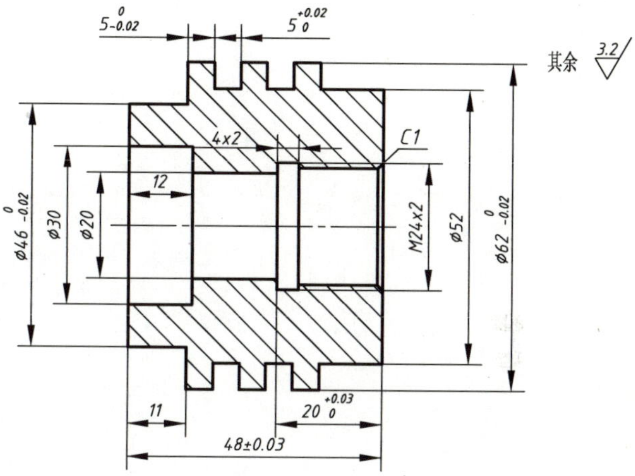

图 7-4　项目七训练图 2

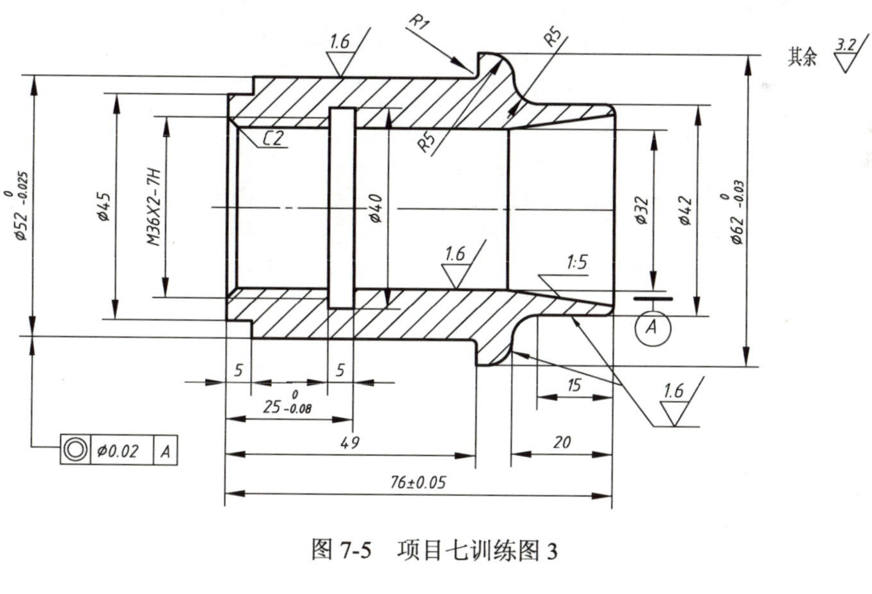

图 7-5　项目七训练图 3

模块二　模具零件数控铣削加工

本模块主要讲解模具零件数控铣削加工，分为八个项目，分别是：垫块数控铣削加工；模具卸料板数控铣削加工；模具型腔数控铣削加工；凸模垫板孔系加工；旋转型腔数控铣削加工；凸台零件数控铣削加工；椭圆凸台零件数控铣削加工；腰形槽底板零件综合数控铣削加工。项目按照由易到难的顺序递进，每个项目都以任务为导向，对零件进行任务分析，制定出加工工艺，编制加工程序，最后在实训基地加工出合格的零件为顺序，使同学们在学习的过程中能够更好地把握零件的整个过程。通过零件加工，能够在任务驱动中更好地掌握编程指令与加工技能。

项目八　垫块数控铣削加工

【项目能力目标】

1) 能正确分析和拟定平面、轮廓数控铣削加工工艺；

2) 能正确选择平面、轮廓加工类零件的数控铣削加工刀具；

3) 能正确选择平面、轮廓加工类零件的数控铣削加工夹具，并确定装夹方案；

4) 能按平面、轮廓加工类零件的数控铣削加工工艺正确选择合适的切削用量与机床；

5) 能编制平面、轮廓数控铣削零件的数控铣削加工工艺文件；

6) 能编制平面、轮廓数控铣削加工程序；

7) 会数控铣床基本操作，并按加工要求加工出零件；

8) 能对加工后零件进行质量评价和分析。

【加工任务】

任务描述：如图 8-1 所示，材料为 45 钢，设计该垫块数控铣削加工工艺，编制上平面及凸台轮廓面的铣削加工程序，完成零件上平面及凸台轮廓面的数控铣削加工。

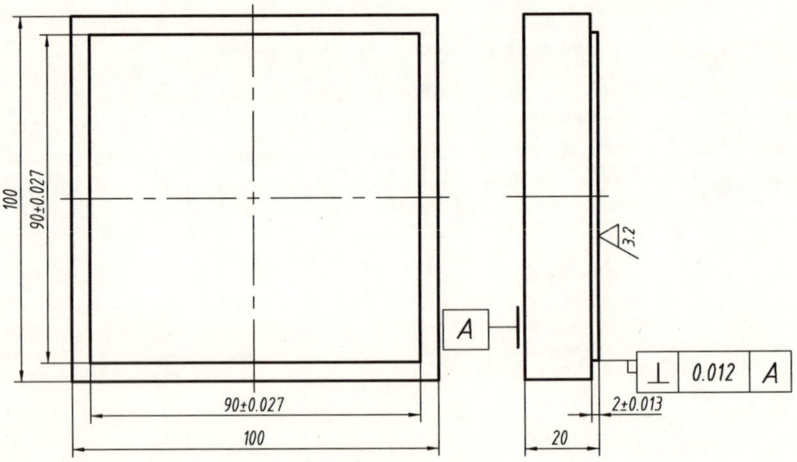

图 8-1　垫块

8.1　工 艺 分 析

垫块材料为 45 钢，该零件包含了平面、外形轮廓，其中上平面表面粗糙度为 *Ra*3.2μm，且凸台外轮廓面对底面有垂直度要求，组成轮廓的各几何要素关系清楚，条件充分，所需要基点坐标容易计算。

通过上述分析，采取如下工艺措施：

垫块凸台外轮廓面对底面有垂直度要求，只要提高装夹精度，使底面与铣刀轴线垂直，即可保证。

8.2　工 艺 制 定

通过对零件的加工工艺及技术要求分析，垫块在本项目中主要加工表面是上平面及凸台外轮廓面。如何保证这些表面的加工精度和表面粗糙度，垫块凸台外轮廓面对底面有垂直度要求，是垫块加工的主要工艺问题。

8.2.1　垫块表面加工方法的确定

表面加工方法的选择，就是为零件上每一个有质量要求的表面选择一套合理的加工方法。在选择时，一般先根据表面的精度和粗糙度要求选定最终加工方法，然后再确定精加工前准备工序的加工方法，即确定加工方案。在确定各表面的加工方法前，需了解各种表面的主要加工方法。

【知识链接】

1．*平面加工方法*

铣平面是铣床加工中最基本的工作。各种铣平面的方法如图 8-2 所示。

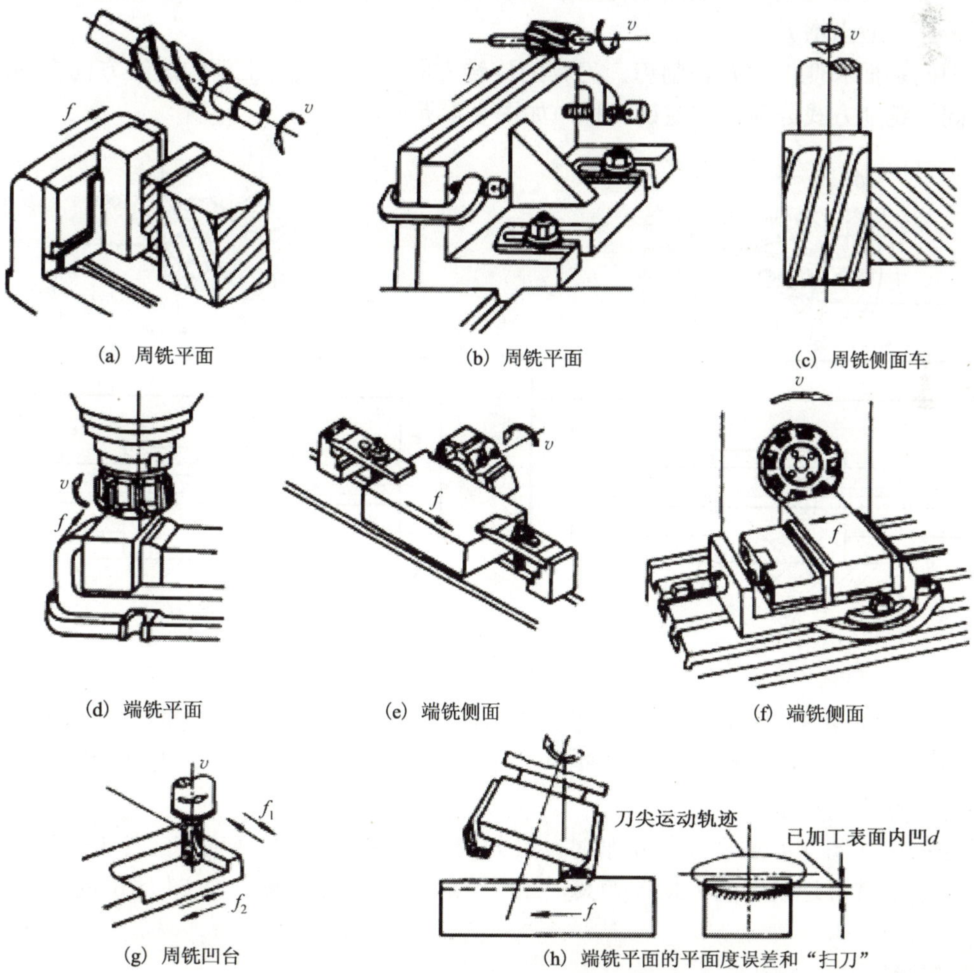

(a) 周铣平面　(b) 周铣平面　(c) 周铣侧面车

(d) 端铣平面　(e) 端铣侧面　(f) 端铣侧面

(g) 周铣凹台　(h) 端铣平面的平面度误差和“扫刀”

图 8-2　各种铣平面的方法

平面的铣削方法主要有圆周铣和端铣两种，如图 8-3 所示。

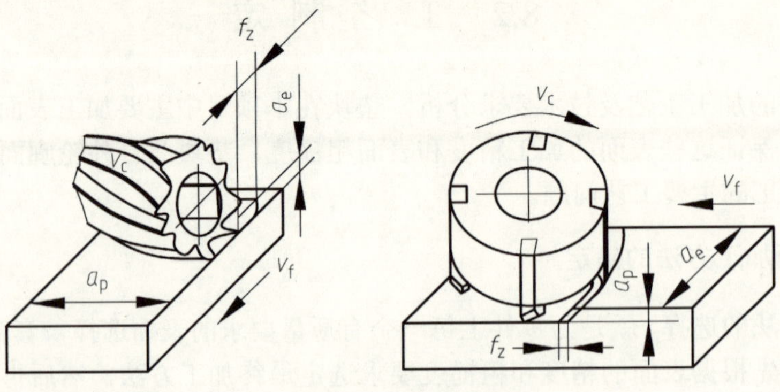

图 8-3　周铣和端铣

(1) 圆周铣

圆周铣又称周铣，是利用分布在铣刀圆柱面上的刀刃来铣削并形成平面的一种铣削方式。被加工表面平面度的大小，主要取决于铣刀的圆柱度。在精铣平面时，必须要保证铣刀的圆柱度误差小。若要使被加工表面获得较小的表面粗糙度值，则工件的进给速度应小一些，而铣刀的转速应适当增大。

铣刀的端面和侧面都有切削刃，刀具的旋转方向与刀具相对工件的进给方向不同，切削效果不同。铣削方式分顺铣和逆铣两种，如图 8-4 所示。

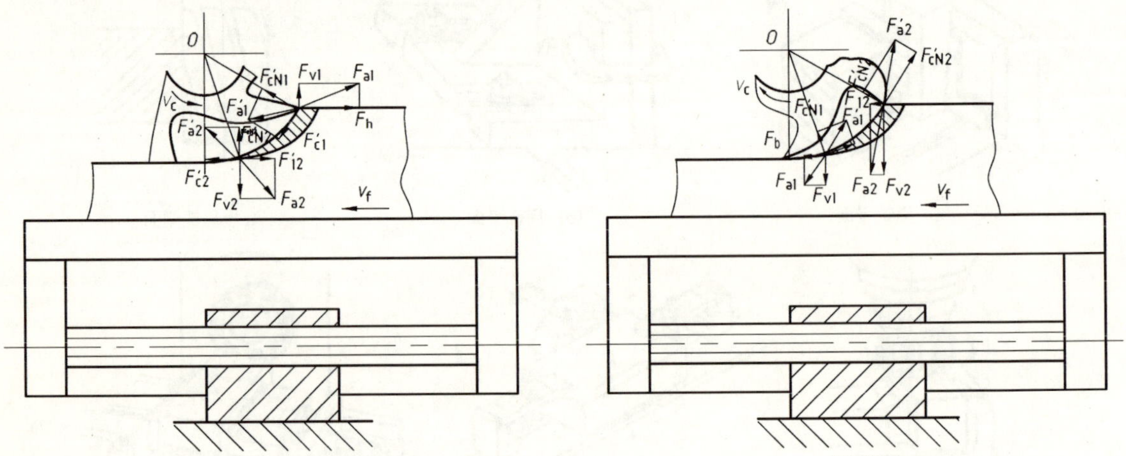

图 8-4　顺铣和逆铣

1) 顺铣。如图 8-4(b) 所示，铣削时，铣刀切出工件时的切削速度方向与工件的进给方向相同，称为顺铣。顺铣切削力指向工件，工件受压，顺铣刀具磨损小，刀具使用寿命长，切削质量好，适合精加工。

2) 逆铣。如图 8-4(a) 所示，铣削时，铣刀切出工件时的切削速度方向与工件的进给方向相反，称为逆铣。逆铣切削力指向刀具，工件受拉，逆铣刀具磨损大，但切削效率高，适合粗加工。

(2) 端铣

端铣是利用分布在铣刀端面上的刀刃来铣削并形成平面的一种铣削方式。用端铣方法铣出的平面，表面粗糙度值的大小同样与工件进给速度的大小和铣刀转速的高低等诸因素有关。被加工表面平面度的大小，主要决定于铣床主轴轴线与进给方向的垂直度。

端铣时，根据铣刀与工件相对位置的不同，可分为对称铣削、不对称逆铣和不对称顺铣削三种方式，如图 8-5 所示。

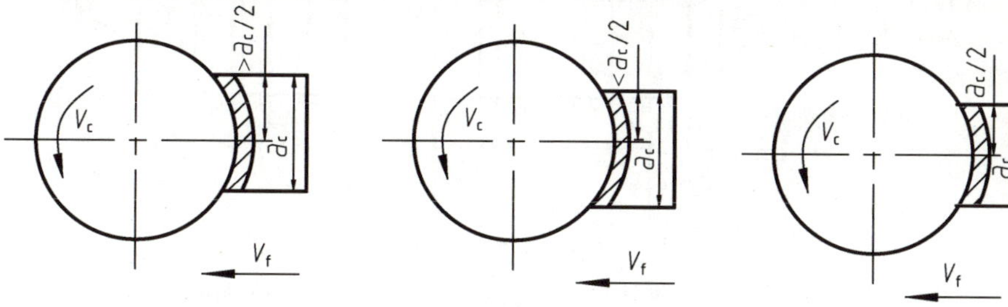

(a) 不对称顺铣　　(b) 不对称逆铣　　(c) 对称铣削

图 8-5　不对称端铣和对称端铣

1) 对称铣削。铣削过程中，面铣刀轴线始终位于铣削弧长的对称中心位置，上面的顺铣部分等于下面的逆铣部分，如图 8-5(c) 所示。

2) 不对称逆铣。当面铣刀轴线偏置于铣削弧长对称中心的一侧，且逆铣部分大于顺铣部分，这种铣削方式称为不对称逆铣，如图 8-5(b) 所示。

3) 不对称顺铣。当面铣刀轴线偏置于铣削弧长对称中心的一侧，且顺铣部分大于逆铣部分，这种铣削方式称为不对称顺铣，如图 8-5(a) 所示。

(3) 圆周铣与端铣的比较

1) 端铣刀的刀杆短，刚性好，每个刀齿所切下的切屑厚度变化较小，且同时参与切削的刀齿数较多，因此振动小，铣削平稳，效率高。

2) 端铣刀的直径可以做得很大，能一次铣出较宽的表面而不需要接刀。圆周铣时，因受圆柱形铣刀宽度的限制，工件加工表面的宽度不能太宽，但能一次切除较大的铣削层深度。

3) 端铣刀的刀片装夹方便、刚性好，适宜进行高速铣削和强力铣削，可提高生产率和减小表面粗糙度值。

4) 在相同的铣削层宽度、深度和每齿进给量的条件下，端铣刀如不采用修光刃和高速铣削等措施，用圆周铣加工的表面比用端铣加工的表面粗糙度值要小。

数控铣削如遇到大平面时，如图 8-6 所示，切入时应有一定的提前量，一般铣刀在工件之外即可，在一行切削完了换行时，可以直线或圆弧方式移动换行往返切削，但需超出工件，一般粗铣时铣刀边缘只要超出铣削平面边缘即可，如图 8-6(a) 所示，精铣时铣刀应完全离开工件表面，如图 8-6(b) 所示，同时保证切削步距小于刀具的直径，在完成切削时，整个铣刀应离开工件方可退刀。如铣刀直径大于工件表面宽度时，则采用一刀式粗、精铣削完成加工，如图 8-7 所示。

2. *外轮廓加工方法*

当铣削平面工件外轮廓时，一般采用立铣刀侧刃切削。

用立铣刀的侧刃铣削平面工件的外轮廓时，为减少接刀痕迹，保证工件表面质量，刀具切入工件时，应避免沿工件轮廓的法向切入，而应沿外轮廓曲线延长线的切向切入，以避免在切入处产生刀具的切痕而影响表面质量，保证工件外轮廓曲线平滑过渡。同理，在切出工件时，也应避免在工件的轮廓处直接退刀，而应沿工件轮廓延长线的切向逐渐切离工件，如图 8-8 所示。

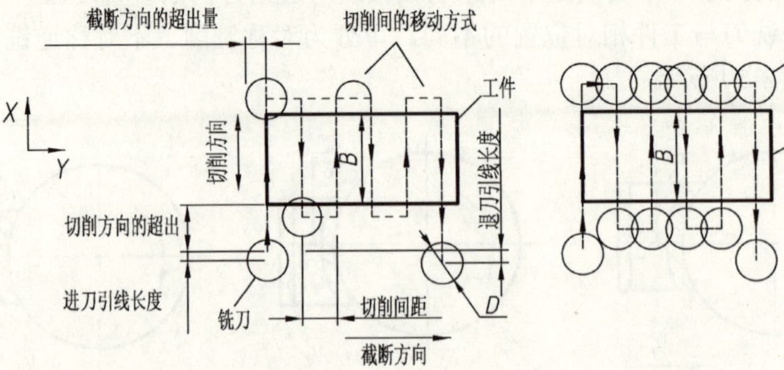

(a) 粗铣　　(b) 精铣

图 8-6　大平面铣削方式

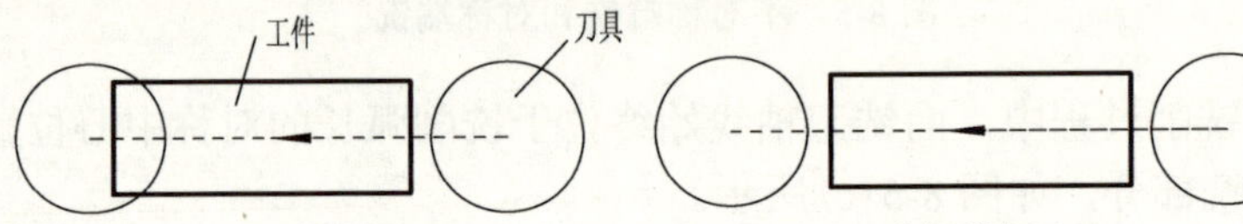

(a) 粗加工　　(b) 精加工

图 8-7　一刀式大平面铣削方式

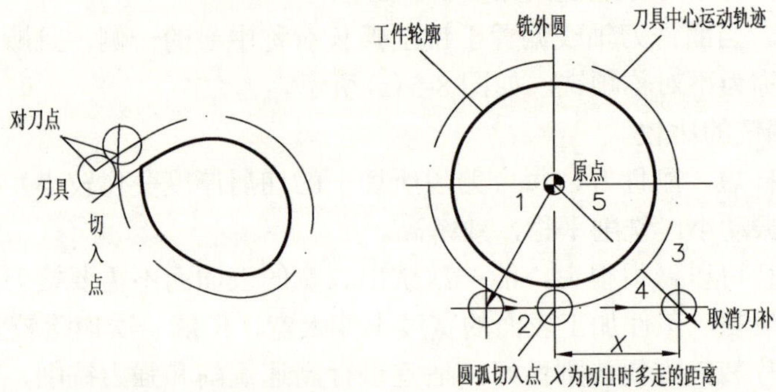

图 8-8　铣削外轮廓刀具切入、切出进给路线

数控铣削平面、外轮廓主要采用端铣刀、面铣刀和立铣刀加工。粗铣的尺寸精度和表面粗糙度一般可达 IT10～IT12，粗糙度可达 *Ra*6.3～25μm；精铣的尺寸精度和表面粗糙度一般可达 IT7～IT9，*Ra*1.6～6.3μm；当零件表面粗糙度要求较高时，应采用顺铣方式。一般经济精度平面的加工方法，如表 8-1 所示。

表 8-1　经济精度平面加工方法

序号	加工方法	经济精度级	表面粗糙度 *Ra*/μm	适用范围
1	粗铣—精铣或 粗铣—半精铣—精铣	IT7～IT9	6.3～1.6	一般不淬硬平面
2	粗铣—精铣—刮研或 粗铣—半精铣—精铣—刮研	IT6～IT7	1.6～0.4	精度要求较高的不淬硬平面
3	粗铣—精铣—磨削	IT7	1.6～0.4	精度要求高的淬硬平面或不淬硬平面
4	粗铣—精铣—粗磨—精磨	IT6～IT7	0.8～0.2	
5	粗铣—半精铣—拉	IT7～IT8	1.6～0.4	大量生产，较小的平面（精度视拉刀精度而定）
6	粗铣—精铣—磨削—研磨	IT6 级以上	0.2～0.05	高精度平面

【任务实施】

根据平面、轮廓的各种加工方法，参照表 8-1，确定垫块各表面的加工方法。

1. 上平面加工方法的确定

如图 8-1 所示，根据平面常用铣削方式，垫板上平面采用端铣，铣削方法采用大平面铣削，经粗铣、精铣至尺寸精度和表面粗糙度要求。

2. 凸台外轮廓加工方法的确定

凸台外轮廓采用立铣刀侧刃切削加工，经粗铣、精铣可达精度要求，进刀、退刀方式采用切线方向切入、切出。

8.2.2 垫块加工刀具的选择

根据以上加工方法的确定，选择铣削加工平面及凸台外轮廓的数控刀具，确定各表面的加工刀具前，需了解铣削平面及外轮廓所需的数控刀具的特点及其使用场合。

【知识链接】

1. 数控铣削刃具的基本要求

(1)铣刀刚性要好

一是为提高生产效率而采用大切削用量的需要；二是为适应数控铣床加工过程中难以调整切削用量的特点。例如，当工件的加工余量不均匀时，通用铣床遇到这种情况很容易采取分层铣削方法加以解决，而数控铣削就必须按程序设定的走刀路线前进，遇到余量大时无法像通用铣床那样“随机应变”，除非在编程时能够预先考虑到，否则铣刀必须返回原点，用改变切削面高度或加大刀具半径补偿值的方法从头开始加工，多走几刀。但这样势必造成余量少的地方经常走空刀，降低了生产效率。再者，在通用铣床上加工时，若遇到刚性不足的刀具，也比较容易从振动、手感等方面及时发现并及时调整切削用量加以弥补，而数控铣削时则很难办到。在数控铣削中，因铣刀刚性较差而断刀并造成工件损伤的事例是常有的，所以解决数控铣刀的刚性问题是至关重要的。

(2)铣刀的耐用度要高

尤其是当一把铣刀加工的内容很多时，如刀具不耐用而磨损较快，就会影响工件的表面质量与加工精度，而且会增加换刀引起的调刀与对刀次数，也会使工件表面留下因对刀误差而形成的接刀刀痕，降低了工件的表面质量。

除上述两点之外，铣刀切削刃的几何角度参数的选择及排屑性能等也非常重要，切屑粘刀形成积屑瘤在数控铣削中是十分忌讳的。总之，根据被加工工件材料的热处理状态、切削性能及加工余量，选择刚性好，耐用度高的铣刀，是充分发挥数控铣床的生产效率和获得满意的加工质量的前提。

2. 数控刀具介绍

铣刀的类型很多，本项目只先介绍在数控机床上铣削加工平面、外轮廓的铣刀。

(1)面铣刀

面铣刀主要用于加工较大的平面。如图 8-9 所示，面铣刀的圆周表面和端面上都有切削刃，圆周表面上的切削刃为主切削刃，端面切削刃为副切削刃。面铣刀多制成套式镶齿结构，刀齿为高速钢或硬质合金钢。

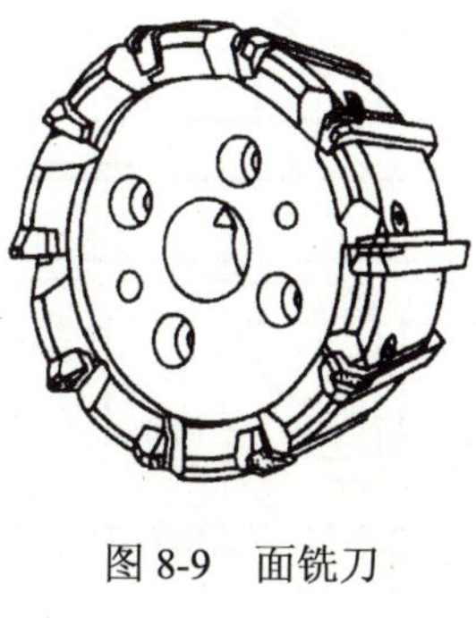

图 8-9　面铣刀

与高速钢面铣刀相比，硬质合金面铣刀的铣削速度较高，可获得较高的加工效率和加工表面质量，并可加工带有硬皮和淬硬层的工件，故得到广泛的应用。按刀片和刀齿的安装方式不同，硬质合金面铣刀可分为整体焊接式、机夹焊接式和可转位式三种。由于整体焊接式、机夹焊接式面铣刀难于保证焊接质量，刀具耐用度较低，重磨较费时，现在已逐渐被可转位式面铣刀所替代。

可转位式面铣刀是将可转位刀片通过夹紧元件夹固在刀体上，当刀片的一个切削刃磨钝后，直接在机床上将刀片转位或更换新刀片。这种铣刀在提高加工质量和加工效率，降低成本，方便操作使用等方面都表现出明显的优越性，目前已得到广泛应用。

标准可转位面铣刀的直径为$\phi16$～$\phi630$ mm。粗铣时，铣刀直径尽量选小些，因为粗铣切削力大，选小直径铣刀可减小切削扭矩。精铣时，铣刀直径要选大些，尽量包容工件整个加工宽度，以提高加工精度和效率，并减小相邻两次进给之间的接刀痕迹。

(2) 立铣刀

立铣刀是数控加工中用得最多的一种铣刀，主要用于加工内孔、较小的台阶面以及轮廓面。如图 8-10 所示，立铣刀的圆柱表面和端面上都有切削刃，它们既可以同时进行切削，也可以单独进行切削。圆柱表面的切削刃为主切削刃，端面上的切削刃为副切削刃。主切削刃一般为螺旋槽，这样可增加切削的平稳性，提高加工精度。端面刃主要用来加工与侧面垂直的底平面，普通立铣刀的端面中心处无切削刃，故一般立铣刀不宜做轴向进给。目前，市场上已推出了过中心刃的立铣刀，过中心刃立铣刀可直接轴向进给，如图 8-11 所示。

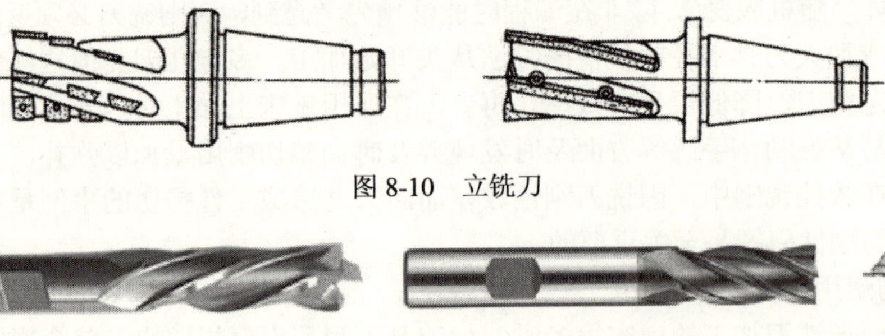

图 8-10　立铣刀

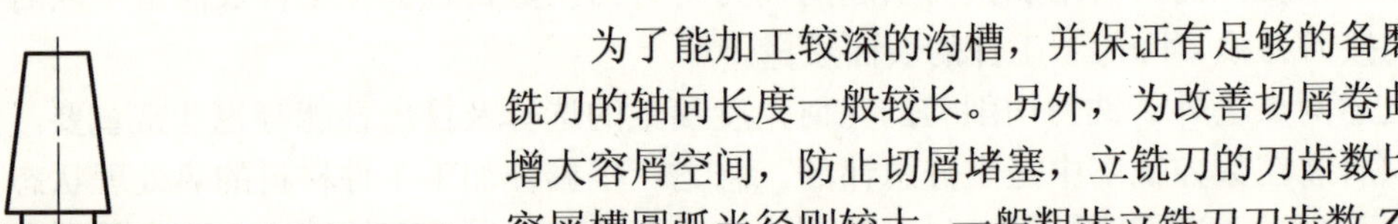

图 8-11　过中心四刃立铣刀

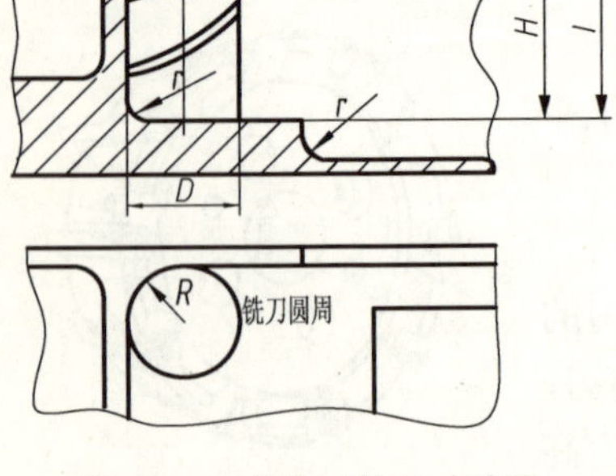

图 8-12　立铣刀的尺寸选择

为了能加工较深的沟槽，并保证有足够的备磨量，立铣刀的轴向长度一般较长。另外，为改善切屑卷曲情况，增大容屑空间，防止切屑堵塞，立铣刀的刀齿数比较少，容屑槽圆弧半径则较大。一般粗齿立铣刀刀齿数 $Z=3$～4，细齿立铣刀刀齿数 $Z=5$～8，套式结构 $Z=10$～20。容屑槽圆弧半径为 2～5mm。

由于数控机床要求铣刀能快速自动装卸，而立铣刀刀柄部结构有很大不同。一般由专业厂家按照一定的规范制造成统一形式、尺寸的刀柄。直径大于ϕ40～ϕ160mm 立铣刀可做成套式结构。立铣刀的有关尺寸参数，如图 8-12 所示，推荐用下述经验数据选取：

1) 刀具半径 R 应小于零件内轮廓面的最小曲率半径 $r_{曲}$，一般取 $R=(0.8～0.9)r_{曲}$。

2) 零件的加工高度 $H \leqslant (1/4 \sim 1/6)R$，以保证刀具有足够的刚度。

3) 对于深槽，选取 $l = H + (5 \sim 10)$ mm，（l 为刀具切削部分长度）。

4) 加工肋时，刀具直径为 $D = (5 \sim 10)b$，（b 为肋的厚度）。

【任务实施】

根据铣刀的选择原则，确定各加工面的刀具。

1. 平面铣削加工用刀具选择

ϕ80mm 刀片镶嵌式盘形面铣刀。

2. 外轮廓加工用刀具选择

ϕ16mm 硬质合金三刃立铣刀。

3. 制定数控加工刀具卡片

数控加工刀具卡片见表 8-2。

表 8-2　垫块数控加工刀具卡片

<table>
<tr><td colspan="2">产品名称或代号</td><td colspan="2">垫块</td><td>零件名称</td><td>凸模垫板</td><td colspan="2">零件图号</td><td></td></tr>
<tr><td>序号</td><td>刀具号</td><td colspan="2">刀具规格名称</td><td>数量</td><td colspan="3">加工表面</td><td>备注</td></tr>
<tr><td>1</td><td>T01</td><td colspan="2">ϕ80mm 刀片镶嵌式盘形面铣刀</td><td>1</td><td colspan="3">上平面</td><td></td></tr>
<tr><td>2</td><td>T02</td><td colspan="2">ϕ16mm 通用硬质合金立铣刀</td><td>1</td><td colspan="3">垫块凸台轮廓</td><td></td></tr>
<tr><td colspan="2">编　制</td><td>×××</td><td>审　核</td><td>×××</td><td>批　准</td><td></td><td>共　页</td><td>第　页</td></tr>
</table>

8.2.3　垫块定位基准的选择及装夹方案的确定

根据定位基准的选择原则合理选定各工序的定位基准及工件的装夹方案。

【知识链接】

1. 定位基准的选择原则

定位基准包括粗基准和精基准。

(1) 粗基准

用未加工过的毛坯表面作定位基准。

粗基准影响位置精度、各加工表面的余量大小，重点考虑如何保证各加工表面有足够余量，使不加工表面和加工表面间的尺寸、位置符合零件图要求。粗基准选择原则主要有以下几点：

1) 合理分配加工余量。应保证各加工表面都有足够的加工余量，以加工余量小而均匀的重要表面为粗基准，以保证该表面加工余量分布均匀、表面质量高。

2) 保证零件加工表面相对于不加工表面具有一定位置精度。一般应以非加工面作为粗基准，这样可以保证不加工表面相对于加工表面具有较为精确的相对位置。当零件上有几个不加工表面时，应选择与加工面相对位置精度要求较高的不加工表面作粗基准。

3) 便于装夹。选表面光洁的平面作粗基准，以保证定位准确、夹紧可靠。

4) 粗基准一般不得重复使用。在同一尺寸方向上粗基准通常只允许使用一次，这是因为粗基准一般都很粗糙，重复使用同一粗基准所加工的两组表面之间位置误差会相当大。因此，粗基准一般不得重复使用。

(2) 精基准

用已加工过的表面作定位基准。

精基准主要选择原则有：基准重合原则；基准统一原则；互为基准原则；自为基准原则。

合理选择定位基准，应考虑以下几点：

1) 加工基准和设计基准统一。

2) 尽量一次装夹后加工出全部待加工表面，对于体积较大的工件，上下机床需要行车、吊机等工具，如果一次加工完成，可以大大缩短辅助时间，充分发挥机床的效率。

3) 当工件需要第二次装夹时，也要尽可能使工件在空间有六个自由度，对于数控铣床，要完全确定工件的位置，必须遵循六点定位原则，需要布置六个支撑点来限制工件的六个自由度，即沿 *X*、*Y*、*Z* 三个坐标轴方向的移动自由度和绕三个坐标轴的旋转自由度。安装时应尽量使用同一基准，减少安装误差，避免欠定位和过定位。

2. 数控机床夹具简介

(1) 数控机床夹具的功用

在机械加工过程中，为了保证加工精度，固定工件，使之占有确定位置以接受加工或检测的工艺装备统称为机床夹具，简称夹具。应用机床夹具，有利于保证工件的加工精度、稳定产品质量；有利于提高劳动生产率和降低成本；有利于改善工人劳动条件，保证安全生产；有利于扩大机床工艺范围，实现“一机多用”。例如车床上使用的三爪自定心卡盘、铣床上使用的平口钳等都是机床夹具。

(2) 机床夹具的类型

机床夹具的种类繁多，可以从不同的角度对机床夹具进行分类。常用的分类方法有以下几种。

1) 按夹具的使用特点分类

根据夹具在不同生产类型中的通用特性，机床夹具可分为通用夹具、专用夹具、可调夹具、组合夹具和拼装夹具、螺钉压板六大类。

① 通用夹具。已经标准化的可加工一定范围内不同工件的夹具，称为通用夹具，其结构、尺寸已规格化，而且具有一定通用性，如三爪自定心卡盘、机床用平口虎钳、四爪单动卡盘、台虎钳、万能分度头、顶尖、中心架和磁力工作台等。这类夹具适应性强，可用于装夹一定形状和尺寸范围内的各种工件。这些夹具已作为机床附件由专门工厂制造供应，只需选购即可。其缺点是夹具的精度不高，生产率也较低，且较难装夹形状复杂的工件，故一般适用于单件小批量生产中。

② 专用夹具。专为某一工件的某道工序设计制造的夹具，称为专用夹具。在产品相对稳定、批量较大的生产中，采用各种专用夹具，可获得较高的生产率和加工精度。专用夹具的设计周期较长、投资较大。

专用夹具一般在批量生产中使用。除大批大量生产之外，中小批量生产中也需要采用一些专用夹具，但在结构设计时要进行具体的技术经济分析。

③ 可调夹具。某些元件可调整或更换，以适应多种工件加工的夹具，称为可调夹具。可调夹具是针对通用夹具和专用夹具的缺陷而发展起来的一类新型夹具。对不同类型和尺寸的工件，只需调整或更换原来夹具上的个别定位元件和夹紧元件便可使用。它一般又可分为通用可调夹具和成组夹具两种。前者的通用范围比通用夹具更大；后者则是一种专用可调夹具，它按成组原理设计并能加工一族相似的工件，故在多品种，中、小批量生产中使用有较好的经济效果。

④ 组合夹具。采用标准的组合元件、部件，专为某一工件的某道工序组装的夹具，称为组合夹具。组合夹具是一种模块化的夹具。标准的模块元件具有较高精度和耐磨性，可组装成各种夹具。夹具用完后可拆卸，清洗后可重新组装新的夹具。由于使用组合夹具可缩短生

产准备周期，元件可重复多次使用，并具有减少专用夹具数量等优点，因此组合夹具在单件，中、小批量多品种生产和数控加工中，是一种较经济的夹具，如图 8-13 所示。

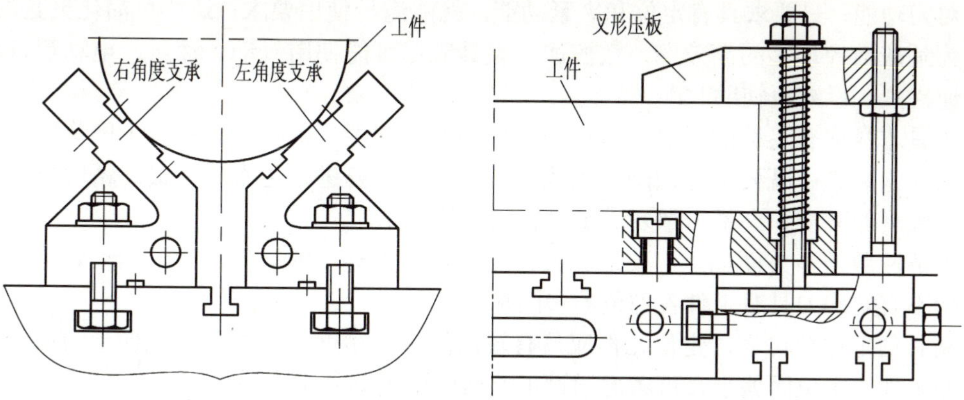

图 8-13　组合夹具装夹工件

⑤ 拼装夹具。用专门的标准化、系列化的拼装零部件拼装而成的夹具，称为拼装夹具。它具有组合夹具的优点，但比组合夹具精度高、效能高、结构紧凑。它的基础板和夹紧部件中常带有小型液压缸。此类夹具更适合在数控机床上使用。

⑥ 螺钉压板装夹工件。在单件或少量生产和不便于使用夹具夹持的情况下，常直接在铣床工作台上安装工件。使用压板、螺母、螺栓直接在铣床工作台上安装工件时，应该注意压板的压紧点尽量接近切削处，还应该使得压板的压紧点和压板下面的支撑点相对应，如图 8-14 所示。

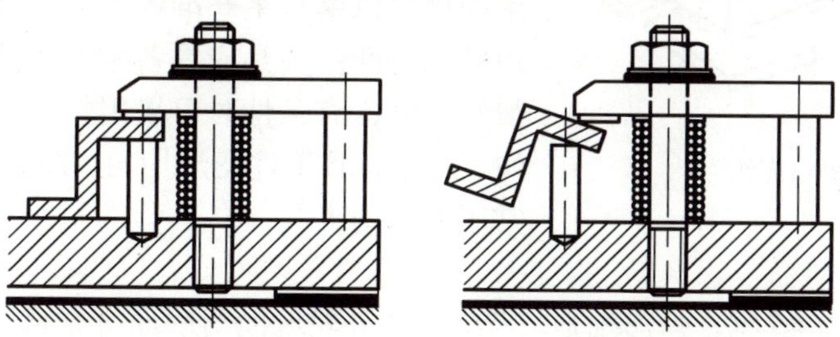

(a) 正确　　(b) 不正确

图 8-14　压板直接在工作台上装夹工件

2）按使用机床分类

夹具按使用机床不同，可分为车床夹具、铣床夹具、钻床夹具、镗床夹具、齿轮机床夹具、数控机床夹具、自动机床夹具、自动线随行夹具以及其他机床夹具等。

3）按夹紧的动力源分类

夹具按夹紧的动力源可分为手动夹具、气动夹具、液压夹具、气液增力夹具、电磁夹具以及真空夹具等。

(3) 数控加工夹具的特点

作为机床夹具，首先要满足机械加工时对工件的装夹要求。同时，数控加工的夹具还有它本身的特点。这些特点如下。

1）数控加工适用于多品种、中小批量生产，为能装夹不同尺寸、不同形状的多品种工件，数控加工的夹具应具有柔性，经过适当调整即可夹持多种形状和尺寸的工件。

2）传统的专用夹具具有定位、夹紧、导向和对刀四种功能，而数控机床上一般都配备有接触试测头、刀具预调仪及对刀部件等设备，可以由机床解决对刀问题。数控机床上由程序控制的准确的定位精度，可实现夹具中的刀具导向功能。因此数控加工中的夹具一般不需要导向和对刀功能，只要求具有定位和夹紧功能，就能满足使用要求，这样可简化夹具的结构。

3) 为适应数控加工的高效率，数控加工夹具应尽可能使用气动、液压、电动等自动夹紧装置快速夹紧，以缩短辅助时间。

4) 夹具本身应有足够的刚度，以适应大切削用量切削。数控加工具有工序集中的特点，在工件的一次装夹中既要进行切削力很大的粗加工，又要进行达到工件最终精度要求的精加工，因此夹具的刚度和夹紧力都要满足大切削力的要求。

5) 为适应数控多方面加工，要避免夹具结构包括夹具上的组件对刀具运动轨迹的干涉，夹具结构不要妨碍刀具对工件各部位的多面加工。

6) 夹具的定位要可靠，定位元件应具有较高的定位精度，定位部位应便于清屑，无切屑积留。如工件的定位面偏小，可考虑增设工艺凸台或辅助基准。

7) 对刚度小的工件，应保证最小的夹紧变形，如使夹紧点靠近支承点，避免把夹紧力作用在工件的中空区域等。当粗加工和精加工同在一个工序内完成时，如果上述措施不能把工件变形控制在加工精度要求的范围内，应在精加工前使程序暂停，让操作者在粗加工后精加工前变换夹紧力(适当减小)，以减小夹紧变形对加工精度的影响。

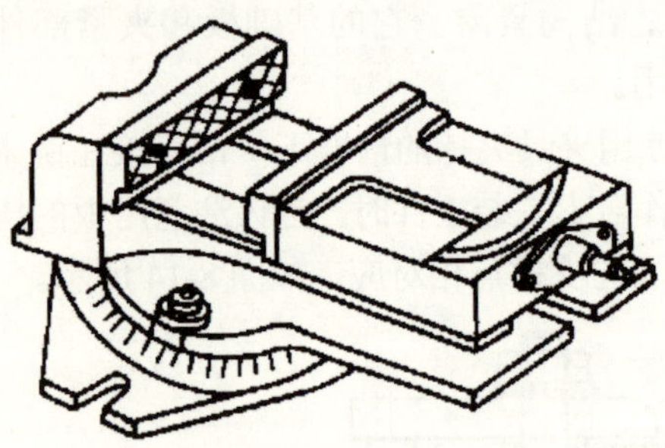

图 8-15　平口虎钳

数控铣床单件加工时尽量使用通用夹具，必要时设计专用夹具。选用和设计夹具应注意：夹具结构力求简单，以缩短生产准备周期；装卸迅速方便，以缩短辅助时间；夹具应具备刚度和强度，尤其在切削用量较大时；有条件时可采用气、液压夹具，它们动作快、平稳，且工件变形均匀。图 8-15 所示为单件生产常用的通用夹具。

【任务实施】

垫块零件材料为 45 钢，外形规则，考虑垫块外轮廓面对底面有垂直度要求，只要提高装夹精度，使底面与铣刀轴线垂直，在底面铣削加工一夹持面作为定位基准，以平口虎钳装夹加工上平面、凸台轮廓达至尺寸精度要求。零件加工前，需要将零件的毛坯安装在机床工作台的适当位置。零件安装前或安装后还需要对夹具或零件进行找正。找正的目的是保证零件或零件加工部分的某一边与机床的运动方向平行，以便能正确地加工出零件。找正的方法是将百分表或千分表通过磁力表座固定在机床主轴上，让表头垂直接触夹具的基准面，然后分别移动机床的 *X*、*Y* 轴，观察表指针的摆动情况，并对夹具或工件进行调整，直到符合要求。

8.2.4　垫块加工顺序及走刀路线的确定

【知识链接】

1. 加工阶段的划分

在数控铣床/加工中心上加工的零件，其加工阶段的划分主要根据零件是否已经过粗加工、加工质量要求的高低、毛坯质量的高低以及零件批量的大小等因素确定。

若零件已在其他机床上经过粗加工，加工中心只是完成最后的精加工，则不必划分加工阶段。

对加工质量要求较高的零件，若其主要表面在加工中心加工之前没有经过粗加工，则应尽量将粗、精加工分开进行。使零件粗加工后有一段自然时效过程，以消除残余应力和恢复切削力、夹紧力引起的弹性变形、切削热引起的热变形，必要时还可以安排人工时效处理，最后通过精加工消除各种变形。

对加工精度要求不高，而毛坯质量较高，加工余量不大，生产批量很小的零件或新产品试制中的零件，利用加工中心良好的冷却系统，可把粗、精加工合并进行。但粗、精加工应划分成两道工序分别完成。粗加工用较大的夹紧力，精加工用较小的夹紧力。

2. 工序的划分

(1)工艺、工序和工步的含义

编程前要划分安排加工步骤，所以要了解工艺、工序和工步的概念。将原材料加工成产品的过程称为工艺，整个工艺由若干工序组成，工序是指一个或一组工人在一个工作地点所连续完成的工件加工工艺过程。工序又可以分若干工步，对数控铣床加工来说，一个工步是指一次连续切削。

(2)划分工艺、工序和工步

毛坯加工至工件成品，需经过多道工序。在一道工序内有时还需要分几个工步。例如，一块模板需要经过粗铣、半精铣、精铣、钻孔、扩孔和铰孔加工，可以安排在一个工序内，分几个工步由数控铣床完成。

一般在数控铣床上加工工件，应尽量在一次装夹中完成全部工序，工序划分的根据如下：

1)按先面后孔的原则划分工序。在加工有面有孔的工件时，为了提高孔的加工精度，应先加工面，后加工孔，这一点与普通机床相同。

2)按粗、精加工划分工序。对于加工精度要求较高的工件，应将粗、精加工分开进行，这样可以使由粗加工引起的各种变形得到恢复，考虑到粗加工工件变形的恢复需要一段时间，粗加工后不要立即安排精加工。

3)按所用刀具划分工序。数控铣床，尤其是不带刀库的数控铣床，加工模具时，为了减少换刀次数，可以按集中工序的方法，用一把刀加工完工件上要求相同的部位后，再用另一把刀加工其他部位。

3. 工序顺序的安排

工序顺序的安排应根据零件的结构和毛坯状况，以及定位、安装与夹紧的需要来考虑。在加工中心上加工零件，一般都有多个工步，使用多把刀具，因此加工顺序安排得是否合理，直接影响到加工精度、加工效率、刀具数量和经济效益。在安排加工顺序时同样要遵循“基面先行”、“先粗后精”、“先主后次”及“先面后孔”的一般工艺原则。此外还应考虑：

1)每道工序尽量减少刀具的空行程移动量，按最短路线安排加工表面的加工顺序。

2)上道工序的加工不能影响下道工序的定位与夹紧，中间穿插有通用机床加工工序的也应综合考虑；

3)先进行内腔加工，后进行外形加工；

4)以相同定位、夹紧方式加工或用同一把刀具加工的工序，最好连续加工，以减少重复定位次数、换刀次数与挪动压板次数。

安排加工顺序时可参照采用粗铣大平面—粗镗孔、半精镗孔—立铣刀加工—加工中心孔—钻孔—攻螺纹—平面和孔精加工(精铣、铰、镗等)的加工顺序。

4. 进给路线的确定

确定进给路线时，要在保证被加工零件获得良好的加工精度和表面质量的前提下，力求计算容易，走刀路线短，空刀时间少。进给路线的确定与工件表面状况、要求的零件表面质量、机床进给机构的间隙、刀具耐用度以及零件轮廓形状等有关。确定进给路线主要考虑以下几个方面：

1) 铣削零件表面时，要正确选用铣削方式；

2) 进给路线尽量短，以减少加工时间；

3) 进刀、退刀位置应选在零件不太重要的部位，并且使刀具沿零件的切线方向进刀、退刀，以避免产生刀痕。在铣削内表面轮廓时，切入切出无法外延，铣刀只能沿法线方向切入和切出，此时，切入切出点应选在零件轮廓的两个几何元素的交点上。

合理地选择进给路线不但可以提高切削效率，还可以提高零件的表面精度，对于数控铣床，还应重点考虑几个方面：能保证零件的加工精度和表面粗糙度的要求；使走刀路线最短，既可简化程序段，又可减少刀具空行程时间，提高加工效率；应使数值计算简单，程序段数量少，以减少编程工作量。

【任务实施】

1. 确定垫块加工顺序

图 8-1 为加工零件图，材料为 45 钢。其尺寸精度、表面粗糙度和平面度均在铣床的经济加工精度之内。为了减少换刀次数，按工序集中的方法，用一把刀加工完工件上要求相同的部位后，再用另一把刀加工其他部位，制定出垫块数控加工顺序：备料→以下平面及前后侧面作为定位基准，平口虎装夹，粗铣、精铣上平面至表面粗糙度要求→粗铣、精铣凸台轮廓至尺寸精度要求→检验。

2. 进给路线的确定

垫块上平面、凸台轮廓铣削进给路线如图 8-16 所示。

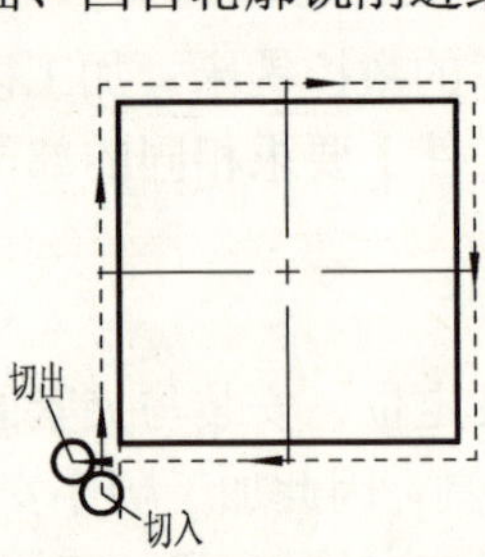

(a) 外轮廓铣削加工路线

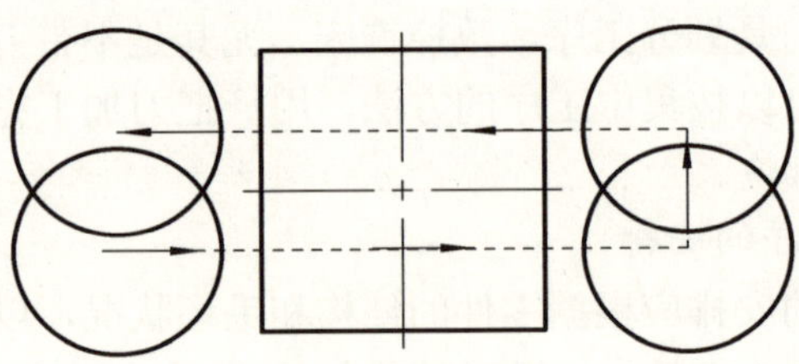

(b) 平面铣削进给路线

图 8-16　垫块外轮廓、平面铣削进给路线

8.2.5　切削用量的确定及填写工艺文件

【知识链接】

1. 铣削要素

铣削加工的切削用量包括：切削速度、进给速度、背吃刀量和侧吃刀量。从刀具耐用度出发，切削用量的选择方法是：先选择背吃刀量或侧吃刀量，其次选择进给速度，最后确定切削速度。

(1) 背吃刀量

背吃刀量分为轴向背吃刀量和侧向背吃刀量。

1) 轴向背吃刀量。刀具插入工件沿轴向切削掉的金属层深度称为轴向背吃刀量。一般工件都是多层切削，每切完一层刀具沿轴向进给一层，进给深度称为每层背吃刀量，如图 8-17 所示。半精加工和精加工是单层切削。

2) 侧向背吃刀量。在同一层，刀具走完一条或一圈刀轨，再向未切削区域侧移一恒定距离，这一恒定侧移距离就是侧向背吃刀量，又称步距。如图 8-17 所示。

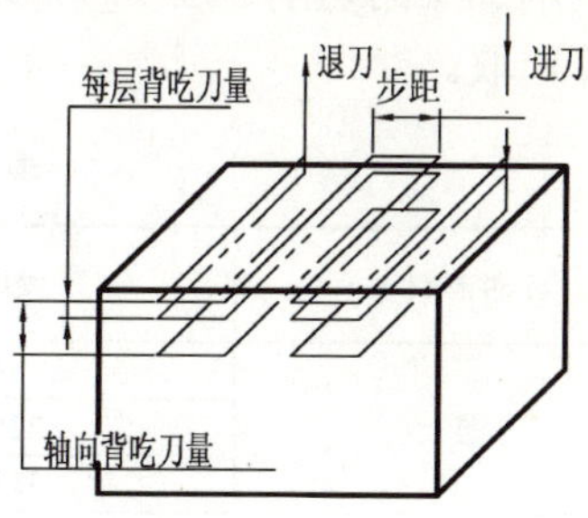

图 8-17　轴向背吃刀量和侧向背吃刀量

一般可以根据背吃刀量和加工余量设置粗加工、半精加工和精加工的背吃刀量。具体如下：

① 当工件表面粗糙度值要求为 $Ra = 12.5 \sim 25\mu m$ 时，如果圆周铣削加工余量小于 5mm，端面铣削加工余量小于 6mm，粗铣一次进给就可以达到要求。但是在余量较大，工艺系统刚性较差或机床动力不足时，可分为两次进给完成。

② 当工件表面粗糙度值要求为 $Ra = 3.2 \sim 12.5\mu m$ 时，应分为粗铣和精铣两步进行。粗铣时背吃刀量或侧吃刀量选取同前。粗铣后留 0.5～1.0mm 余量，在精铣时切除。

③ 当工件表面粗糙度值要求为 $Ra = 0.8 \sim 3.2\mu m$ 时，应分为粗铣、半精铣、精铣三步进行。半精铣时背吃刀量或侧吃刀量取 1.5～2mm；精铣时，圆周铣侧吃刀量取 0.3～0.5mm，面铣刀背吃刀量取 0.5～1mm。

(2) 进给量 f 与进给速度 V_f 的选择

铣削加工的进给量 f(mm/r) 是指刀具转一周，工件与刀具沿进给运动方向的相对位移量；进给速度 V_f(mm/min) 是单位时间内工件与铣刀沿进给方向的相对位移量。进给速度与进给量的关系为 $V_f = n \cdot f$（n 为铣刀转速，单位 r/min）。进给量与进给速度是数控铣床加工切削用量中的重要参数，根据零件的表面粗糙度、加工精度要求、刀具及工件材料等因素，参考切削用量手册选取或通过选取每齿进给量 f_z，再根据公式 $f = Z \cdot f_z$（Z 为铣刀齿数）计算进给量 f。

每齿进给量 f_z 的选取主要依据工件材料的力学性能、刀具材料、工件表面粗糙度等因素。工件材料强度和硬度越高，f_z 越小；反之则越大。硬质合金铣刀的每齿进给量高于同类高速钢铣刀。工件表面粗糙度要求越高，f_z 就越小。每齿进给量的确定可参考表 8-3 选取。工件刚性差或刀具强度低时，应取较小值。

表 8-3　铣刀每齿进给量参考值

工件材料	f_z/mm			
	粗铣		精铣	
	高速钢铣刀	硬质合金铣刀	高速钢铣刀	硬质合金铣刀
钢	0.10～0.15	0.10～0.25	0.02～0.05	0.10～0.15

(3) 切削速度 V_c

铣削的切削速度 V_c 与刀具的耐用度、每齿进给量、背吃刀量、侧吃刀量以及铣刀齿数成反比，而与铣刀直径成正比。其原因是当 f_z、a_p、a_e 和 Z 增大时，刀刃负荷增加，而且同时工作的齿数也增多，使切削热增加，刀具磨损加快，从而限制了切削速度的提高。为提高刀具耐用度允许使用较低的切削速度。但是加大铣刀直径则可改善散热条件，可以提高切削速度。

铣削加工的切削速度 V_c 可参考表 8-4 选取，也可参考有关切削用量手册中的经验公式通过计算选取。

表 8-4　铣削加工的切削速度参考值

工件材料	硬度/HBS	V_c/(m/min)	
		高速钢铣刀	硬质合金铣刀
钢	<225	18～42	66～150
	225～325	12～36	54～120
	325～425	6～21	36～75
铸铁	<190	21～36	66～150
	190～260	9～18	45～90
	260～320	4.5～10	21～30

【任务实施】

根据切削用量的确定原则，制定出垫块数控加工工序卡片，如表 8-5 所示。

表 8-5　垫块数控加工工序卡

×××	数控加工工序卡片	产品型号	×××	零件图号	×××
		产品名称	垫块	零件名称	垫块

材料牌号	45	毛坯种类	锻件	毛坯外形尺寸		备注	

工序号	工序名称	设备名称	设备型号	程序编号	夹具代号	夹具名称	冷却液	车间
05	铣上平面及凸台轮廓面	数控铣床	V600	01	01	平口虎钳	乳化液	01

工步号	工步内容	刀具号	刀具	量具及检具	主轴转速/(r/min)	切削速度/(m/min)	进给速度/(mm/min)	背吃刀量/mm	备注
1	备料								
2	粗铣上平面。以夹持面定位，平口虎钳定位装夹，工件坐标系建立在工件中心	T01	ϕ80mm 面铣刀		1200		250		
3	精铣上平面	T01	ϕ80mm 面铣刀		1500		200		
4	粗铣凸台轮廓。留 0.5mm 的单边精加工余量	T02	ϕ16mm 硬质合金立铣刀		1200		100		
5	精铣凸台轮廓至尺寸要求	T02	ϕ16mm 硬质合金立铣刀		1500		80		

编制	×××	审核	×××	批准	×××	共 3 页	第 2 页

8.3　程序编制

【知识链接】

本节介绍常用编程指令。

1. 坐标和坐标系指令

(1)绝对值编程 G90 与相对值编程 G91

编程格式：

```
G90 G00/G01  X_ Y_ Z_;
G91 G00/G01  X_ Y_ Z_;
```

G90 为绝对值编程，每个轴上的编程值是相对于程序原点的。

G91 为相对值编程，每个轴上的编程值是相对于前一位置而言的，该值等于沿轴移动的距离。

G90、G91 为模态功能，G90 为缺省值。

图 8-18 中给出了刀具由原点按顺序向 1、2、3 点移动时 G90 和 G91 两种不同指令的区别。

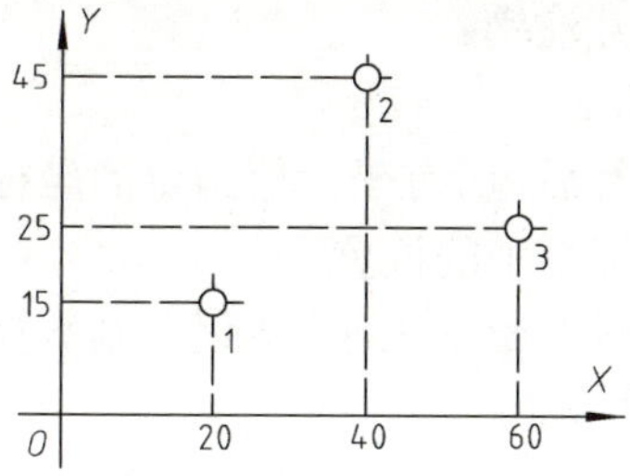


```
%0001
N1 G92 X0 Y0;
N2 G90G01X20Y15;
N3 X40 Y45;
N4 X60 Y25;
N5 X0 Y0;
N6 M30;
```

```
%0002
N1 G91 G01 X20 Y15;
N2 X20 Y30;
N3 X20 Y-20;
N4 X-60 Y-25;
N5 M30;
```

图 8-18　G90、G91 编程实例

(2) 工件坐标系设定 G92

编程格式：G92　X_ Y_ Z_;

式中，X、Y、Z 为坐标原点(程序原点)到刀具起点(对刀点)的有向距离。G92 指令通过设定刀具起点相对于坐标原点的位置建立工件坐标系。此坐标系一旦建立起来，后续的绝对值指令坐标位置都是此工件坐标系中的坐标值。

G92 指令必须单独一个程序段指定，并放在程序的首段。执行此程序段之前必须保证刀位点与 G92 设定的程序起点重合，执行此程序段后，只是建立了工件坐标系中刀具起点相对于程序原点的位置，刀具并不产生运动。

绝对坐标系原点 *O* 为程序原点。设刀具的初始位置为(40，50，25)，工件坐标系就可以用 G92 来设定，如图 8-19 所示。

注意：坐标系设定指令程序段只设定程序原点的位置，它并不产生运动，即刀具仍在原位置。

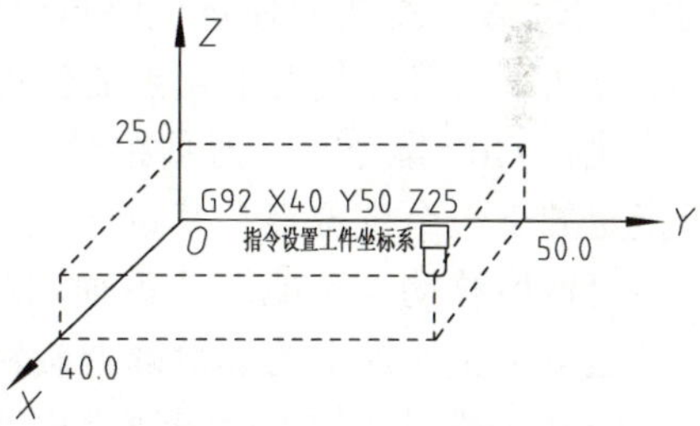

图 8-19　G92 工件坐标系的设定

(3) 工件坐标系选择 G54～G59

工件坐标系如图 8-20 所示。

其中，*X*1，*Y*1，…，*X*9，*Y*9 为该工件坐标系在机床坐标系下的零点偏移量。

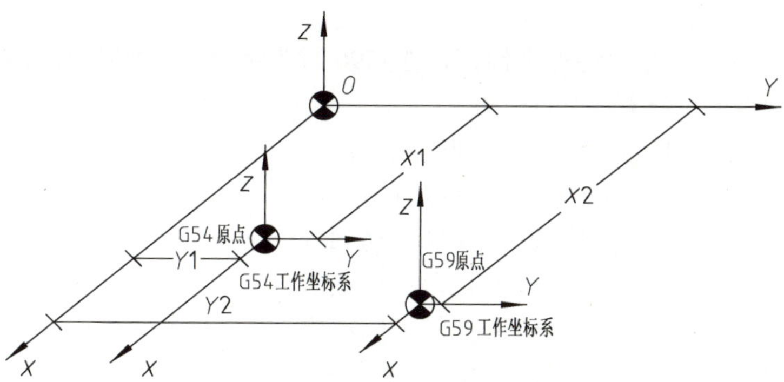

图 8-20　工件坐标系

说明：

1) 使用 G54～G59 建立工件坐标系时，该指令可单独指定，也可与其他指令同段指定。

2) 一般的数控机床可以预置的六个坐标系(G54～G59)，可根据需要选用。(西门子系统铣床为可以预置的四个坐标系)

3) 工作坐标系储存在机床的存储器内，都以机械原点为参考点，分别以各自坐标轴与机械原点的偏移量来表示。

4) G54～G59 为模态指令，没有缺省方式，可相互注销。

5) 一般的机床，使用该组指令前，应该先回参考点。

6) 该指令执行后，所有坐标值指定的坐标尺寸都是选定的工件加工坐标系中的位置。

7) 若程序中没有给出工作坐标系，则数控系统默认缺省程序原点为机械原点。

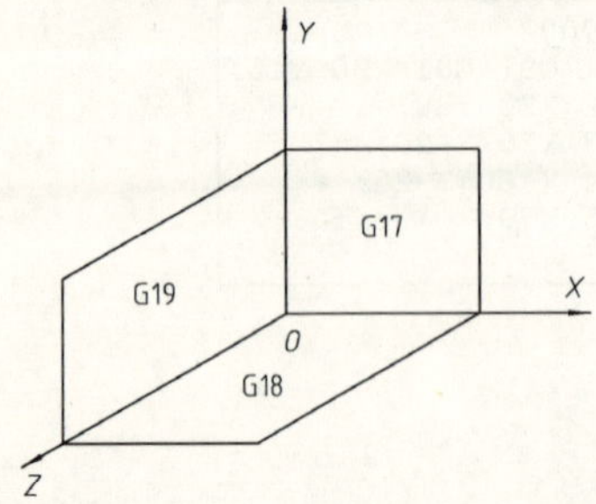

图 8-21　G17、G18、G19 平面示意图

(4) 坐标平面选择 G17，G18，G19

编程格式：`G17/G18/G19;`

该指令选择一个平面，在此平面中进行圆弧插补和刀具半径补偿。G17 选择 *XY* 平面，G18 选择 *ZX* 平面，G19 选择 *YZ* 平面，如图 8-21 所示。

G17、G18、G19 为模态指令，可相互注销，G17 为缺省值。

2. 进给控制指令

(1) 快速定位指令 G00/G0

编程格式：`G00 X_Y_Z_;`

式中，X、Y、Z 为快速定位终点坐标值，在 G90 方式下为终点在工件坐标系中的坐标；在 G91 方式下为终点相对于起点的位移量。

执行 G00 指令时，刀具相对于工件从当前位置以各轴预先设定的速度快速移动到程序段所指定的下一个定位点。其进速度由机床参数对各轴分别设定，不能用程序规定。由于各轴以各自速度移动，不能保证各轴同时到达终点，因而联动直线轴的合成轨迹并不总是直线。快移速度可由面板上的进给修调旋钮或快速修调旋钮修正。

G00 一般用于加工前快速定位或加工后快速退刀。

G00 为模态指令，可由 G01、G02、G03 功能注销。

(2) 直线插补（线性进给）指令 G01/G1

编程格式：`G01 X_Y_Z_F_;`

式中，X、Y、Z 为直线插补的终点坐标值，在 G90 时为终点在工件坐标系中的坐标；在 G91 时为终点相对于起点的位移量。

执行 G01 指令时，刀具从当前位置以联动的方式，按程序段中 F 指令规定（或继承前面）的合成进给速度，按线性路线（联动直线轴的合成轨迹为直线）移动到程序段所指定的终点。G01 和 F 都是模态代码，如果后续的程序段不改变加工的线型和进给速度，可以不再书写这些代码。G01 可由 G00、G02、G03 功能注销。

例 8-1：已知待加工工件轮廓如图 8-22 所示，加工路径为 *A*→*B*→*C*→*D*→*E*→*F*→*G*→*H*→*A*，要求铣削深度为 2mm。

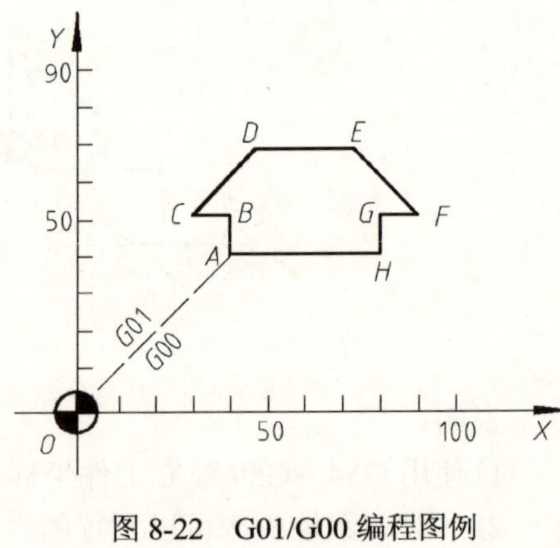

图 8-22　G01/G00 编程图例

分别采用绝对、相对坐标编程，其程序如下。

绝对坐标编程：

```
O0001;
G90 G17 G54;
G00 Z100.0 S1000 M03;
X0. Y0.0;
Z3.0;
G01 Z-2.0 F100;
G01 X40.0 Y40.0 F200;
Y60.0;
X30.0;
X40.0 Y90.0;
X80.0;
X90.0 Y60.0;
X80.0;
Y40.0;
X40.0;
X0. Y0.0;
G00 Z100.0;
M05;
M30;
```

相对坐标编程：

```
O0002;
G90 G17 G54;
G00 Z100.0 S1000 M03;
X0 Y0;
Z2.0;
G01 Z-2 F100;
G91 X40. Y40 F200.0;
Y20.0;
X-10.0;
X10.0 Y30.0;
X40.0;
X10.0 Y-30.0;
X-10.0;
Y-20.0;
X-40.0;
X-40.0 Y-40.0;
G00 G90 Z100.0;
M05;
M30;
```

3. 辅助功能指令

前面学习的指令是准备指令，用来规定刀具和工件的相对运动轨迹(即指令插补功能)、机床坐标系、坐标平面、刀具补偿、坐标偏置等多种加工操作。JB3208—1983 标准中规定：G 指令由字母 G 及其后面的两位数字来组成，从 G00 到 G99 共有 100 种代码。

辅助功能指令，简称辅助功能，也叫 M 功能。JB3208—1983 中规定：它由字母 M 和两位数字组成，从 M00～M99 共 100 种。下面介绍常见的辅助指令，如表 8-6 所示。

表 8-6　常用 M 代码一览表

M 代码	功能	说明	M 代码	功能	说明
M00	程序停止	非模态	M08	冷却液开	模态
M01	选择程序停止		M09	冷却液关	
M02	程序结束		M30	程序结束并返回	非模态
M03	主轴顺时针旋转	模态	M98	调用子程序	
M04	主轴逆时针旋转		M99	子程序结束	
M05	主轴停止		M06	换刀指令	

(1) 暂停指令——M00

功能是执行此指令后，机床停止一切轴向移动。当程序运行停止时，全部现存的模态信息保持不变，再次按下“数控启动”键后，机床重新启动，继续执行后面的程序。

(2) 计划(选择)停止指令——M01

这个指令又叫“选择指令”或“计划暂停”。该指令与 M00 基本相似，但只有在“选择停止”键按下时，M01 才有效，否则机床仍不停止，继续执行后续的程序段。该指令常用于工件关键性尺寸的停机抽样检查等情况，当检查完成后，按“启动”键可继续执行以后的程序。

(3) 程序结束指令——M02、M30

当全部程序结束后，用此指令可使主轴、进给及冷却液全部停止，并使机床复位，是程序结束的标志，位于程序的最后一个程序段中。M02 表示程序结束，不具有使缓冲器中的指针返回刚执行程序的程序头的功能，M30 表示程序结束，并返回程序的开头。

(4) 与主轴有关的指令——M03、M04、M05

M03 表示主轴正转(顺时针方向旋转)，M04 表示主轴反转(逆时针方向旋转)。所谓主轴正转，是从主轴正 *Z* 方向往负 *Z* 方向看去，主轴处于顺时针方向旋转；而逆时针方向旋转则为反转。

M05 为主轴停止，它是在该程序段其他指令执行完后才使用的。

(5) 换刀指令——M06

M06 是手动或自动换刀的指令。它不包括刀具选择功能，但兼有主轴停转和关闭冷却液的功能，常用于加工中心机床刀库换刀前的准备工作。

(6) 与冷却液有关的指令——M07、M08、M09

M07 为命令开 2 号冷却液；M08 为命令开 1 号冷却液；M09 为关冷却液。冷却液的开关是通过冷却泵的启动与停止来控制的。

4. 主轴转速功能 S

也称 S 功能，主要表示主轴转速或速度，属于模态代码。主轴转速功能用地址符 S 加二到五位数字表示。用 G97 和 G96 分别指令单位为 r/min 或 m/min，通常使用 G97 (r/min)。

G96 S300;　表示主轴转速为 300m/min。

G97 S1500;　表示主轴转速为 1500r/min。

一般来说 S 指令都和 M 指令来一起使用。在 FANUC 系统中一般用 M03 或 M04 指令与 S 指令一起来指定主轴的转速，如 M03 S1000。

5. 进给功能指令或 F 功能

表示插补进给(G01、G02、G03)速度，属于模态代码。在 G01、G02、G03 和循环指令程序段中，必须有 F 指令，或者在这些程序段之前已经写入了 F 指令。否则，机床将会报警或出现异常情况。

其指令格式为：地址符 F 和其后 1 至 5 位数字表示，通常用(F×××)表示。进给功能单位为 mm/min 和 mm/r，分别由每分钟进给模式 G94 或每转进给模式 G95 决定。即

G94 F1000;　表示插补进给的速度为 1000mm/min。

G95 F0.5;　表示插补进给的速度为 0.5mm/r。

G94、G95 都为模态指令，数控铣床中 G94 为缺省值。

6. 刀具功能 T、D

刀具功能表示方式：T 后接两位数字，表示刀号，选择刀具；D 后面也是接两位数，表示刀补号。如果选用了 D0，则表示取消刀具补偿。如 T02 表示选择 2 号刀具，D03 表示刀具补偿值是存放在 03 号寄存器中。

【任务实施】

根据数控加工工艺编制零件每道工序的程序。以工件上平面为 *Z* 向零点，工件中心点为 *X*、*Y* 平面零点，建立工件坐标系。各工序加工程序如下。

1. 粗铣、精铣上平面加工程序

```
O0001;                  程序名
G54 G90;                建立工件坐标系
G00 Z100 M08;           在绝对编程方式下，将Z轴定位到零点上方100mm位置，切削液开
M03 S1200;              主轴正转，转速1200r/min粗加工上平面
G00 X-150 Y-30;         将刀具定位到X、Y平面起刀点位置
Z5;                     将刀具定位到零点上方5.0mm处
G01 Z-1 F100;           以100mm/min的速度下刀
G01 X150 F250;          以250mm/min的速度粗铣平面
Y30;
X-150;
G00 Y-30;               回到X、Y平面进刀点
M03 S1500               主轴正转，转速1500r/min精加工上平面
G01 Z-1.5 F100;         Z轴下刀
X150 F200;              以200mm/min的速度精铣平面
Y30;
X-150;
G00 Z100;               将Z轴定位到零点上方100mm位置
M09;                    切削液关
M05;                    主轴停止
M30;                    程序结束
```

2. 粗铣、精铣外轮廓加工程序

```
O0002;                  程序名
G54 G90;                建立工件坐标系
G00 Z100 M08;           在绝对编程方式下，将Z轴定位到零点上方100mm位置，切削液开
M03 S1200;              主轴正转，1200r/min
G00 X-53.5 Y-65;        将刀具定位到 X-53.5 Y-65 作为X、Y进刀点
Z5;                     将刀具定位到零点上方5.0mm处
G01 Z-2 F100;           Z向下刀
Y53.5;                  粗加工外轮廓
X53.5;
Y-53.5;
X-65;
X-53 Y-65;
M03 S1500;              精加工主轴转速1500r/min
Y53 F80;                精加工进给速度80mm/min
X53;                    精加工外轮廓
Y-53;
X-65;
G00 Z100;               将Z轴定位到零点上方100mm位置
M09;                    切削液关
M05;                    主轴停止
M30;                    程序结束
```

8.4　零件加工与质量检测

操作数控铣床的流程为：开始→输入并调试程序→装夹工件→对刀→零件加工。本项目主要讲解数控铣床操作面板上各个按键的功用，使学生掌握数控铣床的调整及加工前的准备工作以及程序输入及修改方法。

8.4.1　数控铣床/加工中心概述

【知识链接】

1. 数控铣床简介

数控铣床是世界上最早研制出来的数控机床，是一种功能很强的机床。它加工范围广，工艺复杂，涉及的技术问题多，是数控加工领域中具有代表性的一种机床。目前迅速发展起来的加工中心和柔性制造单元等都是在数控铣床的基础上发展起来的，人们在研究和开发新的数控系统和自动编程软件时，也把数控铣削加工作为重点。

与普通铣床相比，数控铣床的加工精度高，精度稳定性好，适应性强，操作劳动强度低，特别适用于板类、盘类、壳体类、模具类等复杂形状的零件或对精度保持性要求较高的中、小批量零件的加工。

(1) 数控铣床的组成

数控铣床一般由铣床本体、CNC 装置、伺服驱动装置和辅助装置等部分组成。

1) 铣床本体：数控铣床的机械部件，包括床身、立柱、主轴箱、工作台和进给机构等。

2) CNC 装置：它是数控机床的核心部分，控制数控机床几乎所有的控制功能。

3) 伺服驱动装置：数控铣床执行机构的驱动部件，主要包括主轴电动机和进给伺服电动机，经济型数控机床常采用步进电动机。它把来自数控装置的运动指令进行放大，驱动铣床的运动部件，使工作台按规定轨迹移动或准确定位。

4) 辅助装置：主要指数控铣床的一些辅助配套部件，如手动换刀时用的气动装置、加工冷却时用的冷却装置、冲屑时用的排屑装置等。

(2) 数控铣床工作原理

数控铣床工作原理框图如图 8-23 所示。

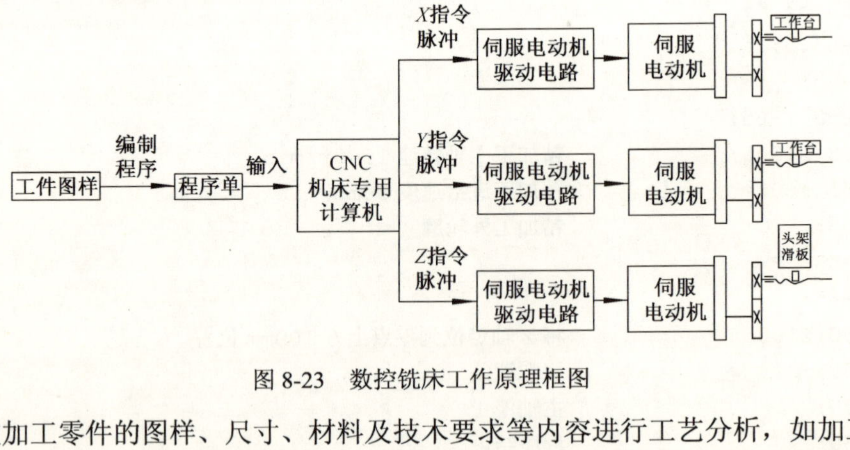

图 8-23　数控铣床工作原理框图

根据被加工零件的图样、尺寸、材料及技术要求等内容进行工艺分析，如加工顺序、进给路线、切削用量等，通过面板键盘输入或磁盘读入等方法把加工程序输入到数控铣床的专用计算机(数控装置)中，数控装置经过驱动电路控制和放大，使伺服电动机转动，通过齿轮副(或直接)经滚珠丝杠，驱动铣床工作台(X、Y轴)和Z方向(头架滑板)。再与选定的主轴转速相配合。半闭环和闭环的数控机床检测反馈装置可把测得的信息反馈给数控装置进行比较后再处理，最终完成整个加工，加工结束机床自动停止。

(3)数控铣床的分类

1)按数控铣床主轴的布置形式分类

可分为立式数控铣床、卧式数控铣床、立卧两用数控铣床和龙门式数控铣床。

① 立式数控铣床

立式数控铣床的主轴轴线与工作台面垂直，是数控铣床中最常见的一种布局形式，工件安装方便，结构简单，加工时便于观察，但不便于排屑。立式数控铣床一般为三坐标(X、Y、Z)联动，其各坐标的控制方式主要有以下两种：一种是工作台纵、横向移动并升降，主轴只完成主运动，目前小型数控铣床一般采用这种方式；另一种是工作台纵、横向移动，主轴升降，这种方式一般运用在中型数控铣床中，如图 8-24 所示。

图 8-24　立式数控铣床

立式数控铣床又可分为小、中、大三种类型。小型采用工作台移动和升降而主轴不移动的方式；中型采用纵向和横向移动方式，且主轴可沿垂直方向上下移动；大型考虑到扩大行程、缩小占地面积及保持刚性等技术上的诸多因素普遍采用龙门移动式，其主轴可在龙门架横向和垂直移动，龙门架则沿床身做纵向运动。

② 卧式数控铣床

卧式数控铣床的主轴轴线与工作台面平行，主要用来加工箱体类零件。一般配有数控回转工作台以实现四轴或五轴加工，从而扩大功能和加工范围。卧式数控铣床相比立式数控铣床，结构复杂，在加工时不便观察，但排屑顺畅，如图 8-25 所示。

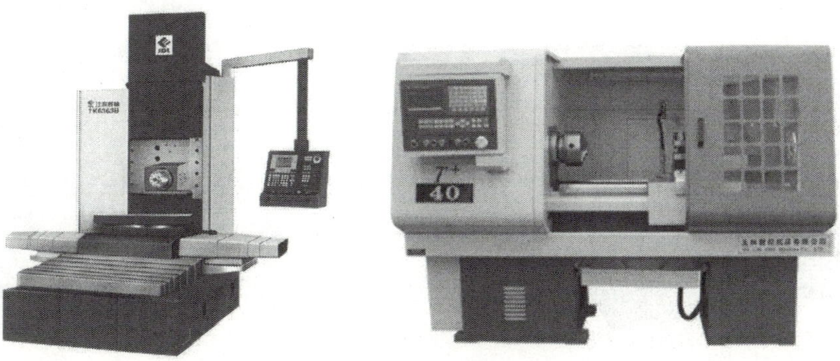

图 8-25　卧式数控铣床

③ 立卧两用数控铣床

立卧两用数控铣床主轴轴线可以变换，使一台铣床具备立式数控铣床和卧式数控铣床的功能。这类机床适应性更强，应用范围更广，尤其适合于多品种、小批量又需立卧两种方式加工的情况，但其主轴部分结构较为复杂，如图 8-26 所示。

④ 龙门式数控铣床

大型数控立式铣床多采用龙门式布局，在结构上采用对称的双立柱结构，以保证机床整体刚性、强度。主轴可在龙门架的横梁与溜板上运动，而纵向运动则由龙门架沿床身移动或由工作台移动实现，其中工作台床身特大时多采用前者。龙门式数控铣床适合加工大型零件，主要在汽车、航空航天、机床等行业使用，如图 8-27 所示。

图 8-26　立卧两用数控铣床

图 8-27　大型数控立式铣床

2) 按数控系统的功能分类

① 经济型数控铣床

经济型数控铣床一般是在普通立式铣床或卧式铣床的基础上改造而来的，采用经济型数控系统，成本低，机床功能较少，主轴转速和进给速度不高，主要用于精度要求不高的简单平面或曲面零件加工。

② 全功能数控铣床

全功能数控铣床一般采用半闭环或闭环控制，控制系统功能较强，数控系统功能丰富，一般可实现四坐标或以上的联动，加工适应性强，应用最为广泛，如图 8-28 所示。

③ 高速铣削数控铣床

一般把主轴转速在 8000～40000 r/min 的数控铣床称为高速铣削数控铣床，其进给速度可达 10～30 m/min，如图 8-29 所示。

图 8-28　全功能数控铣床

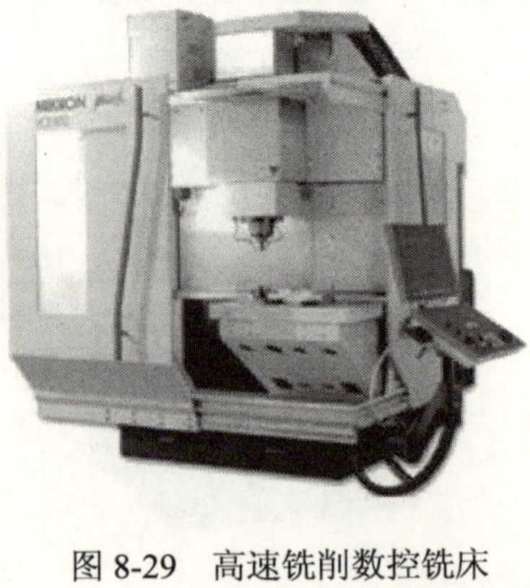

图 8-29　高速铣削数控铣床

这种数控铣床采用全新的机床结构(主体结构及材料变化)、功能部件(电主轴、直线电动机驱动进给)和功能强大的数控系统，并配以加工性能优越的刀具系统，可对大面积的曲面进行高效率、高质量的加工。高速铣削是数控加工的一个发展方向，目前，其技术正日趋成熟，并逐渐得到广泛应用，但机床价格昂贵，使用成本较高。

2. 加工中心简介

(1)加工中心的分类

加工中心是在数控铣床的基础上发展起来的，其分类与数控铣床分类基本相同。加工中心属于中、高档数控机床，其伺服系统一般采用半闭环、全闭环或混合环控制。按机床主轴的布置形式及机床的布局特点来分类，可分为立式加工中心、卧式加工中心和龙门加工中心。

1)立式加工中心

如图 8-30 所示，立式加工中心的主轴垂直于工作台，主轴在空间处于垂直状态，它主要适用于板材、壳体、模具类零件的加工。

图 8-30 立式加工中心

2)卧式加工中心

如图 8-31 所示，卧式加工中心主轴轴线与工作台平面方向平行，主轴在空间处于水平状态，采用回转工作台，一次装夹工件，通过工作台旋转可实现多个加工面加工，它主要适用于箱体类工件的加工。

3)龙门加工中心

如图 8-32 所示，龙门加工中心的形状与数控龙门铣床相似，应用范围比数控龙门铣床更大。主轴多为垂直设置，除自动换刀装置以外，还带有可更换的主轴头附件，数控装置的功能也较齐全，能够一机多用，尤其适用于大型或形状复杂的工件的加工。

图 8-31 卧式加工中心

图 8-32 龙门加工中心

(2)加工中心的组成

加工中心与数控铣床的最大区别在于数控加工中心具有自动交换刀具的能力，通过在刀库安装不同用途的刀具，可在一次装夹中通过自动换刀装置改变主轴上的刀具，实现钻、铣、镗、攻螺纹、切槽等多种加工功能。它由床身、主轴箱、工作台、底座、立柱、横梁、进给机构、自动换刀装置、辅助系统(气液、润滑、冷却)、控制系统等组成。

加工中心的换刀方式一般有如下两种。

1) 机械手换刀

机械手换刀的换刀装置是由刀库和机械手组成，由刀库选刀，机械手完成换刀动作。加工中心普遍采用这种换刀形式，一般采用容量较大的链式刀库，适用于中型和大型加工中心。

2) 刀库换刀

刀库换刀是通过刀库和主轴箱的配合动作来完成。一般是把盘式刀库设置在主轴箱可以运动到的位置或整个刀库能移动到主轴箱可以到达的位置。换刀时，主轴运动到刀库上的换刀位置，由主轴直接取走或放回刀具。它适用于采用 40 把以下刀柄的中小型加工中心。

(3) 加工中心的工艺装备

加工中心的工艺装备涵盖了数控铣床的所有工艺装备，但加工中心多了自动换刀装置和自动交换工作台。刀柄和刀具采用了系列、模块化设计和管理，采用先进技术设备进行机外精密对刀和工件精密测量。

1) 加工中心的工具系统

① 加工中心的刀柄

数控加工中心的刀柄已标准化、系列化。另外，还有特殊用途的刀柄，如增速刀柄、转角刀柄、中心冷却刀柄、多轴刀柄等。

② 刀具

加工中心加工内容的多样性决定了所使用刀具的种类很多，除铣刀以外，加工中心使用比较多的是孔加工刀具，包括加工各种大小孔径的麻花钻、扩孔钻、锪孔钻、铰刀、镗刀、丝锥以及螺纹铣刀等。为了适应高效、高速、高刚性和大功率的加工发展要求，在选择刀具材料时，一般尽可能选用硬质合金刀具，精密镗孔等还可选用性能更好、更耐磨的立方氮化硼和金刚石刀具。这些孔加工刀具一般都采用涂层硬质合金材料，分为整体式和机夹可转位式两类，如图 8-33 所示。

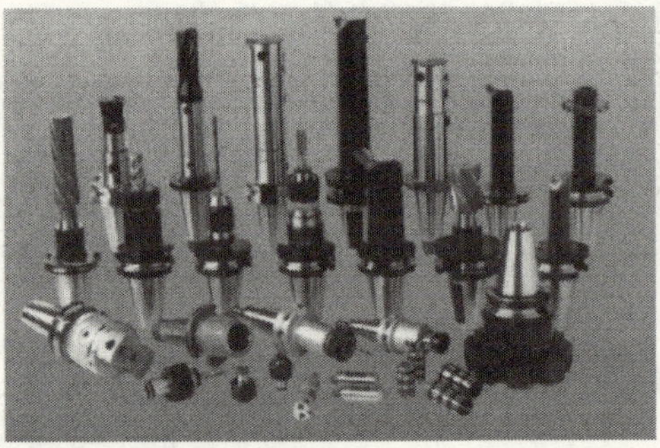

(a) 硬质合金可转位系列刀具

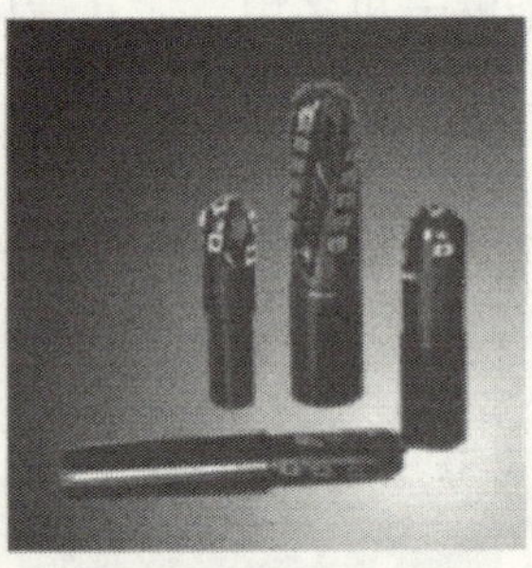

(b) 硬质合金可转位螺旋刃球刀

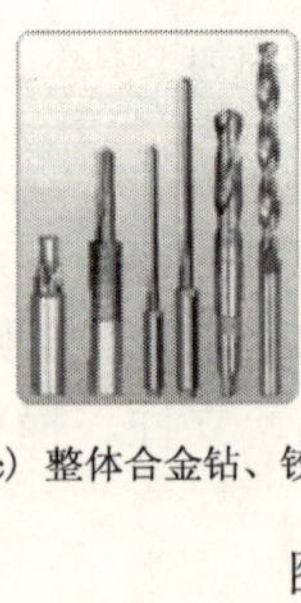

(c) 整体合金钻、铰刀

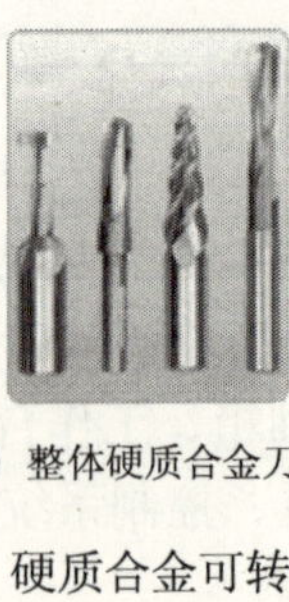

(d) 整体硬质合金刀具

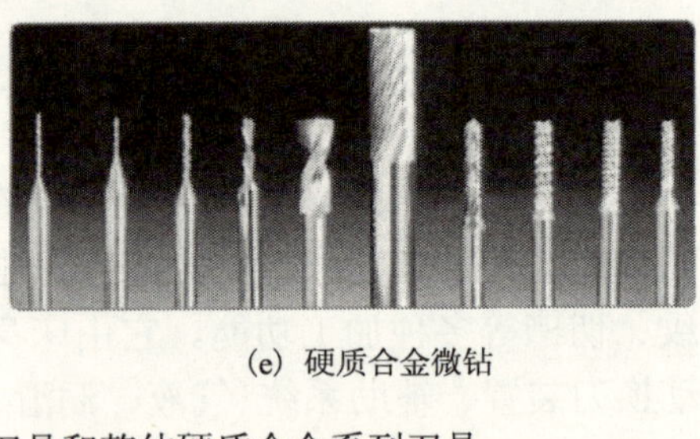

(e) 硬质合金微钻

图 8-33　硬质合金可转位系列刀具和整体硬质合金系列刀具

2) 对刀与测量设备

① 对刀仪

对刀仪用于刀具预调，确定所用刀具在刀柄上装夹好后的轴向尺寸和径向尺寸，供加工时使用。如用于孔精加工的可调镗刀，在加工前需先准确调整刀刃相对于主轴轴线的径向和轴向位置。在使用中因刀具磨损或损坏后换刀，需要用对刀仪重新测量刀具的主要参数，确定刀具的补偿值，输入机床后再进行加工，光学式对刀仪，如图 8-34 所示。

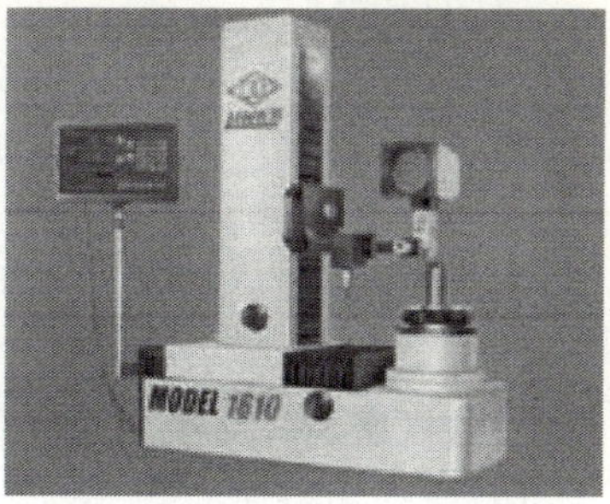

图 8-34　光学式对刀仪

② 测量设备

在线测量系统。如图 8-35 所示，它由红外通讯触发测头、光电信号传输装置、测量软件等组成，其应用如下：

a. 在加工之前，对工件、工装实现自动定位测量，自动建立工件坐标系，对工件尺寸进行自动检测。

b. 在加工过程中，对工件关键尺寸和形状进行自动检测，自动修正刀具补偿值，加工超差报警。

c. 加工结束后，对工件尺寸和形状的自动检测，加工超差报警。

投影仪、三坐标测量仪。它们为加工中心机床重要的测量装备，分别如图 8-36、图 8-37 所示。

图 8-35　在线测量系统

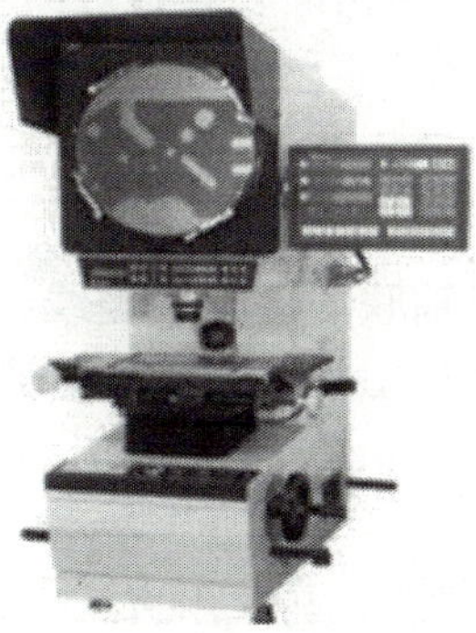

图 8-36　投影仪

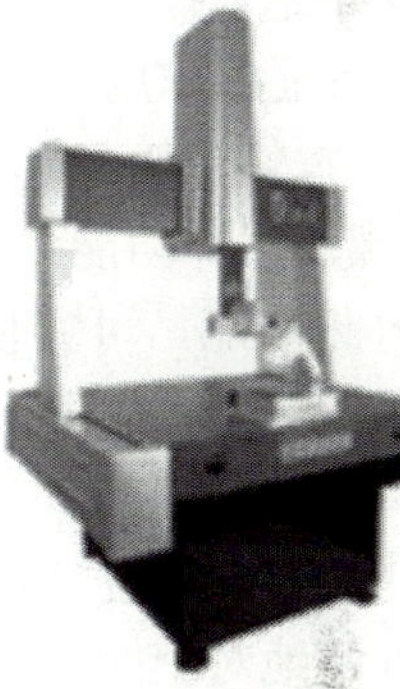

图 8-37　三坐标测量仪

3. 数控铣床/加工中心主要功能

不同档次的数控铣床的功能有较大的差别，但都应具备以下主要功能。

(1) 直线插补

完成数控铣削加工所应具备的最基本功能之一，可分为平面直线插补、空间直线插补、逼近直线插补等。

(2) 圆弧插补

完成数控铣削加工所应具备的最基本功能之一，可分为平面圆弧插补、逼近圆弧插补等。

(3) 固定循环

固定循环是指系统所作的固化的子程序，并通过各种参数适应不同的加工要求，主要用于实现一些具有典型性的需要多次重复的加工动作，如各种孔、内外螺纹、沟槽等的加工，固定循环可以有效地简化程序的编制。

(4) 刀具补偿

一般包括刀具半径补偿、刀具长度补偿、刀具空间位置补偿功能等。

刀具半径补偿——平面轮廓加工时，进行刀具偏置。

刀具长度补偿——设置刀具长度补偿。

刀具空间位置补偿——适用于曲面加工。

(5) 镜向、旋转、缩放、平移

通过机床数控系统对加工程序进行上述处理，控制加工，从而简化程序编制。

(6) 自动加减速控制

该功能使机床在刀具改变运动方向时自动调整进给速度，保持正常而良好的加工状态，避免造成刀具变形、工件表面受损、加工过程速度不稳等情形。

(7) 数据输入/输出及 DNC 功能

数控铣床一般通过 RS232C 接口进行数据的输入及输出，包括加工程序和机床参数等。当执行的加工程序超过存储空间时，就应当采用 DNC 加工，即外部计算机直接控制数控铣床进行加工。

(8) 子程序功能

对于需要多次重复的加工动作或加工区域，可以将其编成子程序，在主程序需要的时候调用它，并且可以实现子程序的多级嵌套，以简化程序的编写。

(9) 自诊断功能

自诊断是数控系统在运转中的自我诊断，它是数控系统的一项重要功能，对数控机床的维修具有重要的作用。

4. *数控铣床的拓展功能*

(1) 螺旋插补功能

利用此功能，可方便地采用三轴联动铣削螺旋线、螺纹及孔。若无此功能，螺纹铣削亦可采用圆弧插补加以逼近，但计算工作量大，计算速度、机床数控系统容量都将受到很大影响。

(2) NURBS 插补功能

可方便地对空间曲面进行直接插补，与采用直线插补相比，可节省大量的计算工作和系统容量。在直线插补中，加工程序里如有大量的 G01，精度要求越高，此情形越明显，以致出现计算赶不上进给而使机床经常等待的“爬行”现象，当曲面变化越大、计算越复杂、精度要求越高、进给速度要求越快时，越易出现该情形，而采用 NURBS 插补则不会出现上述问题，可实现高速加工。

(3) 直接驱动回转工作台

在一些数控铣床上可以利用伺服电动机直接驱动回转工作台，使其连续转动，从而实现车、铣复合加工，大大扩展加工工艺范围。

(4) 自动对刀功能

此功能可自动测量刀具直径和长度，并自动补偿，简单可靠，从而提高效率，减少人为出错机会，把接刀痕迹降到最低。

(5) 自动装夹

在 20 世纪 70 年代发展起来的工件统一基准定位装夹系统，是在所有机床上建立标准化的接口，使每个工件在每道工序的机床上实现快速而精确的定位装夹，并可以将所有加工机床连成敏捷制造柔性生产线。这种先进的定位装夹方法适应了高精度、高效率加工的需要，正得到日益广泛的应用。

(6) 自动测量

加工完成后利用机床上的装置进行自动测量，可有效缩短测量时间，提高效率，同时精度亦可得到保证。

5. 数控铣床主要加工对象

(1) 平面类零件

加工面平行、垂直于水平面或与水平面成定角的零件称为平面类零件，这一类零件的特点是：加工单元面为平面或可展开成平面。其数控铣削相对比较简单，一般用两坐标联动就可以加工出来。

(2) 曲面类零件

加工面为空间曲面的零件称为曲面类零件，其特点是加工面不能展开成平面，加工中铣刀与零件表面始终是点接触。

(3) 变斜角类零件

如图 8-38 所示，加工面与水平面的夹角呈连续变化的零件称为变斜角类零件，以飞机零部件常见。其特点是加工面不能展开成平面，加工中加工面与铣刀周围接触的瞬间为一条直线。

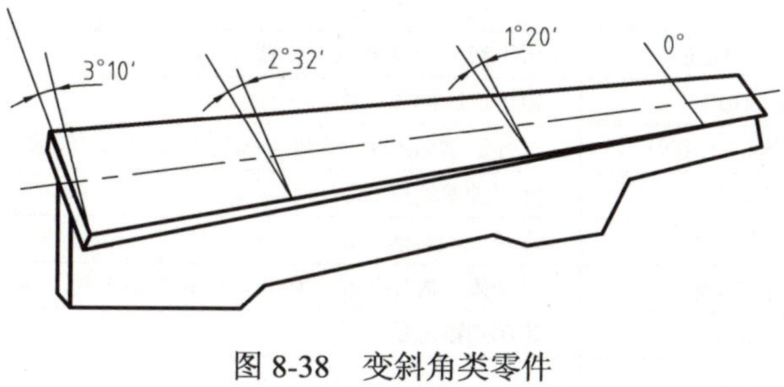

图 8-38　变斜角类零件

(4) 孔及螺纹

采用定尺寸刀具进行钻、扩、铰、镗及攻丝等，一般数控铣床都有镗、钻、铰功能。

8.4.2 操作数控铣床

1. 数控铣床安全操作规程

1) 进入实训中心必须穿戴好工作服和合适工作鞋(不能穿拖鞋或高跟鞋)，长发要压入帽内，严禁戴手套操作。

2) 工作场地严禁打闹，上机床操作前严禁饮酒，如发现反常现象或身体不适(如头晕等)不能进行机床操作。

3) 数控机床开关机顺序按照机床说明书的规定操作，开机后必须完成返回机床参考点操作。

4) 机床运转时，头部不要离工件太近，手和身体不能靠近正在旋转的工件。

5) 程序自动运行前一定要关好防护门，程序运行期间严禁打开防护罩。

6) 机床运转时，不能进行测量，不能用手接触工件。

7) 手动对刀时应该选择合适进给速度，使用手脉时，动作要均匀，同时注意掌握好进刀与退刀方向，切勿搞错。手动换刀时刀架距工件要有足够的转位距离。

8）操作人员必须按照机床各项操作的加工参数编制加工程序，加工程序必须严格检查后方可运行。

9）加工过程中如发现异常情况可按“急停”按钮，以保证人身和设备的安全。

10）机床发生事故后操作者要保留现场，并经老师处理后方可继续加工。

11）不得随意修改数控系统内部制造厂家参数。

12）工作完后，应切断电源，清扫切屑，擦净机床，在导轨面上，加注润滑油，各部件应调整到正常位置，打扫现场卫生，填写设备使用记录。

2. 操作面板及其功能应用

数控铣床的操作面板由机床控制面板和数控系统操作面板两部分组成。

（1）机床操作面板

机床控制面板上的各种功能键可执行简单的操作，直接控制机床的动作及加工过程，一般有急停、模式选择、轴向选择、切削进给速度调整、主轴转速调整、主轴的起停、程序调试功能及其他 M、S、T 功能等。其详细说明可参见表 8-7 所示。

表 8-7　机床控制面板功能说明

按键名称	内容	功能
模式选择	编辑（EDIT）	程序的编辑、修改、插入及删除，各种搜索功能
	自动（AUTO）	执行程序的自动加工
	手动（JOG）	用于机床的手动操作
	手轮（HANDLE）	用于对刀及调整机床位置
	回零（REF）	用于机床回零操作
	手动数据输入（MDI）	执行手动输入操作和参数设定及其他设定功能
机床程序控制开关/按钮	进给倍率开关	修调进给速度（%）
	主轴转速倍率开关	修调主轴转速（%）
	主轴起停按钮	手动操作时用正转、停止、逆转启动主轴，在自动执行时，按钮无效
	冷却开关	控制切削液的开停
	数控启动/停止按钮	在自动模式下，启动/停止数控程序
	复位按钮（REST）	使机床复位
	紧急停止按钮	当机床运行出现不正常现象时使机床紧急停止
	换刀按钮	用于手动换刀
	选择停止开关	确定 M01 是否起作用

（2）数控系统操作面板

数控系统操作面板由显示屏和 MDI 键盘两部分组成，其中显示屏主要用来显示相关坐标位置、程序、图形、参数、诊断、报警等信息，而 MDI 键盘包括字母键、数值键以及功能按键等，可以进行程序、参数、机床指令的输入及系统功能的选择。面板功能键详细介绍可参见数控车床操作项目相关内容。

3. 开机及机床复位操作

（1）机床开机操作

开机操作步骤：电源总闸→开机床电源→系统电源→开伺服电源→旋开急停旋钮。

开机的步骤如下：

1）按数控机床操作规程进行必要的检查；

2）观察气压表，等气压到达规定的值后打开后面的机床开关；

3）按下“控制系统电源”按钮，系统将进入自检；

4）顺时针旋转紧急停止按钮，自动弹起使其处于释放状态；

5）按下机床准备按钮。注意操作者应注意数控机床有故障时，必须排除故障后才能继续操作。

（2）机床原点复位

机床只有在回原点之后，自动方式和MDI方式才有效，未回参考点之前只能手动操作。一般在以下情况需要进行回原点操作，以建立正确的机床坐标系。

1）开机后；

2）机床断电后再次接通数控系统电源；

3）超过行程报警解除以后；

4）紧急停止按钮按下后。

回原点操作过程如下：

1）选择手动回零模式；

2）调整进给速度倍率开关于较低速度位置；

3）先按下坐标轴的正方向键“+Z”，坐标轴向原点运动，当到达参考点后运动自然停止，屏幕显示原点符号，此时坐标显示中 Z 机械坐标为零；

4）依次完成 X 或 Y 轴回零，最后是回转坐标回零，即按“+Z”、“+X”、“+Y”、“+A”的顺序操作。

4. 数控铣床手动控制操作

（1）主轴控制

1）点动

在手动模式下，按下主轴点动键，则可使主轴正转点动。

2）连续运转

在手动模式下，按下主轴正、反转键，主轴按设定的速度旋转，按停止键主轴则停止，也可以按复位键停止主轴。

在自动或MDI方式下编入M03、M04和M05可实现如上的连续控制，如M03 S500。

（2）坐标轴的运动控制

1）微调操作

① 首先进入微调操作模式，再选择移动量和要移动的坐标轴。

② 然后按正确的方向摇动手轮。

③ 根据坐标显示确定是否达到目标位置。

2）连续进给

选择手动模式，则按下任意坐标轴运动键即可实现该轴的连续进给（进给速度可以设定），释放该键，运动停止。

3）快速移动

同时按下坐标轴和快速移动键，则可实现该轴的快速移动，运动速度为G00。

（3）常见故障及处理

在手动控制机床移动（或自动加工）时，若机床移动部件超出其运动的极限位置（软件行程限位或机械限位），则系统出现超程报警，蜂鸣器尖叫或报警灯亮，机床锁住。

处理方法一般为：先观察是哪个坐标轴超程，然后按下超程解除按钮（或机床准备按钮）的同时把超程轴往超程的相反方向移动至安全行程内然后报警解除。

5. 安装工件

在数控铣床上常用的夹具类型有通用夹具、组合夹具、专用夹具、成组夹具等，在选择时要综合考虑各种因素，选择最经济、合理的夹具。

在工件装夹时需注意以下问题：

1）安装工件时，应保证工件在本次定位装夹中所有需要完成的待加工面充分暴露在外，以方便加工，同时考虑机床主轴与工作台面之间的最小距离和刀具的装夹长度，确保在主轴的行程范围内能使工件的加工内容全部完成；

2）夹具在机床工作台上的安装位置必须给刀具运动轨迹留有空间，不能和各工步刀具轨迹发生干涉；

3）装夹点数量及位置不能影响刚性。

6. 刀具安装

使用刀具时，首先应确定数控铣床要求配备的刀柄及拉钉的标准和尺寸（这一点很重要，一般规格不同无法安装），根据加工工艺选择刀柄、拉钉和刀具，并将它们装配好，然后装夹在数控铣床的主轴上。

（1）常用刀具的装夹方法

1）弹簧夹头刀柄的装刀顺序：将刀柄放入卸刀座中并将拉钉头卡紧（见图 8-39）→选择与刀具尺寸相适应的卡簧装配，并清洁卡簧与刀具配合的表面，将卡簧装入锁紧螺母中（见图 8-40）→将卡套装入刀柄，将立铣刀装入卡套孔中（见图 8-41）→用 ER32 扳手顺时针锁紧螺母（见图 8-42）。更换不同的卡套可夹持不同尺寸的立铣刀。

图 8-39　拉钉头卡紧

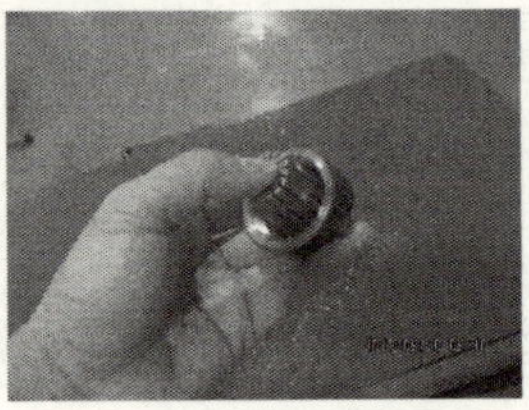

图 8-40　装配卡簧

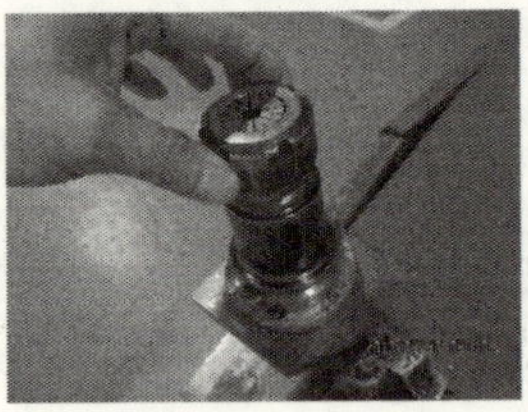

图 8-41　装夹刀具

图 8-42　锁紧刀具

2）五面刃铣刀刀柄的装刀顺序：将刀柄放在卸刀座中清洁（见图 8-43）→键块螺钉（见图 8-44）→安装刀盘与刀具配合的表面（见图 8-45）→将五面刃铣刀装在刀柄上，锁紧刀柄螺钉（见图 8-46）。

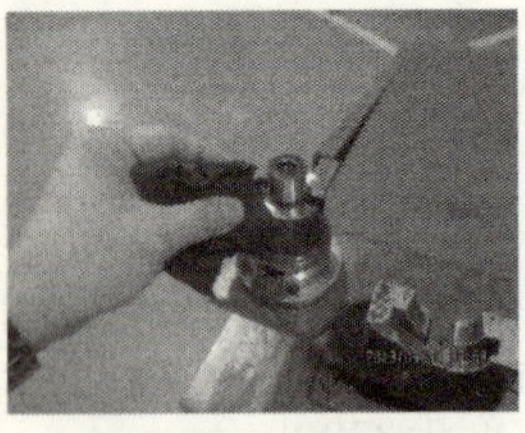

图 8-43　刀柄清洁

图 8-44　键块螺钉

图 8-45　安装刀盘

图 8-46　锁紧刀盘

（2）手动换刀过程

手动在主轴上装卸刀柄的方法如下：

1）确认刀具和刀柄的重量不超过机床规定的许用最大重量；

2）清洁刀柄锥面和主轴锥孔；

3)左手握住刀柄，将刀柄的键槽对准主轴端面键垂直伸入到主轴内，不可倾斜；

4)右手按下换刀按钮，压缩空气从主轴内吹出以清洁主轴和刀柄，按住此按钮，直到刀柄锥面与主轴锥孔完全贴合后，松开按钮，刀柄即被自动夹紧，确认夹紧后方可松手；

5)刀柄装上后，用手转动主轴检查刀柄与主轴装配是否牢固；

6)卸刀柄时，先用左手握住刀柄，再用右手按住换刀按钮(否则刀具从主轴内掉下，可能会损坏刀具、工件和夹具等)，取下刀柄。

(3)注意事项

在手动换刀过程中应注意以下问题：

1)应选择有足够刚度的刀具及刀柄，同时在装配刀具时保持合理的悬伸长度，以避免刀具在加工过程中产生变形；

2)卸刀柄时，必须要有足够的动作空间，刀柄不能与工作台上的工件、夹具发生干涉；

3)换刀过程中严禁主轴运转。

7. 对刀操作

零件装夹固定在机床工作台上后，需在工件上建立工件坐标，并找出工件坐标原点的坐标，输入给机床控制系统，这样工件才能与机床建立起运动关系。在建立工件坐标系时，往往只需确定的工件坐标系的原点，其坐标系的方向与机床的 X、Y 轴的方向相同。确定工件坐标系原点的过程通常又称为对刀。对刀的目的是通过刀具或对刀工具确定工件坐标系与机床坐标系之间的空间位置关系，并将对刀数据输入到相应的存储位置。它是数控加工中最重要的操作内容，其准确性将直接影响零件的加工精度。

(1)试切对刀操作步骤

1)主轴正转(按下 MDI 键，再按 PROG 键，输入 M03 S1000；按 INSERT 键，再按(循环启动键)，主轴正转。)

2)控制机床运动，使刀具与毛坯左侧垂直边缘相切。在手轮方式下移动铣刀沿 X 方向靠近工件左边，直到铣刀周刃轻微接触到工件表面，听到刀刃与工件表面的摩擦声(或有铁屑飞出)，保持 X、Y 坐标不变，仅向+Z 方向抬刀。

3)单击键将系统坐标显示页面移到相对坐标系，此时键入 X 归零。移动刀具在工件右侧垂直边缘使刀具与工件右侧面相切。此时记录下机床显示的相对坐标系值 A，计算 $A/2$。

4)单击将机床页面移到工件系 G54(按下 OFSSET 键，进入“工件系”状态下，选择 G54)中输入计算所得的力 $A/2$，单击“测量”软键，完成 X 方向的工件坐标系建立。

5)用同样的方法试切工件前后面找到 Y 轴的坐标，输入 G54 中，完成 Y 方向的工件坐标系建立。

6)对 Z 轴

在手轮方式下移动铣刀沿 Z 方向靠近工件上表面，直到铣刀端刃轻微接触到工件表面，听到刀刃与工件表面的摩擦声。记住此时不要移动主轴的位置，单击键将机床页面移到工件系 G54 中，输入 Z0，单击“测量”软键，完成 Z 方向工件坐标系的建立。

注意：刀具与工件接触一定要使刀具旋转起来，刀具没有旋转是不能接触工件的。

(2)用寻边器对刀

用寻边器(见图 8-47)对刀只能确定 X 轴、Y 轴方向的机床坐标值，而 Z 轴方向只能通过刀具或刀具与 Z 轴设定器(见图 8-48)配合来确定。图 8-49 所示为使用光电寻边器在 1～4 这

四个位置确定 X 轴、Y 轴方向的机床坐标值；Z 方向对刀用刀具确定 Z 轴方向的机床坐标值。图 8-50 所示为使用偏心式寻边器在 1～4 这四个位置确定 X 轴、Y 轴方向的机床坐标值；Z 方向对刀用刀具确定 Z 轴方向的机床坐标值。

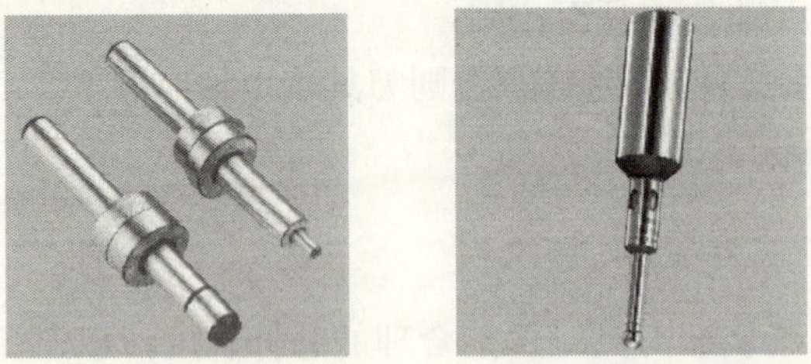

(a) 偏心式寻边器　　(b) 光电式寻边器

图 8-47　寻边器

图 8-48　Z 轴设定器

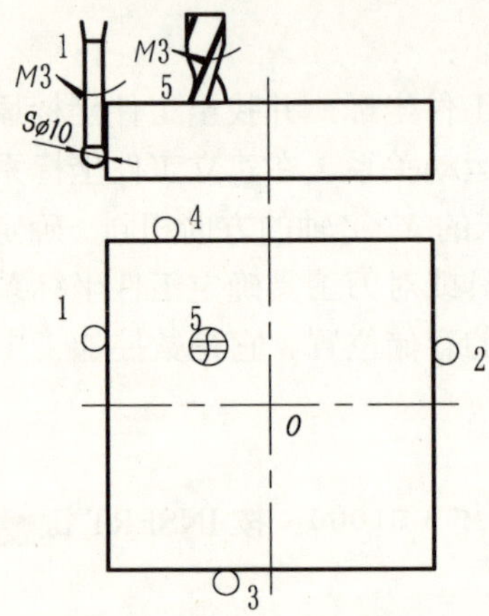

图 8-49　光电式寻边器对刀

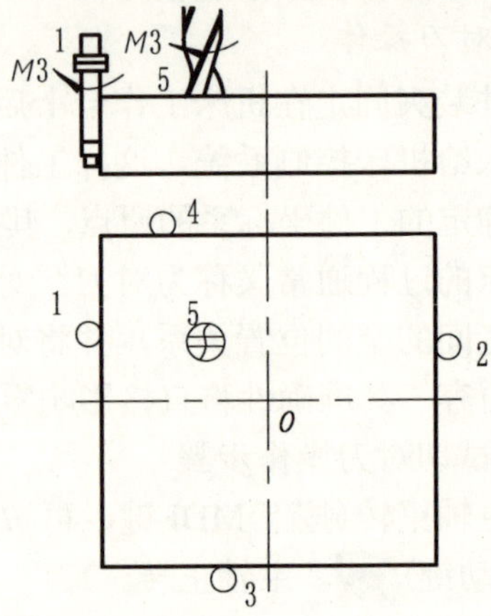

图 8-50　偏心式寻边器对刀

使用光电式寻边器时(主轴做 50～100r/min 的转动)，当寻边器 $S\phi$ 10 球头与工件侧面的距离较小时，手摇脉冲发生器的倍率旋钮应选择“×10”或“×1”，且一个脉冲、一个脉冲地移动；到出现发光或蜂鸣时应停止移动(此时光电寻边器与工件正好接触，记录下当前位置的机床坐标值或相对坐标归零。在退出时应注意其移动方向，如果移动方向发生错误会损坏寻边器，导致寻边器歪斜而无法继续准确使用。一般可以先沿“+Z”移动退离工件，然后再作 X 轴、Y 轴方向移动。使用光电式寻边器对刀时，在装夹过程中就必须把工件的各个面擦干净，不能影响其导电性。

使用偏心式寻边器的对刀过程，如图 8-51 所示。图 8-51(a)所示为偏心式寻边器装入主轴没有旋转时；图 8-51(b)所示为主轴旋转时(转速为 200～300r/min，转速不能超过 500r/min，否则会在离心力的作用下把偏心式寻边器中的拉簧拉坏而引起偏心式寻边器损坏)寻边器的下半部分在内部拉簧的带动下一起旋转，在没有到达准确位置时出现虚像；图 8-51(c)所示为移动到准确位置后上下重合，此时应记录下当前位置的机床坐标值或相对坐标清零；图 8-51(d)所示为移动过量后的情况，下半部分没有出现虚像。初学者最好使用偏心式寻边器对刀，因为移动方向发生错误不会损坏寻边器。另外在观察偏心式寻边器的影像时，不能只在一个方向观察，应在互相垂直的两个方向进行。

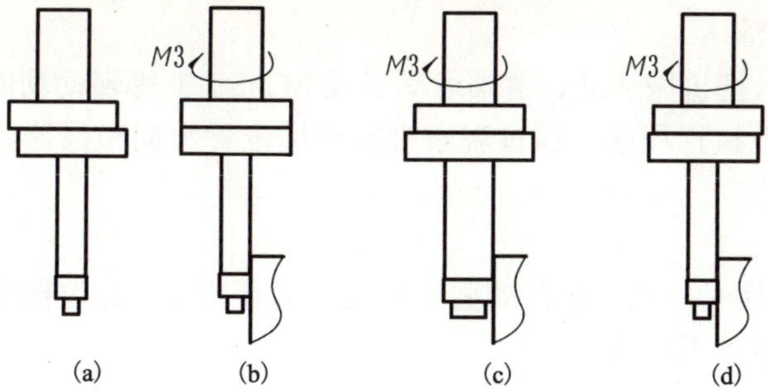

图 8-51　偏心式寻边器对刀过程

对于 Z 轴的对刀，一般采用试切对刀、对刀块、Z 向设定器来进行刀具 Z 向对刀。

(3)采用对刀块的操作方法

1)进入手动模式，把屏幕切换到机械坐标显示状态。

2)在工件上放置某一已知尺寸的对刀块，然后使用对刀块去与刀具端面或刀尖进行试塞。通过主轴 Z 向的反复调整，使得对刀块与刀具端面或刀尖接触，即 Z 方向程序原点找正完毕。在主轴 Z 向移动时，应避免对刀块在刀具的正下方，以免刀具与对刀块发生碰撞；

3)记录机械坐标系中的 Z 坐标值，把该值经过计算处理(考虑对刀块的尺寸)后，输入相应的工作偏置中的 Z 坐标，如 G54 中的 Z 坐标值。

(4)采用 Z 向设定器对刀的操作方法

与采用对刀块对刀的方法和数据处理的方法基本相同。不同的是，在对刀的过程中，不需要进行 Z 向设定器的试塞，如图 8-52 所示，而是刀具端面或刀尖慢慢靠近设定器，并压下一定的距离(该距离可以通过百分比或千分表直接读出)。

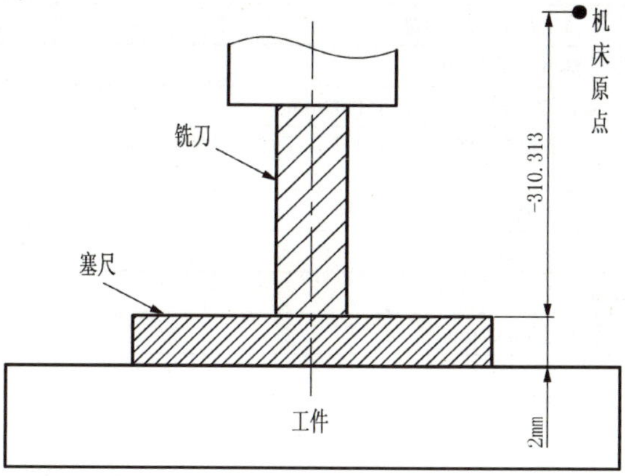

图 8-52　Z 向对刀

对刀是数控加工中的一个重要环节，对于要求精度高的零件，对刀的精确程度关系到零件是否能加工合格。对于初学者，必须加强对刀操作练习，熟练掌握常用对刀方法。

8. 程序输入与调试

(1)程序的输入

程序的输入有多种形式，可通过手动数据输入方式(MDI)或通信接口将加工程序输入机床。

(2)程序的调试

程序的调试是在数控铣床上运行该程序，根据机床的实际运动位置、动作以及机床的报警等来检查程序是否正确。

(3) 机床的程序预演

程序输入完以后，把机械运动、主轴运动以及 M、S、T 等辅助功能锁定，在自动循环模式下让数控铣床静态地执行程序，通过观察机床坐标位置数据和报警显示判断程序是否有语法、格式或数据错误。

(4) 抬刀运行程序

向+Z方向平移工件坐标系，在自动循环模式下运行程序，通过图形显示的刀具运动轨迹和坐标数据等判断程序是否正确。

9. 程序运行加工

常见的程序运行方式有全自动循环、机床空运转循环、单段执行循环、跳段执行循环等。确定程序及加工参数正确无误后，选择自动加工模式，按下数控启动键运行程序，对工件进行自动加工。

在程序运行时应注意以下问题：

1) 程序运行前要做好加工准备，遵守安全操作规程，严格执行工艺规程；

2) 正确调用及执行加工程序；

3) 在程序运行过程中，适当调整主轴转速和进给速度，并注意监控加工状态，随时注意中断加工。

【任务实施】

根据以下操作步骤，完成零件的加工，对本项目零件加工过程进行评分，评分标准见表 8-8。

表 8-8 零件加工评分标准

序号	评价项目	评价标准	分数
1	面铣刀装配	刀体与刀柄组装是否正确	5
2	百分表安装	百分表与磁力表座固定在机床上的位置	5
3	平口虎钳找正	虎钳钳口平行度误差不大于 0.03mm	10
4	虎钳导轨平行度	长度不小于 100mm，平行度误差不大于 0.03mm	10
5	工件装夹	选择垫铁，工件加工表面超出钳口高度适中，工件装夹基准面是否与垫铁和钳口贴实无间隙	5
6	对刀，建立工件坐标系	工件坐标系与图纸相对应	5
7	切削参数选择	合理选择主轴转速、进给速度	10
8	工件测量	误差满足图纸要求	10
9	加工表面粗糙度	加工表面粗糙度不超过 $Ra3.2\mu m$	10
10	平面度误差	不超出图纸要求	10
11	平行度误差	不超出图纸要求	10
12	安全操作	着装标准，操作符合安全规范	5
13	结束工作	规范清理、复位机床、归放刀具、夹具和量具	5
合计			100

① 开机，各坐标轴回机床参考点；

② 工件的定位、装夹和找正；

③ 安装刀具；

④ 对刀，建立工件坐标系；

⑤ 程序输入，并进行调试；

⑥ 自动加工；

⑦ 工件检测；

⑧ 清理工作现场。

程序执行完毕后，返回到设定高度，机床自动停止，松开夹具，卸下工件，用相应测量工具进行检测，检查是否达到加工要求。

数控铣削加工零件的检测，一般常规尺寸仍可使用普通的量具进行测量，如游标卡尺、内径百分表等，也可以采用投影仪测量；而高精度尺寸、空间位置尺寸、复杂轮廓和曲面的检验则只有采用三坐标测量机才能完成。

这里就数控铣削加工中常用到的量具作一简单介绍。

1. 游标卡尺

游标卡尺最常用的通用量具，可用于测量工件内外尺寸、宽度、厚度、深度和孔距等。

2. 外径千分尺

外径千分尺是利用螺旋副测微原理制成的量具，主要用于各种外尺寸和形位偏差的测量。

3. 内径千分尺

内径千分尺主要用于测量内径，也可用于测量槽宽和两个内端面之间的距离。

4. 内径百分表

内径百分表是采用微差法测量内尺寸的量具，常用于深孔或高精度孔的测量。

5. 万能游标角度尺

角度尺主要用于各种平面角的测量，精度较低。

6. 高度游标卡尺

高度尺主要用于测量工件的高度尺寸、相对位置和精密划线。

7. 深度千分尺

深度千分尺主要用于测量工件的孔、盲孔或阶梯孔的深度，键槽的深度，台阶高度或工件中两平面间的距离。

8. 表面粗糙度工艺样板

表面粗糙度工艺样板是以其工作面粗糙度为标准，将被测工件表面与之比较，从而判断工件加工表面的粗糙度等级。

8.5 项 目 训 练

根据所学知识，编制图 8-53 所示零件数控加工工艺、程序，模拟仿真后上机加工。

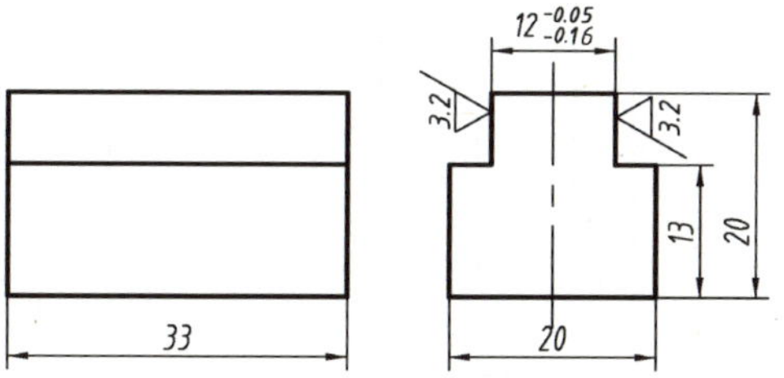

图 8-53　十字凸台零件图

项目九　模具卸料板数控铣削加工

【项目能力目标】

1) 掌握圆弧及圆的编程方法；

2) 掌握刀具补偿功能指令的运用；

3) 学会螺纹铣削的编程方法；

4) 掌握内轮廓加工程序的编制及数控指令的结构与格式；

5) 卸料板的数控铣削加工；

6) 数控加工质量评价和分析。

【加工任务】

任务描述：模具卸料板零件图，如图 9-1 所示，毛坯为 130mm×130mm×15mm，材料为 T10A，设计模具卸料板数控铣削加工工艺，编制卸料板内轮廓铣削加工程序，并完成模具卸料板内轮廓数控铣削加工。

说明：本项目只要求加工模具卸料板内轮廓面。

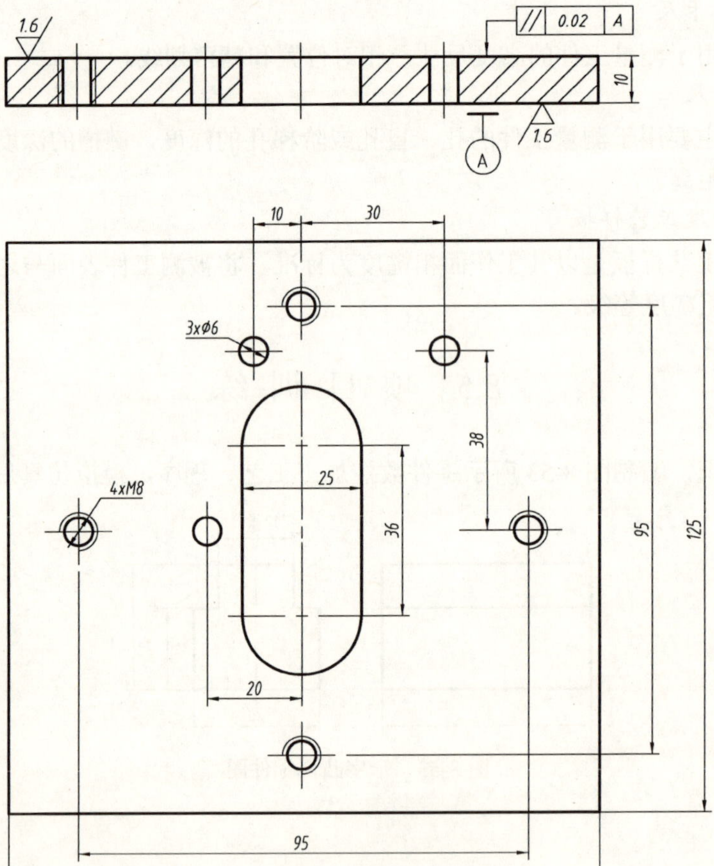

图 9-1　卸料板零件图

9.1　工 艺 分 析

图 9-1 所示零件为冲压模具中的卸料板，毛坯为 130mm×130mm×15mm，材料为 T10A，属于单件生产，该零件包含了平面、外形轮廓、内轮廓和孔的加工，其中上、下表面、销孔的加工在本项目学习中暂不作要求，组成内轮廓的各几何要素关系清楚，条件充分，所需要基点坐标容易计算。

9.2　工 艺 制 定

卸料板的主要加工表面是螺纹孔、销孔、内轮廓、外轮廓面及上下平面。如何保证这些表面的加工精度和表面粗糙度，孔系之间及孔与装配基准面之间的距离尺寸精度和相互位置精度，是卸料板加工的主要工艺问题。

9.2.1　模具卸料板内轮廓表面加工方法的确定

参照手册等有关资料，确定各表面加工方法。

1）上、下表面公差等级按 IT7，表面粗糙度为 *Ra*1.6μm，采用端铣（对称铣削方式），铣削方法采用大平面铣削，需要进行粗铣及精铣（参照项目一平面铣削方法）；

2）卸料板外轮廓采用立铣刀侧刃切削方法（参照项目一外轮廓铣削方法）；

3）内轮廓采用分层铣削的方式进行粗铣、精铣；

4）3×ϕ6mm 的小孔：采用钻孔、铰孔的加工方法；

5）螺纹孔采用先钻后手动攻丝的加工方法。

9.2.2　模具卸料板内轮廓加工刀具的选择

根据刀具的选择原则，选择各平面加工用刀具，制定出模具卸料板内轮廓铣削加工刀具卡片，如表 9-1 所示。

表 9-1　模具卸料板内轮廓铣削加工刀具卡片

<table>
<tr><td colspan="3">产品名称或代号</td><td colspan="3"></td><td colspan="2">零件名称</td><td colspan="2">卸料板</td><td>零件图号</td><td></td></tr>
<tr><td>序号</td><td>刀具号</td><td colspan="4">刀具规格名称</td><td>数量</td><td colspan="4">加工表面</td><td>备注</td></tr>
<tr><td>1</td><td>T01</td><td colspan="4">ϕ10mm 的麻花钻</td><td>1</td><td colspan="4">内轮廓中心下刀孔</td><td></td></tr>
<tr><td>2</td><td>T02</td><td colspan="4">ϕ10mm 通用硬质合金立铣刀</td><td>1</td><td colspan="4">内轮廓</td><td></td></tr>
<tr><td colspan="2">编制</td><td colspan="2">×××</td><td>审核</td><td colspan="2">×××</td><td colspan="2">批准</td><td></td><td>共　页</td><td>第　页</td></tr>
</table>

9.2.3　模具卸料板定位基准的选择及装夹方案的确定

1. 根据粗、精基准选择原则确定零件加工粗、精基准

粗基准：以上平面为主要的定位粗基准，以外表面为辅助粗基准铣削加工夹持面。

精基准：考虑要保证零件的加工精度和装夹准确方便，依据“基准重合”原则和“基准统一”原则，以已经加工后的夹持面为定位精基准。

2. 选择机床夹具

根据零件的几何形状、尺寸精度及位置精度等技术要求，以及加工方法所能达到的经济

精度，在生产纲领已确定为单件生产情况下，选择数控铣床(型号 V600)，装夹方式采用平口虎钳装夹。

9.2.4 模具卸料板加工顺序及走刀路线的确定

【知识链接】

1. 内轮廓铣削工艺

铣削内轮廓侧面时，一般较难从轮廓曲线的切线方向切入、切出，这样应在区域相对较大的地方，用切弧切向切入和切向切出(如图 9-2 所示中 *A—B—C—B—D*)的方法进行。

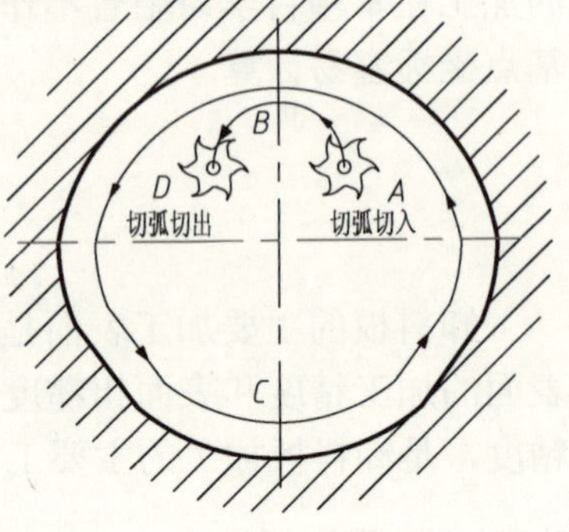

图 9-2　内轮廓切弧切入切出

2. 凹槽切削方法选择

加工凹槽切削方法有三种，即行切法(见图 9-3(a))、环切法(见图 9-3(b))和先行切最后环切法(见图 9-3(c))。三种方案中，(a)图方案加工效率最高，缺点是内轮廓表面加工精度不高，加工表面质量较差；(b)图方案加工效率较低，但加工表面质量较好；(c)图方案综合(a)、(b)方案的优点，提高了内轮廓表面的加工效率，同时获得较好的表面质量。

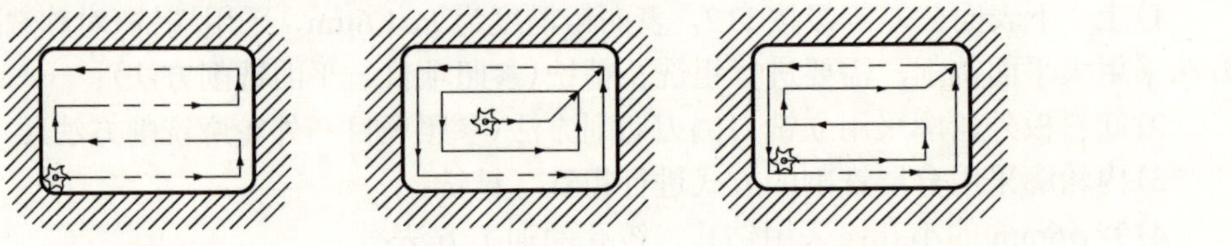

(a) 行切　　(b) 环切　　(c) 行切+环切

图 9-3　凹槽切削方法

在轮廓加工过程中，工件、刀具、夹具、机床系统等处在弹性变形平衡的状态下，在进给停顿时，切削力减小，会改变系统的平衡状态，刀具会在进给停顿处的零件表面留下刀痕，因此在轮廓加工中应避免进给停顿，精加工最好一次连续完成，以获得较高的表面质量。

【任务实施】

1. 确定模具卸料板加工顺序

根据模具卸料板加工的工艺特点，安排加工顺序时要遵循“基面先行”、“先粗后精”、“先主后次”及“先面后孔”的一般工艺原则。同时考虑：

1)每道工序尽量减少刀具的空行程移动量，按最短路线安排加工表面的加工顺序；

2)上道工序的加工不能影响下道工序的定位与夹紧，中间穿插有通用机床加工工序的也应综合考虑；

3)先进行内腔加工，后进行外形加工；

4)以相同定位、夹紧方式加工或用同一把刀具加工的工序，最好连续加工，以减少重复定位次数、换刀次数与挪动压板次数；

确定卸料板加工顺序：铣削夹持面—粗铣上平面—粗铣外轮廓—精铣上平面—精铣外轮廓—粗、精铣内轮廓—钻中心孔—钻、铰销孔—钻螺纹孔—粗、精铣下平面—钳工—手动攻丝的加工顺序。

2. 确定各加工面的走刀路线

工件的上下平面、外轮廓、孔加工走刀路线参照项目一由同学自己完成。内轮廓走刀路线按内轮廓铣削工艺确定。内轮廓加工按分层铣削的方式，Z 向每次下刀 2mm，内轮廓走刀路线采用圆弧切向切入、切出方式，如图 9-4 所示。

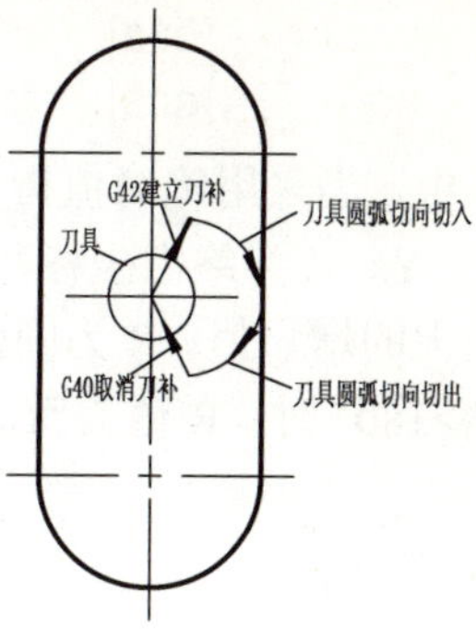

图 9-4 内轮廓走刀路线

9.2.5 切削用量的确定及填写工艺文件

根据切削用量的选择原则，制定模具卸料板内轮廓数控加工工序卡片见表 9-2。

表 9-2 卸料板数控加工工序卡

×××		数控加工工序卡片		产品型号	×××		零件图号	×××	
				产品名称	×××		零件名称	模具卸料板	
材料牌号	T10A	毛坯种类		毛坯外形尺寸	130mm×130mm×15mm		备注		
工序号	工序名称	设备名称	设备型号	程序编号	夹具代号	夹具名称	冷却液	车间	
05	粗、精铣内轮廓	数控铣床	V600	×××	×××	平口虎钳	乳化液	×××	
工步号	工步内容	刀具号	刀具	量具及检具	主轴转速/(r/min)	切削速度/(m/min)	进给速度/(mm/min)	背吃刀量/mm	备注
1	钻下刀孔	T06	ϕ10mm 的麻花钻		450		25		
2	采用分层铣削方式粗铣内轮廓，留 0.5mm 单边精加工余量	T02	ϕ10mm 通用硬质合金立铣刀		800		120		
3	精铣内轮廓	T02	ϕ10mm 通用硬质合金立铣刀		1000		100		
4	检验								
编制	×××	审核	×××	批准	×××		共 3 页	第 2 页	

9.3 程序编制

【知识链接】

1. 圆弧插补指令——G02、G03

G02 和 G03 是按指定的进给速度进行圆弧插补运动。其中 G02 是顺时针圆弧插补指令，G03 是逆时针圆弧插补指令，如图 9-5 所示。

编程格式：

$$G17\begin{Bmatrix}G02\\G03\end{Bmatrix}X\_\_Y\_\_\begin{Bmatrix}R\_\_\\I\_\_J\_\_\end{Bmatrix}F\_\_;$$

$$G18\begin{Bmatrix}G02\\G03\end{Bmatrix}X\_\_Z\_\_\begin{Bmatrix}R\_\_\\I\_\_K\_\_\end{Bmatrix}F\_\_;$$

$$G19\begin{Bmatrix}G02\\G03\end{Bmatrix}Y\_\_Z\_\_\begin{Bmatrix}R\_\_\\J\_\_K\_\_\end{Bmatrix}F\_\_;$$

式中，当采用绝对值指令编程时，X、Y、Z 为编程圆弧终点的坐标。当采用增量指令编程时，X、Y、Z 为终点坐标和起点坐标的增量值。I、J、K 是圆心坐标到起点坐标的在 *X*、*Y*、*Z* 方向上的增量值。R 为圆弧半径。当圆弧所夹的圆心角≤180° 时，R 值为正；当圆弧所夹的圆心角>180° 时，R 值为负。

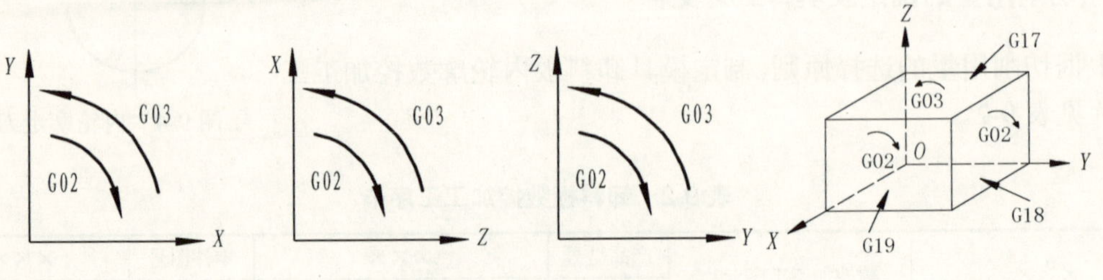

图 9-5　G02、G03 示意图

特别注意：

1) 整圆编程不能用 R 方式，只能用 I、J、K 方式。

2) 用 R 方式编程时，如果漏编 R，将被视为直线运动。

3) 顺时针和逆时针圆弧的方向判别：从垂直于圆弧所在面的坐标轴 *X* 正向往负向看，在其他两个坐标轴组成的平面内的顺、逆方向。

应用举例：

如图 9-6 所示的 *R*50mm 和 *R*60mm 圆弧，其程序编制如下：

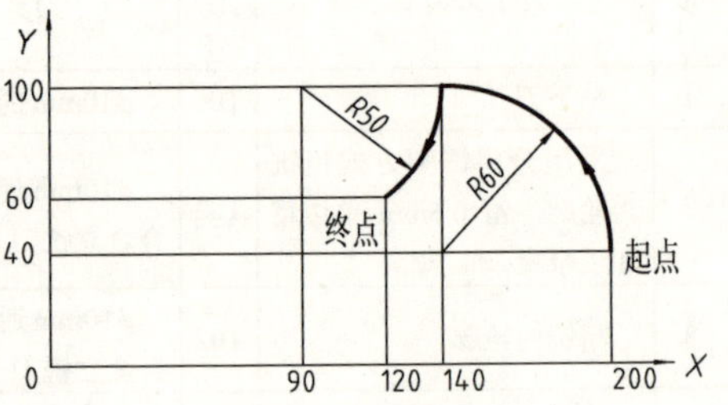

图 9-6　圆弧编程

```
      G54 G01 X200 Y40 Z0F100;
      G90 G03 X140 Y100 R60 F300;          绝对指令编程
      G02 X120 Y60 R50;
或    G92 X200 Y40 Z0;
      G90 G03 X140 Y100 I-60 F300;
      G02 X120 Y60 I-50;

      G91 G03 X-60 Y60 R60 F300;           增量指令编程
      G02 X-20 Y-40 R50;
或    G91 G03 X-60 Y60 I-60 F300;
      G02 X-20 Y-40 I-50;
```

2. 暂停指令——G04

暂停指令 G04 是指刀具暂时停止进给，直到经过指令的暂停时间，再继续执行下一程序段。地址 X 或 P 指令暂停时间。其中 X 后可以是带小数点的数，单位为 s，如暂停 1 s 可以写为 G04 X1.0。地址 P 不允许用小数点输入，只能用整数，单位是 ms，如暂停 1s 可以写为 G04 P1000。此功能常用到切槽或钻底孔时的光刀。

3．米制和英制输入指令——G20 和 G21

G20 和 G21 分别指令程序中输入数据为米制和英制。G20 和 G21 是两个互相取代的 G 代码。一般针对中国使用的机床出厂时，将米制输入 G21 设定为参数缺省状态。用米制输入数据时，可不再指定 G21。但用英制输入程序时，在程序开始设定工件坐标系之前，必须指定 G20。一个程序中也可以英制和米制混合使用。

4．返回参考点指令 G27、G28、G29

(1)返回参考点校验指令——G27

G27 指令是指刀具以系统所设定的速度快速进给，并在指令规定的位置(坐标值为 *X*、*Y*、*Z*)上定位。若所达到的位置是机床零点，则返回参考点的各轴指示灯亮。若指示灯不亮，则说明程序中所给的指令有错或机床定位误差过大。

编程格式：

```
G27  X_Y_Z_;
```

特别注意：

执行 G27 指令的前提是通电后必须返回一次参考点(手动或 G28 指令)。使用 G27 时，必须取消刀具半径和长度补偿，否则会发生不正确的动作，由于返回参考点不是每个加工周期都需要执行，所以可作为选择程序段。G27 程序段执行后，如不希望继续执行下一程序段(使机械系统停止)时，则必须在该程序段后增加 M00 或 M01，或者在单个程序段中运行 M00 或 M01。

(2)自动返回参考点指令——G28

执行 G28 指令时，使各坐标轴快速移动，并经过指定的(坐标为 *X*、*Y*、*Z*)中间点返回到参考点定位。

编程格式：

```
G28  X_Y_Z_;
```

特别注意：

执行 G28 时，必须取消刀具半径补偿，而不必先取消长度补偿，因为 G28 指令包含刀具长度补偿取消、主轴停止、切削液关闭灯功能。故 G28 一般用于自动换刀。

(3)从参考点返回指令——G29

G29 指令是指各坐标轴通过 G28 指令回参考点后，再快速移动到 G28 指令所指定的中间点，然后再移动到 G29 指令所指定的位置定位。如 G29 指令前未指令中间点，则执行 G29 指令时，被指令的各轴经程序零点移动到 G29 指令的返回点。

编程格式：

```
G29  X_Y_Z_;
```

应用举例：

如图 9-7 所示，其程序如下。

绝对值编程时：

```
G90 G28 X130 Y70;    (当前点 A–B–R)
G29 X180 Y30;        (参考点 R–B–C)
```

增量值编程时：

```
G91 G28 X100 Y20;
G29 X50 Y-40;
```

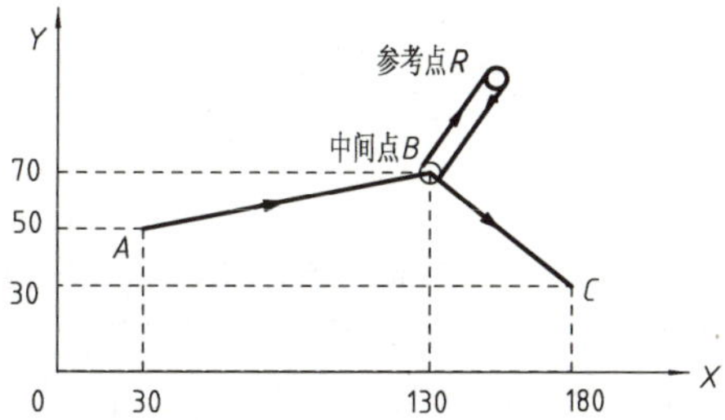

图 9-7　自动返回参考点

如程序中无 G28 指令时，

```
G90 G29 X180 Y30;    (A—O—C)
```

通常 G28 和 G29 指令配合使用，使机床换刀后直接返回到加工点 *C*，而不必计算中间点 *B* 与参考点 *R* 之间的实际距离。

5. *刀具半径补偿功能*——G40、G41、G42

(1) 刀具半径补偿的目的

在铣床上进行轮廓加工时，因为铣刀具有一定的半径，所以刀具中心(刀心)轨迹和工件轮廓不重合。若数控装置不具备刀具半径自动补偿功能，则只能按刀心轨迹进行编程，其数值计算有时相当复杂，尤其当刀具磨损、重磨、换新刀等导致刀具直径变化时，必须重新计算刀心轨迹，修改程序，这样既烦琐，又不易保证加工精度。当数控系统具备刀具半径补偿功能时，编程只需按工件轮廓线进行(图 9-8 中粗实线)，数控系统会自动计算刀心轨迹坐标，使刀具偏离工件轮廓一个半径值，即进行半径补偿。

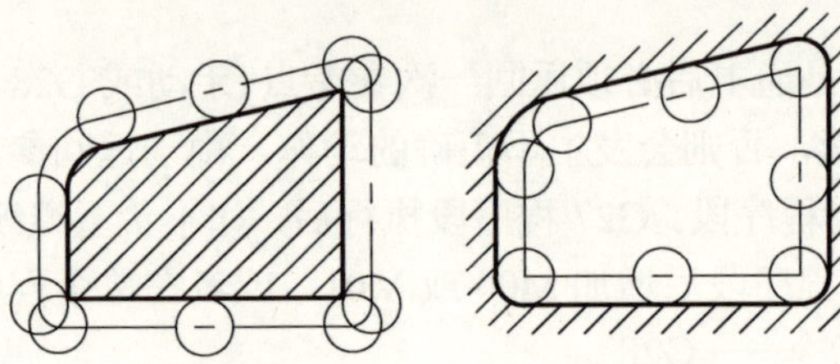

(a) 外轮廓　　(b) 内轮廓

图 9-8　刀具半径补偿

(2) 刀具半径补偿的方法

数控刀具半径补偿就是将计算刀具中心轨迹运算过程交由数控系统执行，编程时假设刀具的半径为零，直接根据零件的轮廓形状进行编程，而实际的刀具半径则存放在一个可编程刀具半径偏置寄存器中，在加工过程中，数控系统根据零件程序和刀具半径自动计算出刀具中心轨迹，完成对零件的加工。当刀具半径发生变化时，不需要修改零件程序，只需修改存放在刀具半径偏置寄存器中的半径值或选用另一个刀具半径偏置寄存器中的刀具半径所对应的刀具即可。

G41 指令为刀具半径左补偿(左刀补)，G42 指令为刀具半径右补偿(右刀补)，G40 指令为取消刀具半径补偿。这是一组模态指令，缺省为 G40。

使用格式：

$$\left.\begin{matrix}\mathrm{G17}\\\mathrm{G18}\\\mathrm{G19}\end{matrix}\right\}\left\{\begin{matrix}\mathrm{G41}\\\mathrm{G42}\\\mathrm{G40}\end{matrix}\right\}\mathrm{G01/G00}\left\{\begin{matrix}\mathrm{X\_Y\_;}\\\mathrm{X\_Z\_;}\\\mathrm{Y\_Z\_;}\end{matrix}\right.$$

说明：

1) 刀具半径补偿 G41、G42 判别方法，如图 9-9 所示，规定沿着刀具运动方向看，刀具位于工件轮廓(编程轨迹)左边，则为左刀补(G41)，反之，为刀具的右刀补(G42)。

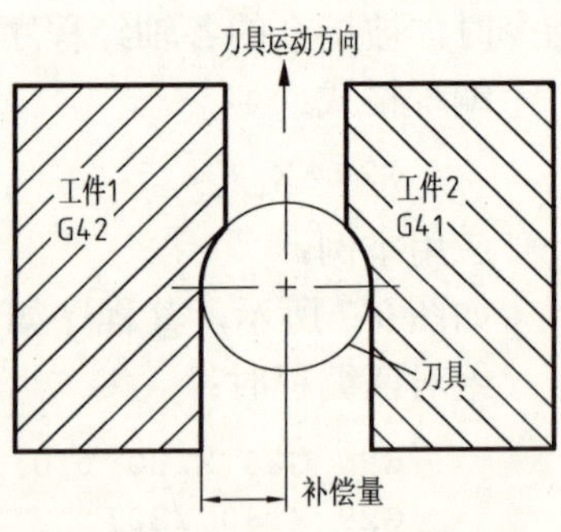

图 9-9　刀具半径补偿判别方法

2) 使用刀具半径补偿时必须选择工作平面(G17、G18、G19)，如选用工作平面 G17 指令，当执行 G17 指令后，刀具半径补偿仅影响 *X*、*Y* 轴移动，而对 *Z* 轴没有作用。

3）当主轴顺时针旋转时，使用 G41 指令铣削方式为顺铣；反之，使用 G42 指令铣削方式为逆铣。为了提高加工表面质量，在机床精度较高时，经常采用顺铣，即 G41 指令。

4）建立和取消刀补时，必须与 G01 或 G00 指令组合完成，若配合 G02 或 G03 指令使用，机床会报警，在实际编程时建议与 G01 指令组合。建立和取消刀补过程如图 9-10 所示，使刀具从无刀具半径补偿状态 *O* 点，配合 G01 指令运动到补偿开始点 *A*，刀具半径补偿建立。工件轮廓加工完成后，还要有取消刀补的过程，即从刀补结束点 *B*，配合 G01 指令运动到无刀补状态 *O* 点。刀补包括建立、执行、取消三个阶段，建立刀补应该在切入工件以前完成，取消刀补应该在切出工件以后进行。

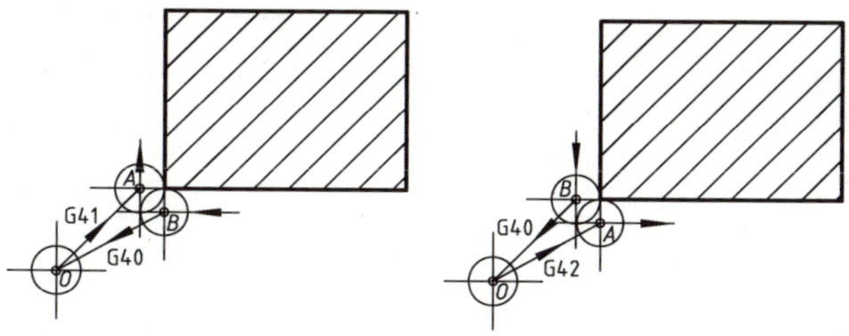

(a)　　(b)

图 9-10　刀具半径补偿的建立和取消过程

(3) 刀具半径补偿过程中的刀心轨迹

1) 外轮廓加工。如图 9-11 所示，刀具左补偿加工外轮廓。编程轨迹为 *A*→*B*→*C*，数控系统自动计算刀心轨迹，两轮廓交接处的刀心轨迹常见的有两种。图 9-11(a) 为延长线过渡，刀心轨迹为 1→2→3→4→5；图 9-11(b) 为圆弧过渡，刀心轨迹为 1→2→3→4。

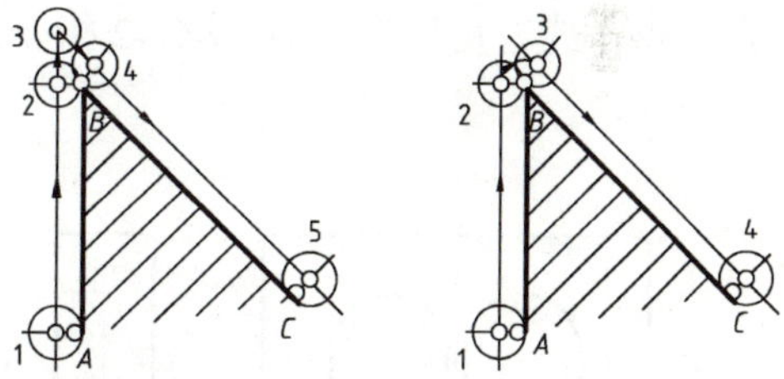

(a) 延长线过渡　　(b) 圆弧过渡

图 9-11　外轮廓加工的刀心轨迹

2) 内轮廓加工。如图 9-12 所示，刀具右补偿加工内轮廓。编程轨迹为 *A*→*B*→*C*，刀心轨迹有两种，图 9-12(a) 按理论刀心轨迹移动 1→2→3→4，会产生过切现象，损坏工件；图 9-12(b) 为计算机进行刀具半径补偿处理后的刀心轨迹，1→2→3，无过切现象。

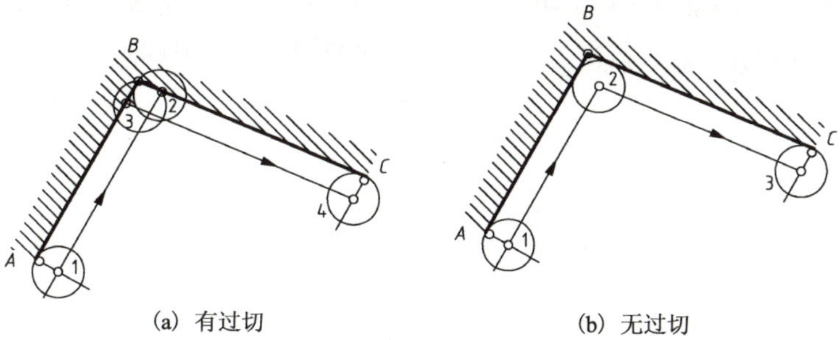

(a) 有过切　　(b) 无过切

图 9-12　内轮廓的刀心轨迹

例 9-1：加工图 9-13 所示外轮廓，用刀具半径补偿指令编程。

外轮廓采用刀具半径左补偿，为了提高表面质量，保证零件曲面的平滑过渡，刀具沿零件轮廓延长线切入与切出。数控程序如下：

```
O0001;
G90G54G00Z100.0S800M03;
X0Y0;
Z5.0;
G01 Z-5.0 F100;
G41 X5.0 Y3.0 F120 D31;
Y25.0;
X10.0 Y35.0;
X15.0;
G03 X25.0 R5.0;
G01 X30.0;
G02 X35.0 Y30.0 R5.0;
G01 Y13.0;
G03 X27.0 Y5.0 R8.0;
G01 X3.0;
G40 X0 Y0;
G00 Z100.0;
M05;
M30;
```

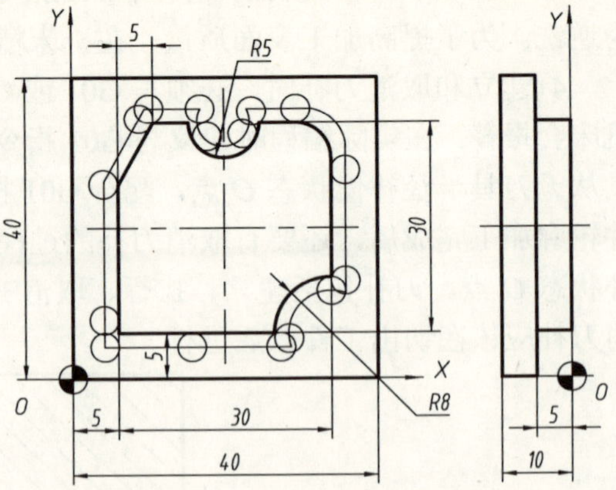

图 9-13　刀具半径补偿加工外轮廓

说明：1)D 代码必须配合 G41 或 G42 指令使用，D 代码应与 G41 或 G42 指令在同一程序段给出，或者可以在 G41 或 G42 指令之前给出，但不得在 G41 或 G42 指令之后。

2)D 代码是刀具半径补偿号，其具体数值在加工或试运行之前已设定在刀具半径补偿存储器中。

3)D 代码是模态代码，具有继承性。

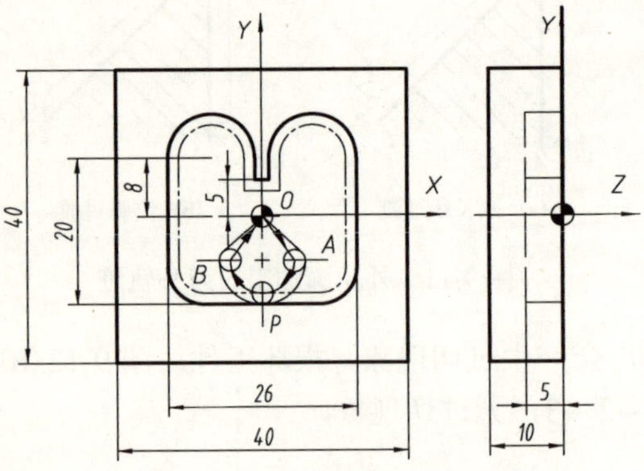

图 9-14　刀具半径补偿加工内轮廓

例 9-2：加工图 9-14 所示零件凹槽的内轮廓，采用刀具半径补偿指令进行编程。

内轮廓加工采用刀具半径右补偿，为了提高表面质量，刀具沿一过渡圆弧切入与切出，保证零件曲面的平滑过渡。$O \to A$ 为刀具半径右补偿建立段，$A \to P$ 为沿圆弧切线切入段，$P \to B$ 为沿圆弧切线切出段，P 点为切入与切出点，$B \to O$ 为刀具半径补偿取消段。数控程序如下：

```
O0002;                          程序名
G90 G54 G00 Z100.0 S800 M03;    调 G54 工件坐标系，主轴正转 800r/min
X0 Y0;                          定位
Z5.0;                           Z 向定位
G01 Z-5.0 F100;                 Z 向进刀
G42 X6.0 Y-6.0 F120 D31;        建立刀具半径补偿
G03 X0 Y-12.0 R6.0;             圆弧切向切入
G01 X-8.0;
G03 X-13.0 Y-8.0 R5.0;
G01 Y8.0;
```

```
G03 X-1.0 R6.0;
G01 Y5.0;
X1.0;
Y8.0;
G03 X13.0 R6.0;
G01 Y-8.0;
G03 X8.0 Y-12.0 R5.0;
G01 X0;
G03 X-6.0 Y-6.0 R6.0;          圆弧切向切出
G01 G40 X0 Y0;                 取消刀具半径补偿
G00 Z100.0;                    提刀
M05;
M30;                           程序结束
```

(4) 刀具半径补偿功能的应用

1) 直接按零件轮廓尺寸进行编程，避免计算刀心轨迹坐标，简化数控程序的编制。

2) 刀具因磨损、重磨、换新刀而引起直径变化后，不必修改程序，只需在刀具半径补偿参数设置中输入变化后的刀具半径。如图 9-15 所示，1 为未磨损刀具半径为 r_1；2 为磨损后刀具半径为 r_2；刀具磨损量为 $\Delta=r_1-r_2$，即刀具实际加工轮廓与理论轮廓相差Δ值。在实际加工中，只需将刀具半径补偿参数设置表中的刀具半径 r_1 改为 $r_2=r_1-\Delta$ 值，即可适用同一加工程序。

3) 利用刀具半径补偿实现同一程序、同一刀具进行粗、精加工及尺寸精度控制。粗加工刀具半径补偿=刀具半径+精加工余量，精加工刀具半径补偿=刀具半径+修正量。如图 9-16 所示，刀具半径 r，精加工余量为Δ；粗加工时，输入刀具半径补偿值为 $D=r+\Delta$，则加工轨迹为中心线轮廓；精加工时，若测得粗加工时工件尺寸为 L，而理论尺寸应为 L_2，故尺寸变化量为 $\Delta_1=L-L_2$，则将粗加工时的刀具半径补偿值 $D=r+\Delta$，改为 $D=r-\Delta_1/2$，即可保证轮廓 L_1 的尺寸精度。图中 P_1 为粗加工时的刀心位置，P_2 为修改刀补值后的刀心位置。

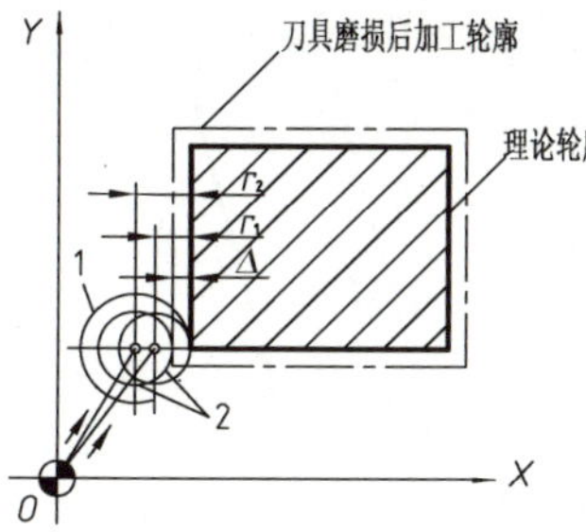

图 9-15　刀具直径变化，加工程序不变

1—未磨损刀具；2—磨损后刀具

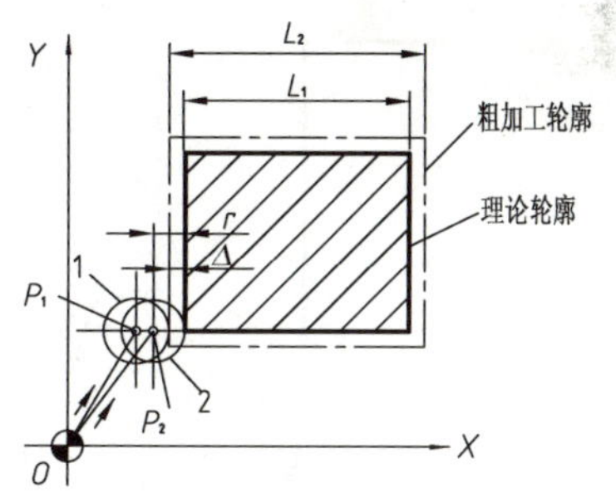

图 9-16　利用刀具半径补偿进行粗精加工

1—粗加工刀心位置；2—精加工刀心位置

(5) 使用刀具半径补偿常见的过切现象

1) 在指定平面（如 XY 平面）内的半径补偿，若有另一坐标轴（Z 轴）移动。如图 9-17 所示，刀具起始点 O 点，高度为 100mm 处，加工轮廓深度为 10mm，刀具半径补偿在起始点处开始，若接近工件及切削工件时有 Z 轴移动，将会出现过切现象，以下为过切程序实例。

```
O3;
N1G90G54G00Z100.0S1000M03;
N2 X0.0 Y0.0;
N3 G41 X40.0 Y20.0 D31;
N4 Z5.0;
N5 G01 Z-10.0 F100;      连续两句 Z 轴移动
N6 Y80.0;
N7 X80.0;
N8 Y40.0;
N9 X20.0;
N10 G00 Z100.0;
N11 G40 X0 Y0;
N12 M05;
N13 M30;
```

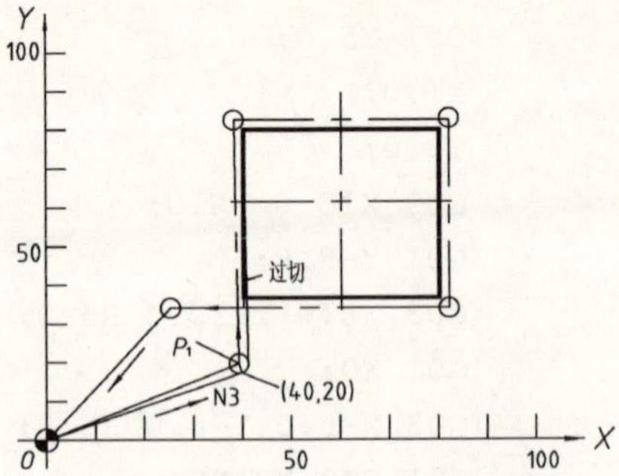

图 9-17　半径补偿的过切现象

说明：在补偿模式下，机床只能预读两句以确定目的位置，程序中 N4、N5 都为连续两句 *Z* 轴移动，没有 *XY* 轴移动，机床没法判断下一步补偿的矢量方向，这时机床不会报警，补偿照常进行，只是 N3 目的点发生变化。刀具中心将会运动到 P_1 点，其位置是 N3 目的点与原点连线垂直方向左偏置 D31 值，于是发生过切现象。

措施：只需把 N3 程序段放置在 N5 程序段之后，就能避免过切现象。

2) 加工半径小于刀具半径补偿量的内圆弧：当程序给定的内圆弧半径小于刀具半径补偿量时，向圆弧圆心方向的半径补偿将会导致过切，这时机床报警并停止在将要过切语句的起始点上，如图 9-18(a)所示，所以只有“过渡内圆角 $R \geqslant$ 刀具半径+加工余量(或修正量)”情况下才可正常切削。

3) 被铣削槽底宽小于刀具直径。如果刀具半径补偿使刀具中心向编程路径反方向运动，将会导致过切。在这种情况下，机床会报警并停留在该程序段的起始点，图 9-18(b)所示。

4) 无移动类指令。在补偿模式下使用无坐标轴移动类指令有可能导致两个或两个以上语句没有坐标移动，出现过切现象。

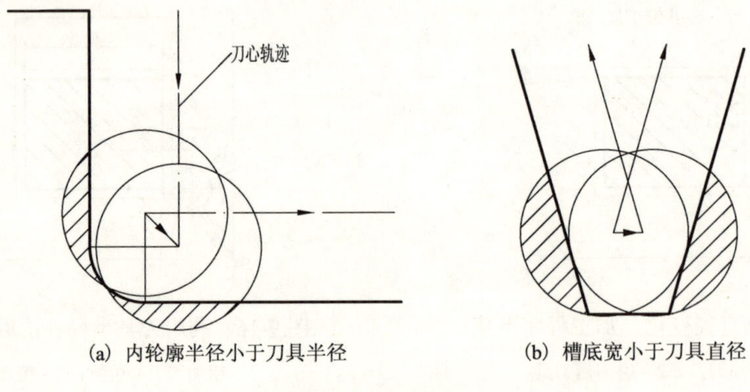

(a) 内轮廓半径小于刀具半径　　(b) 槽底宽小于刀具直径

图 9-18　过切现象

【任务实施】

以下是模具卸料板内轮廓精加工程序，通过改变刀具半径补偿地址值，可用这个程序完成零件的粗加工：

```
O0001;                              主程序名
G54 G90;                            建立工件坐标系
M03 S1000;                          主轴正转 1000r/min
G00 X0 Y0 Z100;
Z5;                                 刀具到达安全平面
M08;                                二号冷却液开
G01 Z-11 F50;
G90 G01 G42 X6.5 Y6 D01 F100;       粗加工 D01=5.5mm，精加工 D01=5mm
G02 X12.5 Y0 R6;                    圆弧切向进刀
G01 X12.5 Y-18;                     加工内轮廓
G02 X-12.5 Y-18 R12.5;
G01 X-12.5 Y18;
G02 X12.5 Y18 R12.5;
G01 X12.5 Y0;
G02 X6.5 Y-6 R6;                    圆弧切向退刀
G01 G40 X0 Y0;                      取消刀具补偿
G00 Z100;
M05;
M09;
M30;
```

9.4　零件加工与质量检测

零件夹持面铣削采用手动铣削方式，上、下平面及四侧面由同学们自己编程，最终完成零件的程序编写与加工，正确完成检验，保证模具型腔零件所有尺寸合格，表面质量达到图纸要求。

9.5　项 目 训 练

根据所学知识，编制图 9-19 所示零件数控加工工艺、程序，数控仿真后上机加工。

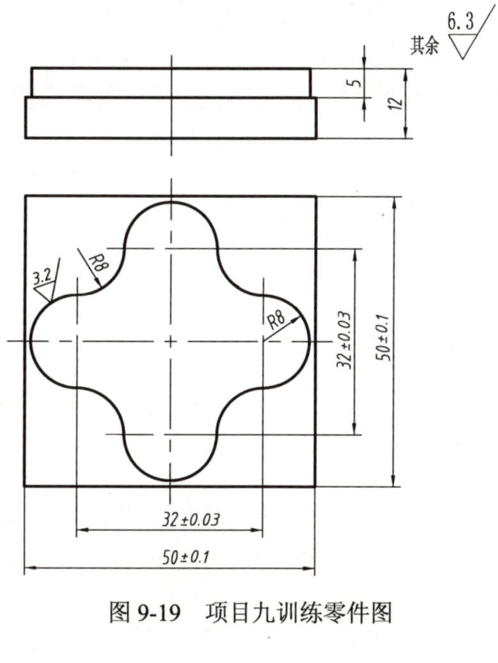

图 9-19　项目九训练零件图

项目十　模具型腔数控铣削加工

【项目能力目标】

1) 了解子程序的基本概念；

2) 掌握子程序在分层铣削加工中的应用；

3) 能灵活运用子程序进行编程。

【加工任务】

任务描述：完成图 10-1 所示模具型腔零件的加工，材料为 45 钢，零件毛坯尺寸为 85mm×85mm×33mm 的长方体，完成对模具型腔数控铣削编程与加工。

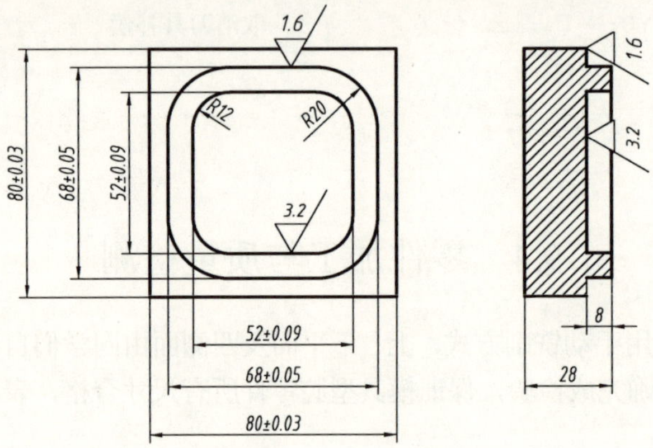

图 10-1　模具型腔零件图

10.1　工 艺 分 析

该零件需要完成内型腔、外轮廓加工，其外轮廓表面粗糙度为 *Ra*1.6μm，四方外轮廓 80mm×80mm，尺寸公差 0.06mm，68mm×68mm 尺寸公差 0.10mm；内轮廓表面粗糙度为 *Ra*3.2μm，52×52mm 尺寸公差 0.18mm，通过粗铣，精铣可保证其尺寸精度和表面粗糙度。毛坯的余量在 *X* 轴、*Y* 轴、*Z* 轴方向上各余 5mm，满足数控加工的背吃刀量。*Z* 向型腔和外轮廓为 8mm，需要分层加工，使用子程序可以完成该模具型腔零件的加工任务。

10.2　工 艺 制 定

10.2.1　确定各表面的加工方法

零件加工表面有外轮廓加工及内型腔加工，外轮廓及内型腔均采用键槽铣刀，铣削方式采用 *Z* 向分层加工。

10.2.2　定位基准的选择及装夹方案的确定

模具型腔零件采用平口虎钳装夹，底部铣削 3mm 的夹持面，以夹持面为精加工基准面，用平口虎钳夹持后找正并装夹工件。

10.2.3　确定加工顺序及走刀路线

根据加工顺序及走刀路线的制定原则，加工顺序为：粗铣外轮廓 68mm×68mm，留余量 0.5mm—精铣外轮廓 68mm×68mm，保证公差 0.10mm—粗铣内轮廓 52mm×52mm，留余量 0.5mm—精铣内轮廓 52mm×52mm，保证公差 0.18mm。铣削外表面轮廓时，铣刀的切入、切出点应在零件轮廓曲线延长线上，沿切向切入和切向切出零件表面，而不应沿法线方向直接切入零件，引入点在外轮廓的延长线上。模具型腔零件外轮廓用直线切入，圆弧切出方式，内轮廓用圆弧切入切出方式，引入半径 R13mm 的圆弧。模具型腔零件内外轮廓的切入切出方式如图 10-2 所示。

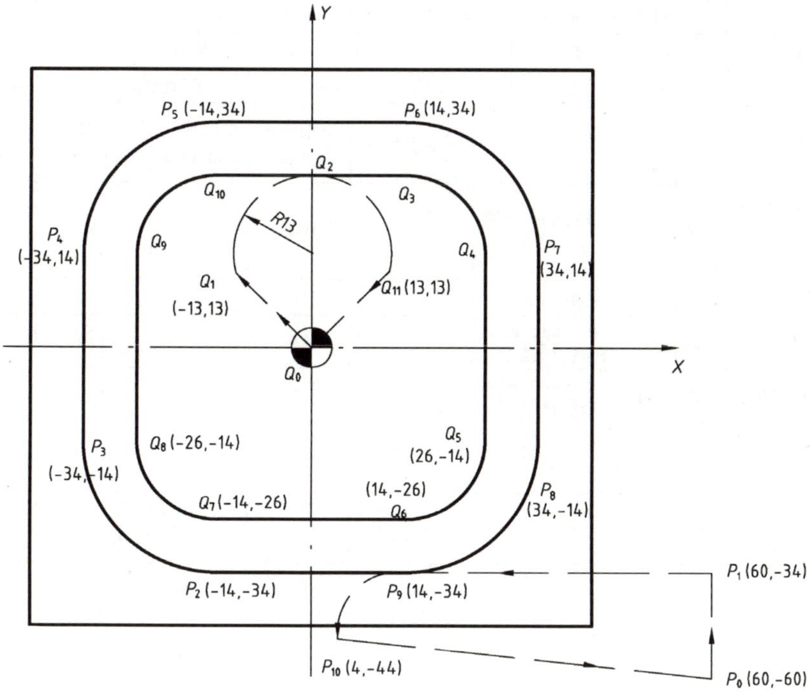

图 10-2　模具型腔内外轮廓走刀路线

10.2.4　机床、刀具的选择

根据零件图样要求，选用数控铣床即可满足模具型腔零件加工要求。故选用 FANUC OiMB 系统 V600 数控铣床进行加工。

根据该零件的材料和加工精度要求，型腔外、内轮廓加工分别选用ϕ16mm、ϕ10mm 的涂层硬质合金键槽铣刀，刀具卡见表 10-1，并把该刀具的相关参数输入刀具参数表中。由于 FANUC-0i 系统 V600 数控铣床没有自动换刀功能，按照零件加工要求，采用手动换刀。

表 10-1　模具型腔数控加工刀具卡

产品名称或代号		×××	零件名称	模具型腔	零件图号	×××
序号	刀具号	刀具规格名称	数量	加工表面		备注
1	T01	ϕ16mm 硬质合金键槽铣刀	1	模具型腔外轮廓		
2	T02	ϕ10mm 硬质合金键槽铣刀	1	模具型腔内轮廓		

10.2.5　切削用量的确定及填写工艺文件

模具型腔内、外轮廓粗加工时留 0.5mm 精铣余量，确定主轴转速与进给速度时，查表 8-4 铣削加工的切削速度参考值和表 8-3 铣刀每齿进给量参考值，确定切削速度与每齿进给量，然后根据有关公式计算出主轴转速与进给速度。切削用量详见数控加工工序卡，如表 10-2 所示。

表 10-2　模具型腔数控加工工序卡

××	数控加工工序卡片		产品型号	××		零件图号	××		
			产品名称	××		零件名称	模具型腔		
材料牌号	45	毛坯种类	锻件	毛坯外形尺寸	85mm×85mm×30mm	备注			
工序号	工序名称	设备名称	设备型号	程序编号	夹具代号	夹具名称	冷却液	车间	
05	铣模具型腔	数控铣床	V600	××	××	平口虎钳	切削油	××	
工步号	工步内容	刀具号	刀具	量具及检具	主轴转速 /(r/min)	切削速度 /(m/min)	进给速度 /(mm/min)	背吃刀量 /mm	备注
1	备料，铣 3mm 夹持面，用百分表找正平口虎钳并安装工件		ϕ16mm 硬质合金立铣刀		1000		150		
2	粗铣、精铣上平面		ϕ80 面铣刀		1500		250		
3	粗、精铣模具型腔外轮廓	T01	ϕ16mm 硬质合金键槽铣刀		1200		120		
4	粗、精铣模具型腔内轮廓	T01	ϕ10mm 硬质合金键槽铣刀		1500		100		
6	粗铣、精铣下平面		ϕ80 面铣刀		1500		250		
7	检验								
8									
编制	××	审核	××	批准	××	共 1 页	第 1 页		

10.3　程序编制

【知识链接】

1. 子程序—M98、M99

在一个加工程序中，包含有一连串在写法上完全相同或相似的内容，为了简化程序，可以把这些重复的程序段单独列出，并按一定的格式编写成子程序。主程序在执行过程中如果需要某一子程序，可以通过调用指令来调用该程序，子程序执行后又可以返回主程序，继续执行后面的程序段。这样可以简化程序的编制和节省 CNC 系统的内存空间。合理、正确应用子程序功能，对于编写和修改加工程序带来很大方便，能大大提高工作效率。

(1) 子程序应用的常见几种情况

1) 零件上有若干处相同的轮廓形状。在这种情况下只编写一个子程序，然后用主程序调用该子程序。

2）加工中反复出现有相同轨迹的走刀路线。被加工的零件需要刀具在某一区域内分层或分行反复走刀，走刀轨迹总是出现某一特定的形状，采用子程序比较方便，此时通常要以增量方式编程。

3）程序的内容具有相对的独立性。在加工较复杂的零件时，往往包含许多独立的工序，为了方便程序的调试、加工工序的调整等，把每一个工序编成一个独立子程序，主程序中只有换刀和调用子程序等指令。如在加工中心上使用多把刀加工同一个零件时，往往把每把刀加工的程序分别编写成子程序。

(2) 子程序的建立与调用

FANUC 数控系统子程序的建立格式与主程序类似，不同的是子程序的结束用 M99（M99 的含义是子程序结束，返回主程序），而不用 M02 或 M30。并且是以“独立”的程序被保存在 CNC 存储器中。子程序可以嵌套 4 级子程序。程序名与主程序名的格式相同，子程序的嵌套与调用，如图 10-3 所示。

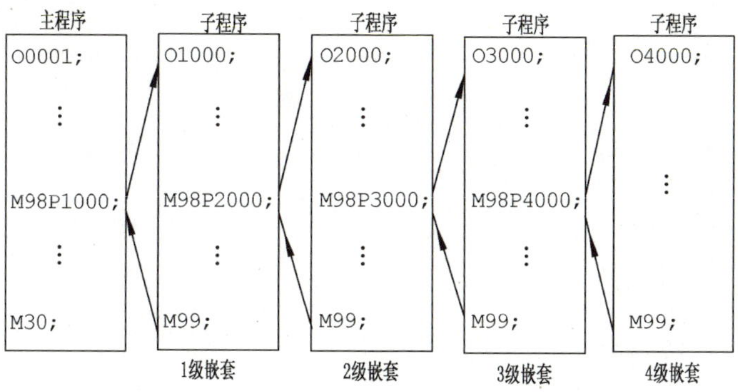

图 10-3　FANUC 0i 系统子程序的嵌套与调用

一个调用指令可以重复调用子程序最多达 9999 次。

FANUC 数控系统调用子程序的指令格式如下：

```
M98 P___ ___;
```

式中，P 后的代码为被调用的子程的次数，其后一个为调用子程序号。例如：M98 P100002 表示主程序重复调用 O0002 号子程序 10 次。

华中 HNC 数控系统调用子程序的指令格式如下：

```
M98 P___ L___;
```

式中，P 后的代码为被调用的子程序号，L 后表示调用次数。例如：M98 P0002 L10 表示主程序重复调用 O0002 号子程序 10 次执行加工。子程序的建立格式与主程序类似。在程序结构中，子程序应紧跟在主程序后面，与主程序共同组成一个程序。子程序可以嵌套 9 级子程序。

例 10-1：完成图 10-4 所示零件的精加工程序的编制。

本例用子程序的方式，编写四个槽的精铣程序。建立如图 10-4 所示的坐标系。

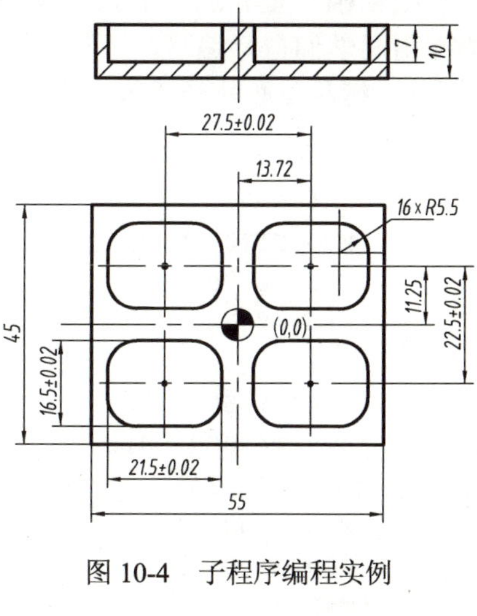

图 10-4　子程序编程实例

在进行主程序和子程序编程时，先编写子程序，后编写主程序。

将用子程序编程的图形抽出来，进行处理，如图 10-5 所示。

程序如下(适用于 FANUC 数控系统)：

```
O0001;                          子程序
G00 Z2;
G01 Z-7 F100;
G91 G41 Y8.25 F200 D01;
X-5.25;
G03 X-5.5 Y-5.5 R5.5;
G01 Y-5.5;
G03 X5.5 Y-5.5 R5.5;
G01 X10.5;
G03 X5.5 Y5.5 R5.5;
G01 Y5.5;
G03 X-5.5 Y5.5 R5.5;
G01 X-5.5;
G40 Y-8.25;
G00 G90 Z2;
M99;
O0002;                          主程序
G54 G90 G00 Z100;
S1200 M03;
X13.725 Y11.25;
M98 P0001;
X-13.725 Y11.25;
M98 P0001;
X-13.725 Y-11.25;
M98 P0001;
X13.725 Y-11.25;
M98 P0001;
G00Z100;
M05;
M30;
```

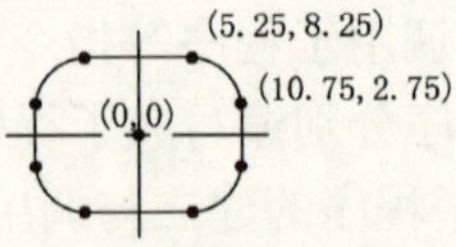

图 10-5　子程序编程的图形抽取

【任务实施】

根据模具型腔加工工艺，编写模具型腔外轮廓、内轮廓加工程序，模具型腔上平面、四侧面由同学们自行编写。

1. 模具型腔外轮廓加工程序

```
O0001;                          主程序
G54 G90;                        设置工件坐标系
M03 S1200 M08;                  主轴正转 1200r/min
G00 X0 Y0 Z100;                 到达 X0 Y0 Z100
X-34 Y-70;
Z0;
X-44 Y-55;
M98 P40002 D01;                 D01=8.5mm
G90 G01 Z0;
M98 P40002 D02;                 D02=8mm
G00 Z100;
M30;
O0002;                          子程序
```

```
G91 G01 Z-2 F100;
G90 G41 X-34 Y-34;
G01 X-34 Y14;
G02 X-14 Y34 R20;
G01 X14 Y34;
G02 X34 Y14 R20;
G01 X34 Y-14;
G02 X14 Y-34 R20;
G01 X-14 Y-34;
G02 X-34 Y-14 R20;
G03 X-54 Y-34 R20;
G01 G40 X-44 Y-55;
M99;
```

2. 模具型腔内轮廓加工程序

```
O0003;                          主程序
G54 G90;                        设置工件坐标系
M03 S1500 M08;                  主轴正转 1200r/min
G00 X0 Y0 Z100;                 到达 X0 Y0 Z100
Z5;
G01 Z0 F100;
M98 P40004;                     粗铣内轮廓
G00 X0 Y0;
G43 Z0 H01;                     建立刀具长度补偿
G01 Z-8 F80;
G42 G01 X-13 Y13 D03;           建立刀具半径补偿 D03=5mm
G02 X0 Y26 R13;                 精铣内轮廓
G01 X14 Y26;
G02 X26 Y14 R12;
G01 X26 Y-14;
G02 X14 Y-26 R12;
G01 X-14 Y-26;
G02 X-26 Y-14 R12;
G01 X-26 Y14;
G02 X-14 Y26 R12;
G01 X0 Y26;
G02 X13 Y13 R13;
G40 G01 X0 Y0;
G00 Z100;
M05;
M09;
M30;                            主程序结束
O0004;                          子程序
G91 G01 Z-2 F50;
G90 G01 X-5 F100;
Y5;
X5;
Y-5;
X-5;
Y0 ;
X-10;
Y10 ;
X-10 ;
Y-10;
```

```
X-10;
Y0;
X-15;
Y15;
X15;
Y-15;
X-15;
Y0;
X-20.5;
Y14;
G02X-14 Y20.5 R6.5;
G01 X14;
G02 X20.5 Y14 R6.5;                    子程序结束
G01 Y-14;
G02 X14 Y-20.5 R6.5;
G01 X-14;
G02 X-20.5 Y-14 R6.5;
G01 Y0;
X0;
M99;                                   子程序结束
```

10.4 零件加工与质量检测

零件夹持面铣削采用手动铣削方式，上、下平面及四侧面由同学们自己编程，最终完成模具型腔零件的程序编写与加工，正确完成检验，保证模具型腔零件所有尺寸合格，表面质量达到图纸要求。

10.5 项 目 训 练

根据所学知识，编制图 10-6 和图 10-7 所示零件数控加工工艺、程序，数控仿真后上机加工。

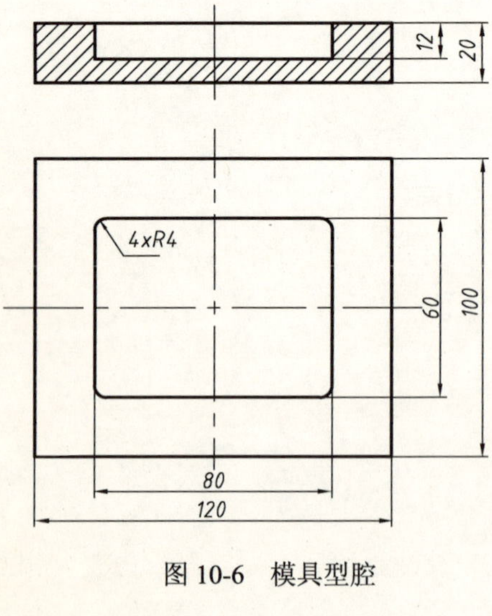

图 10-6　模具型腔

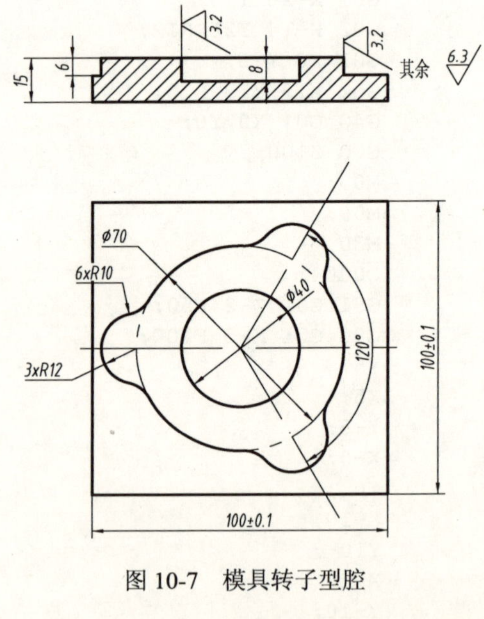

图 10-7　模具转子型腔

项目十一　凸模垫板孔系数控加工

【项目能力目标】

1)能分析和设计孔铣削加工工艺；

2)会正确选择孔加工刀具；

3)会各类孔加工程序的编制。

【加工任务】

任务描述：凸模垫板零件如图 11-1 所示，按单件生产安排其孔数控加工工艺，编写出孔加工程序，材料为 T8 钢。

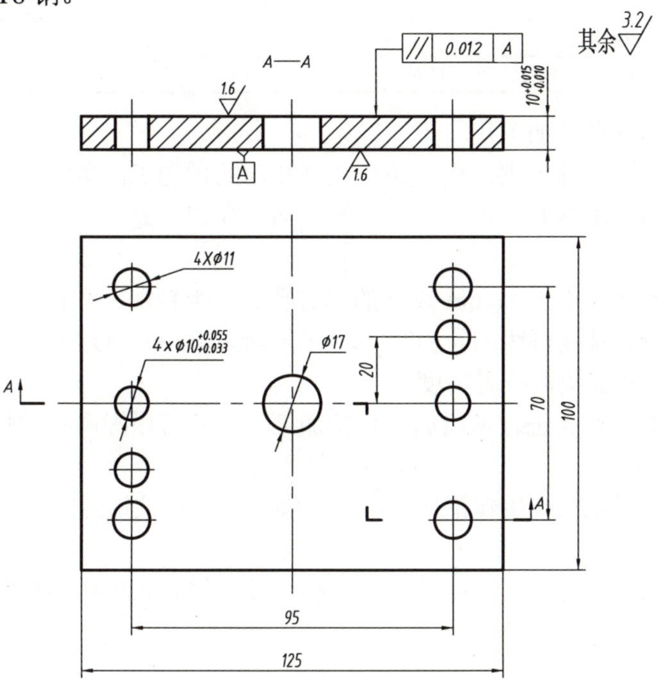

图 11-1　凸模垫板零件图

11.1　工 艺 分 析

图 11-1 所示零件为凸模垫板零件，属于单件生产，零件的材料为 T8 钢，该零件的四周表面已加工，所有销孔加工精度等级为 IT7，ϕ17mm 孔加工精度等级为 IT9，零件尺寸标注完整。

11.2　工 艺 制 定

11.2.1　确定凸模垫板各孔表面的加工方法

孔是垫板的主要加工表面，如何保证孔系之间及孔与装配基准面之间的尺寸精度和相互位置精度，是垫板加工工艺主要解决的问题。

【知识链接】

在数控铣床上加工孔的方法很多，根据孔的尺寸精度、位置精度及表面粗糙度等要求。一般有钻孔、扩孔、锪孔、铰孔、镗孔及铣孔等。常用孔的加工方法见表 11-1 所示。

表 11-1　孔的加工方法与步骤的选择

序号	加工方案	精度等级	表面粗糙度/μm	适用范围
1	钻	IT11～13	50～12.5	加工未淬火钢及铸铁的实心毛坯，也可用于加工有色金属(但粗糙度较差)孔径小于 15～20mm
2	钻→铰	IT 9～10	3.2～1.6	
3	钻→粗铰(扩)→精铰	IT 7～8	1.6～0.8	
4	钻→扩	IT 11	6.3～3.2	加工未淬火钢及铸铁的实心毛坯，也可用于加工有色金属(但粗糙度较差)孔径大于 15～20mm
5	钻→扩→铰	IT 8～9	1.6～0.8	
6	钻→扩→精铰→精铰	IT 7	0.8～0.4	
7	粗镗(扩孔)	IT 11～13	6.3～3.2	除淬火钢外各种材料，毛坯有铸出孔或锻出孔
8	粗镗(扩孔)→半精镗(精扩)	IT 8～9	3.2～1.6	
9	粗镗(扩)→半精镗(精扩)→精镗	IT 6～7	1.6～0.8	

钻孔：钻孔是用麻花钻加工孔。

扩孔：扩孔是对已有孔扩大，作为铰孔或磨孔前的预加工，留给扩孔的加工余量较小，扩孔钻容屑槽浅，刀体刚性好，可以用较大的切削量和切削速度。扩孔钻切削刃多，导向性好，切削平稳。

铰孔：铰孔是对孔径小于 80mm 以下的已有孔进行半精加工和精加工。铰刀切削刃多，刚性和导向性好，铰孔精度可达 IT6～IT7 级，孔壁粗糙度 *Ra* 可达 0.4～1.6μm。铰孔可以提高孔的形状精度，但不能提高位置精度。

镗孔：镗孔是对已有孔进行半精加工和精加工。镗孔可以提高孔的位置精度。孔壁粗糙度 *Ra* 可达 0.8～1.6μm。

孔螺纹加工。小型螺纹孔用丝锥加工，大型螺纹孔用螺纹铣刀加工。

【任务实施】

根据孔加工方法，确定凸模垫板通孔采用钻→铰，销孔采用钻→粗铰(扩)→精铰的加工方法。

11.2.2　刀具的选择

确定各孔的加工刀具前，需了解各种孔刀具的特点及其使用场合。

【知识链接】

在工件实体材料上钻孔或扩大已有孔的刀具统称为孔加工刀具，钻孔直径一般小于 80mm。机械加工中的孔加工刀具分为两类：一类是在实体工件上加工出孔的刀具，如扁钻、麻花钻、中心钻及深孔钻等；另一类是对工件上已有孔进行再加工的工具，如：扩孔钻、锪钻、铰刀、镗刀及圆拉刀等。

(1) 扁钻

扁钻，如图 11-2 所示，使用较早，结构简单，刚度好，成本低，刃磨方便，但切削和排屑性能较差，适于微孔和大孔。有整体式和装配式两种，前者用于较小直径孔的加工，后者适于较大直径的加工。

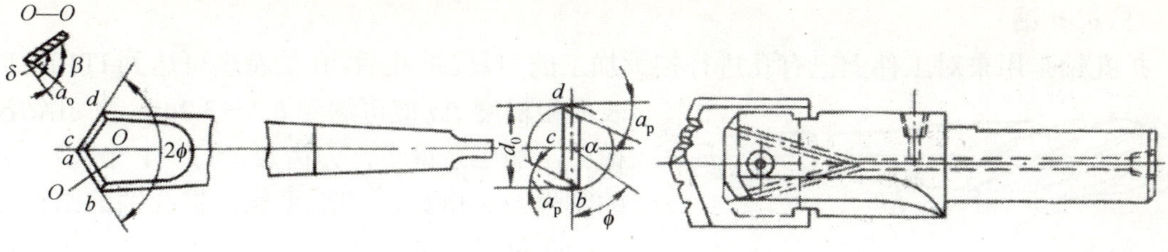

图 11-2　扁钻

(2)麻花钻

麻花钻是最常用的孔加工刀具，一般用于实体材料上孔的粗加工。钻孔的尺寸精度为 IT13～IT11，表面粗糙度 *Ra* 值为 50～12.5μm。它的结构由柄部、颈部和工作部分组成，如图 11-3 所示。柄部是钻头的夹持部分，有锥柄和直柄两种形式，钻头直径大于 12mm 时常做成锥柄，小于 12mm 时做成直柄。钻头的工作部分包括切削部分和导向部分，导向部分有两条螺旋槽和两条棱边，螺旋槽起排屑和输送切削液的作用，棱边起导向、修光孔壁的作用。导向部分有微小的倒锥度，从前端到尾部每 100mm 长度上直径减少 0.03～0.12mm，以减少与孔壁的摩擦，切削部分由两条主切削刃、两条副切削刃和一条横刃及两个前刀面和两个后刀面组成。

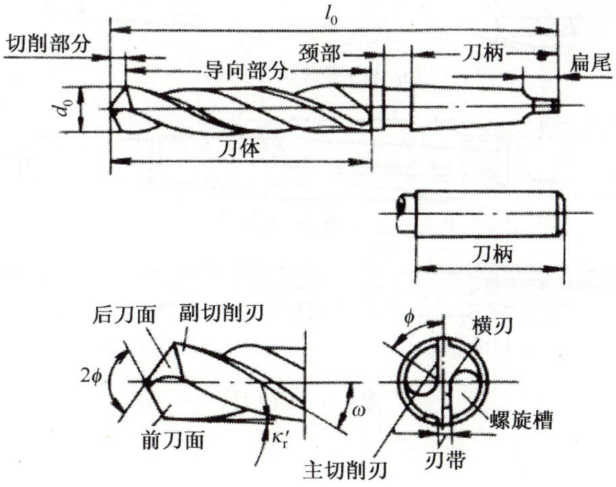

图 11-3　麻花钻

(3)中心钻

中心钻分无护锥中心钻和带护锥中心钻，主要用于加工轴类零件中心孔，如图 11-4 所示。

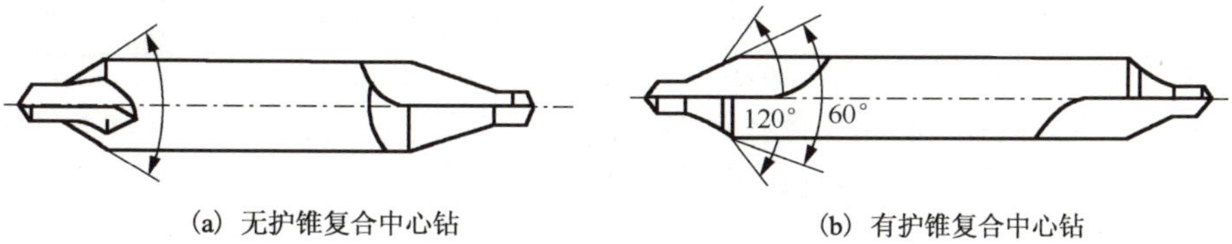

(a) 无护锥复合中心钻　　(b) 有护锥复合中心钻

图 11-4　中心钻

(4)深孔钻

常用的有外排屑深孔钻、内排屑深孔钻、喷吸钻、套料钻。

(5)扩孔钻

扩孔钻是用来对工件上已有孔进行扩大加工的刀具。扩孔后，孔的精度可达到IT10～IT9，表面粗糙度 *Ra* 值可达到6.3～3.2μm。扩孔钻没有横刃，加工余量小，刀齿数多(3～4 个齿)，刀具的刚性及强度好，切削平稳。扩孔钻的结构形式分为带柄及套式两类。带柄的扩孔钻由工作部分及柄部组成，如图 11-5 所示。

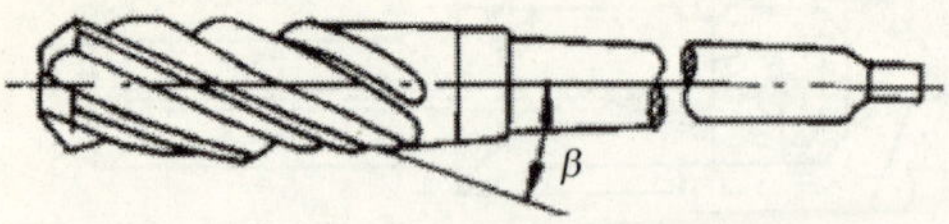

图 11-5　整体式扩孔钻

(6)铰刀

铰刀是一种半精加工或精加工孔的常用刀具，铰刀的刀齿数多(4～12 个齿)，加工余量小，导向性好，刚性大。铰孔后孔的精度可达 IT9～IT7，表面粗糙度 *Ra* 值达 1.6～0.4μm，常见的铰刀结构如图 11-6 所示。铰刀可分为手用铰刀与机用铰刀两大类，手用铰刀又分为整体式和可调整式；机用铰刀分带柄的和套式；加工锥孔用的铰刀称为锥度铰刀，如图 11-6 所示。

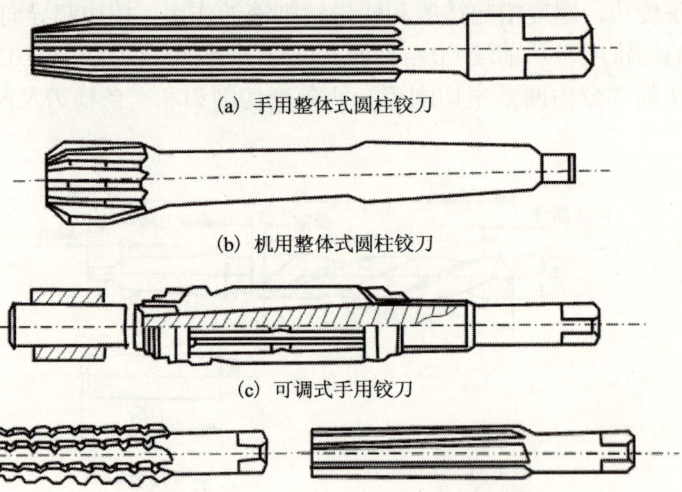

(a) 手用整体式圆柱铰刀

(b) 机用整体式圆柱铰刀

(c) 可调式手用铰刀

(d) 圆锥粗铰刀　　(e) 圆锥精铰刀

图 11-6　铰刀

(7)镗刀

镗孔是常用的加工方法，其加工范围很广，既可进行粗加工，也可进行精加工。镗刀的种类很多，根据结构特点及使用方式，可分为单刃镗刀和双刃镗刀等，单刃镗刀如图 11-7 所示。

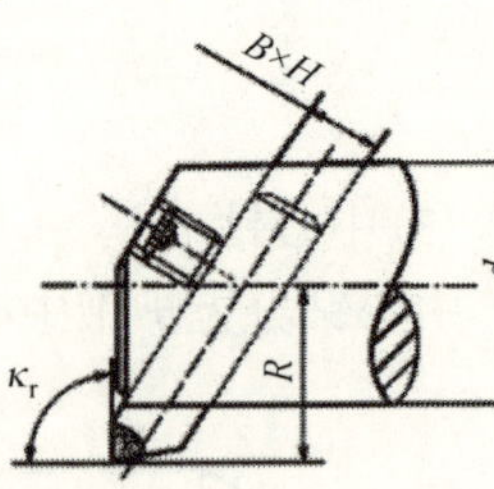

图 11-7　单刃镗刀

(8)孔加工复合刀具

复合刀具是将两把或两把以上的同类或不同类的孔加工刀具组合成一体的专用刀具，如图 11-8 所示，它能在一次加工的过程中，完成钻孔、扩孔、铰孔、锪孔和镗孔等多工序不同的工艺复合，具有高效率、高精度、高可靠性的加工特点。

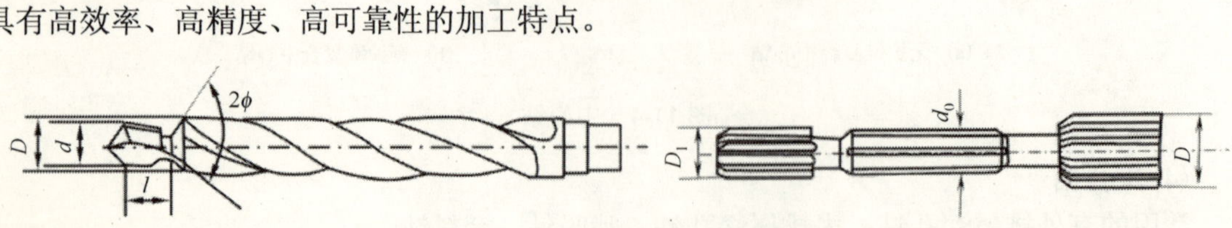

图 11-8　高速钢复合钻与复合铰

【任务实施】

1. 垫板孔加工用刀具选择

4×ϕ11mm 的通孔分别选用ϕ10.6mm 的麻花钻、ϕ11mm 的铰刀；ϕ17mm 通孔加工用刀具选用ϕ16mm 麻花钻、ϕ17mm 铰刀；4×ϕ10mm 销孔加工用刀具选用ϕ9mm 麻花钻、ϕ9.6mm 扩孔钻、ϕ10mm 铰刀。

2. 制定数控加工刀具卡片

数控加工刀具卡片见表 11-2。

表 11-2　数控加工刀具卡片

<table>
<tr><td colspan="2">产品名称或代号</td><td colspan="2">××</td><td>零件名称</td><td>凸模垫板</td><td>零件图号</td><td>××</td></tr>
<tr><td>序号</td><td>刀具号</td><td colspan="2">刀具规格名称</td><td>数量</td><td colspan="2">加工表面</td><td>备注</td></tr>
<tr><td>1</td><td>T01</td><td colspan="2">ϕ10.6mm 麻花钻</td><td>1</td><td colspan="2">4×ϕ11mm 通孔</td><td></td></tr>
<tr><td>2</td><td>T02</td><td colspan="2">ϕ11mm 铰刀</td><td>1</td><td colspan="2">4×ϕ11mm 通孔</td><td></td></tr>
<tr><td>3</td><td>T03</td><td colspan="2">ϕ16mm 麻花钻</td><td>1</td><td colspan="2">ϕ17mm 通孔</td><td></td></tr>
<tr><td>4</td><td>T04</td><td colspan="2">ϕ17mm 铰刀</td><td>1</td><td colspan="2">ϕ17mm 通孔</td><td></td></tr>
<tr><td>5</td><td>T05</td><td colspan="2">ϕ9mm 麻花钻</td><td>1</td><td colspan="2">4×ϕ10mm 销孔</td><td></td></tr>
<tr><td>6</td><td>T06</td><td colspan="2">ϕ9.6mm 扩孔钻</td><td>1</td><td colspan="2">4×ϕ10mm 销孔</td><td></td></tr>
<tr><td>7</td><td>T07</td><td colspan="2">ϕ10mm 铰刀</td><td>1</td><td colspan="2">4×ϕ10mm 销孔</td><td></td></tr>
<tr><td>8</td><td>T08</td><td colspan="2">ϕ3mm 中心钻</td><td>1</td><td colspan="2"></td><td></td></tr>
<tr><td colspan="2">编制</td><td>××</td><td>审核</td><td>××</td><td>批准　××</td><td>共　页</td><td>第　页</td></tr>
</table>

11.2.3　定位基准的选择及装夹方案的确定

本次加工凸模垫板零件材料为 T8，外形规则，考虑上、下平面与轮廓面在前面工序中已加工，本项目不作要求，选择数控铣床加工，以下平面及侧面为定位基准定位，装夹方式采用平口虎钳装夹。零件加工前，将零件安装在机床工作台的适当位置。零件安装前或安装后还需要对夹具或零件进行找正，并对夹具或工件进行调整，直到符合要求。

11.2.4　确定加工顺序及走刀路线

确定孔系加工顺序：钻中心孔→ϕ10.6mm 麻花钻钻 4×ϕ11mm 通孔→ϕ11mm 铰刀铰孔→ϕ16mm 麻花钻钻 4×ϕ17mm 孔→ϕ17mm 铰刀铰孔→ϕ9mm 麻花钻钻 4×ϕ10mm 销孔→ϕ9.6mm 扩孔钻扩孔→ϕ10mm 铰刀铰孔。

11.2.5　切削用量的确定及填写工艺文件

【知识链接】

影响钻削进给量的主要因素有：钻头直径，刀具材料，被加工材料，工艺系统刚度等，钻削速度的选择应使钻头具体合理的刀具耐用度。钻削用量的选择可参考钻削用量相关手册。

【任务实施】

选择各孔的钻削用量，制定出各工序数控加工工序卡片，如表 11-3 所示。

表 11-3 凸模垫板孔系数控加工工序卡

宜宾职业技术学院		数控加工工序卡片		产品型号			零件图号		
				产品名称	冲压模		零件名称	凸模垫板	
材料牌号	T8	毛坯种类		毛坯外形尺寸			备注		
工序号	工序名称	设备名称	设备型号	程序编号	夹具代号	夹具名称		冷却液	车间
10	孔系加工	数控铣床	V600	02	01	平口虎钳		乳化液	01
工步号	工步内容	刀具号	刀具	量具及检具	主轴转速/(r/min)	切削速度/(m/min)	进给速度/(mm/min)	背吃刀量/mm	备注
1	钻中心孔	T08	ϕ3mm 中心钻		350		30		
2	钻 4×ϕ11mm 孔	T01	ϕ10.6mm 麻花钻		350		30		
3	铰 4×ϕ11mm 孔	T02	ϕ11mm 铰刀		500		20		
4	钻 4×ϕ17mm 孔	T03	ϕ16mm 麻花钻		500		20		
5	铰 4×ϕ17mm 孔	T04	ϕ17mm 铰刀		500		20		
6	钻 4×ϕ10mm 孔	T05	ϕ9mm 麻花钻		350		30		
7	扩 4×ϕ10mm 孔	T06	ϕ9.6mm 扩孔钻		450		30		
8	铰 4×ϕ10mm 孔	T07	ϕ10mm 铰刀		500		20		
编制		审核		批准		共 3 页		第 2 页	

11.3 程序编制

【知识链接】

孔加工包括钻孔、扩孔、镗孔、铰孔、攻丝等，通常由下述 6 个动作构成，如图 11-9 所示，图中实线表示切削进给，虚线表示快速进给。

动作 1：快速定位至初始点。X、Y 表示了初始点在初始平面中的位置。

动作 2：快速运动到 R 点(参考点)，刀具自初始点快速进给到 R 点。

动作 3：孔的切削加工动作。

动作 4：在孔底的动作，包括暂停、主轴准停、刀具移位等动作。

动作 5：返回 R 点动作。

动作 6：快速返回到初始点。

固定循环的程序格式包括坐标表示形式，返回点平面、孔加工方式、孔位置数据、孔加工数据和循环次数。其中坐标表示形式可以用绝对坐标 G90 和增量坐标 G91 表示。孔加工固定循环指令有 G73、G74、G76、G80～G89。如图 11-10 所示，其中图 11-10(a)是采用 G90 的表达形式，图 11-10(b)是采用 G91 的表达形式。

固定循环的程序格式如下：

```
G98(或G99)G73(或G74或G76或G80～G89)X_ Y_ Z_ R_ Q_ P_ K_ F_;
```

式中，第一个 G 代码(G98 或 G99)指定返回点平面，G98 为(动作 6)返回初始平面，G99 为(动作 5)返回 R 点平面。

第二个 G 代码为孔加工方式，即固定循环代码 G73、G74、G76 和 G81～G89 中的任一个。固定循环的数据表达形式可以用绝对坐标(G90)和相对坐标(G91)表示。坐标表示形式(G90 或 G91)在程序开始时就已指定，因此，在固定循环程序格式中可不写出。

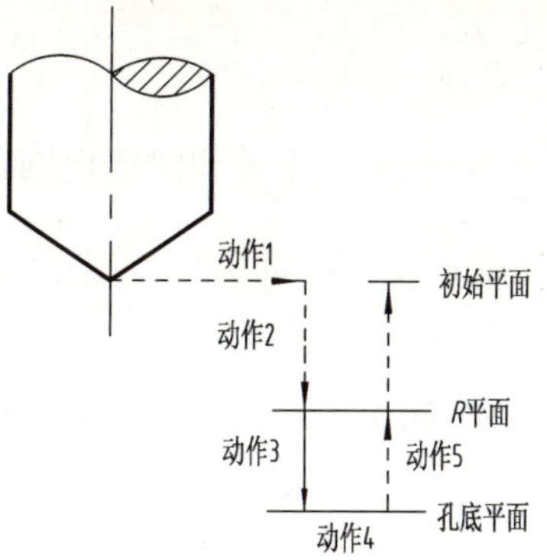

图 11-9　固定循环动作

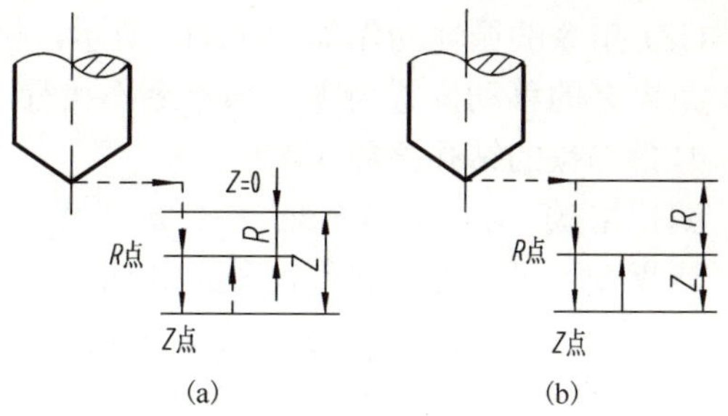

图 11-10　固定循环坐标表示形式

X、Y 为孔坐标位置，指被加工孔的 *X*、*Y* 方向的位置；Z 为 *R* 平面到孔底的距离(G91 时)或孔底坐标(G90 时)；R 为初始点到 *R* 平面的距离(G91 时)或 *R* 点的坐标值(G90 时)； Q 指定每次进给深度(G73 或 G83 时)或指定刀具位移增量(G76 或 G87 时)；P 指定刀具在孔底的暂停时间；K 指定固定循环的次数；F 为切削进给速度。

G73、G74、G76 和 G81～G89、Z、R、P、F、Q 都是模态指令。G80、G01～G03 等代码可以取消固定循环。

在固定循环中，定位速度由前面的指令速度决定。

(1)钻孔循环

1)高速深孔加工循环　G73

编程格式：`G98/G99 G73 X_Y_Z_R_Q_K_F_;`

该固定循环用于 *Z* 轴的间歇进给，使深孔加工时容易排屑，减少退刀量，提高加工效率。Q 值为每次的进给深度，退刀用快速，其值 K 为每次的退刀量。如果 Z、K、Q 移动量为零时，该指令不执行。G73 指令动作循环如图 11-11 所示。

2)深孔加工循环　G83

编程格式：`G98/G99 G83 X_Y_Z_R_Q_K_F_;`

深孔加工指令 G83 的循环动作如图 11-12 所示，每次进刀量用地址 Q 给出，其值 q 为增量值。每次进给时，应在距已加工面 *K*(mm)处将快速进给转换为切削进给，由 K 参数确定的。如果 Z、Q、K 的移动量为零，该指令不执行。

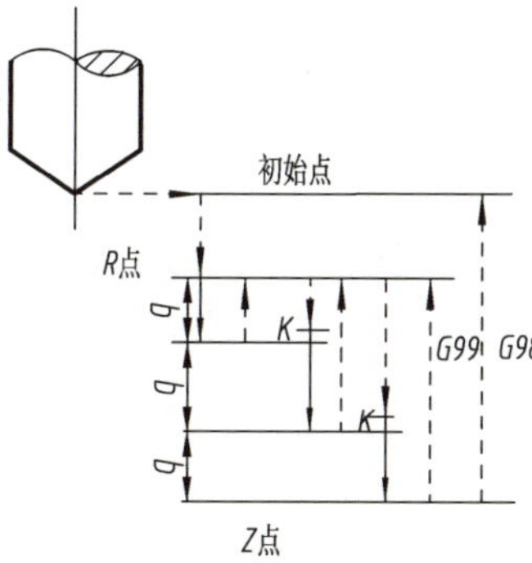

图 11-11　G73 指令动作

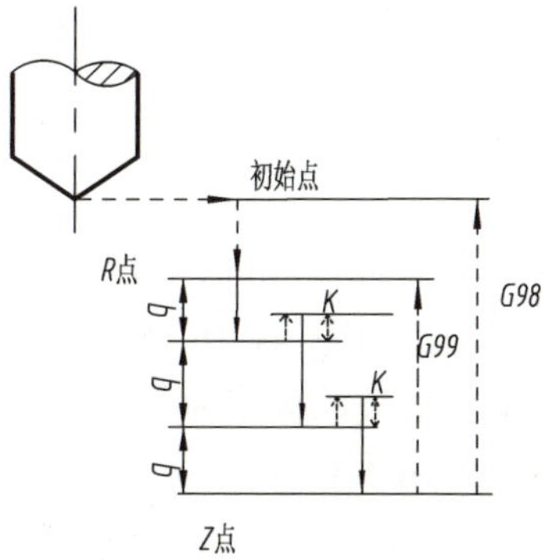

图 11-12　G83 指令动作

3) 钻孔循环（钻中心孔）G81

编程格式：G98/G99 G81 X_Y_Z_R_F_;

G81 指令的循环动作如图 11-13 所示，包括 *X*、*Y* 坐标定位、快进、工进和快速返回等动作。如果 *Z* 的移动位置为零，该指令不执行。

4) 带停顿的钻孔循环 G82

编程格式：G98/G99 G82 X_Y_Z_R_P_F_;

该指令除了要在孔底暂停外，其他动作与 G81 相同。暂停时间由地址 P 给出，P 暂停时间 ms。此指令主要用于加工盲孔，以提高孔深精度。

(2) 镗孔循环

1) 精镗循环 G76

编程格式：G98/G99 G76 X_Y_Z_R_P_K_F_;

G76 指令的循环动作如图 11-14 所示。精镗时，主轴在孔底定向停止后，向刀尖反方向移动 *q*（由地址 Q 指定），然后快速退刀，退刀位置由 G98 和 G99 决定。这种带有让刀的退刀不会划伤已加工平面，保证了镗孔精度。刀尖横向位移量用地址 Q 指定，其值只能为正值。Q 值是模态的，位移方向由系统参数设定。如果 Z、Q、K 移动量为零，该指令不执行。

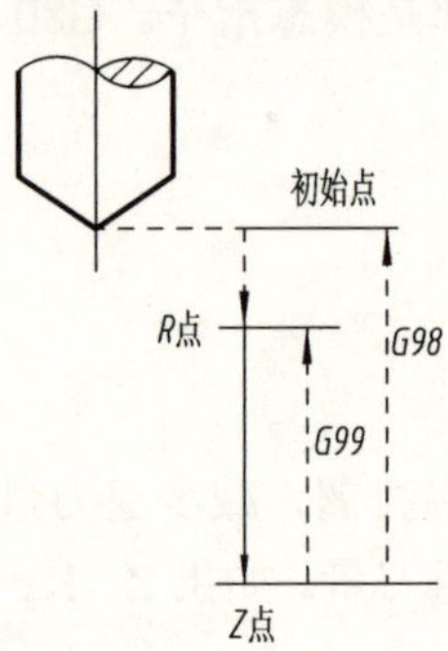

图 11-13　G81 指令动作

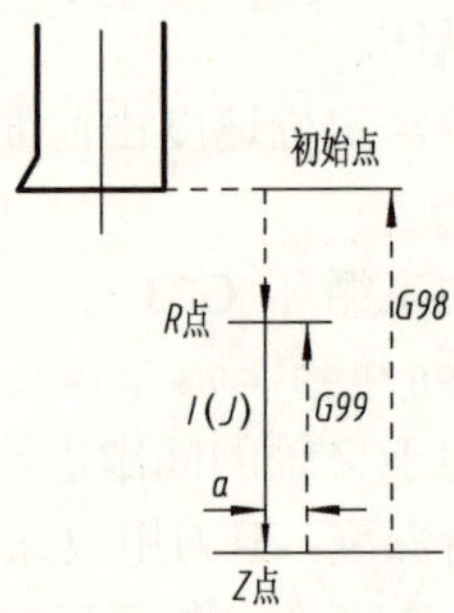

图 11-14　G76 指令动作

2) 镗孔循环 G85 与 G89

编程格式：G98/G99 G85 X_Y_Z_R_K_F_;

G98/G99 G89 X_Y_Z_R_K_P_F_;

G85 指令的编程概述与 G81 指令类似，但返回时为切削速度，可用于精度要求不太高的孔加工。G89 与 G85 指令功能类似，如图 11-15 所示，G89 指令在孔底有暂停动作（暂停时间由 P 指定）。

3) 镗孔循环 G86

编程格式：G98/G99 G86 X_Y_Z_R_K_F_;

G86 指令与 G81 相同，但在孔底时主轴停止，然后快速退回到 *R* 平面或初始平面后，主轴再重新启动，如图 11-16 所示。由于退刀前主轴没有让刀动作，快速回退时会划伤已加工表面。如果 *Z* 的移动位置为零，该指令不执行。

4) 背镗孔循环 G87

编程格式：G98 G87 X_Y_Z_R_Q_P_K_F_;

G87 指令执行时，刀具沿 *X*、*Y* 轴定位后，主轴准停，刀具以反刀尖的方向横向移动 *q*（由地址 Q 给定），并快速下行到 *R* 平面高度，在 *R* 平面处，刀具按原偏移量沿刀尖正方向移动，主轴正转，然后刀具沿 Z 轴负方向切削移动，一直到孔底平面高度。此时，主轴再次准停，刀具又以反刀尖的方向横向移动，然后向孔的上方快速移出，并返回初始平面，刀具再按原偏移量沿刀尖正方向移动，主轴正转，继续执行下个程序段。背镗孔循环 G87 不能与 G99 指令搭配使用。

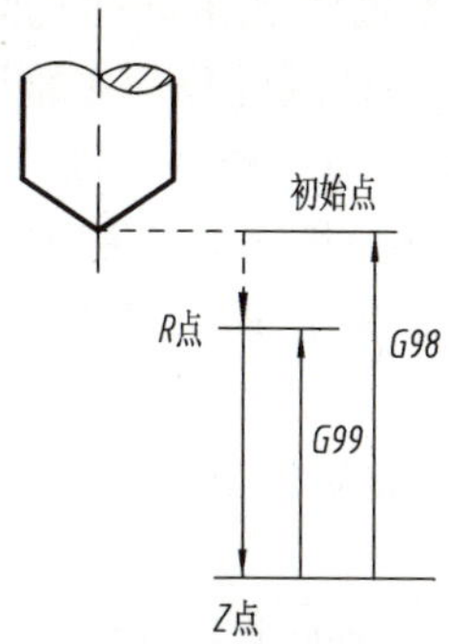

图 11-15　G85/G89 指令动作

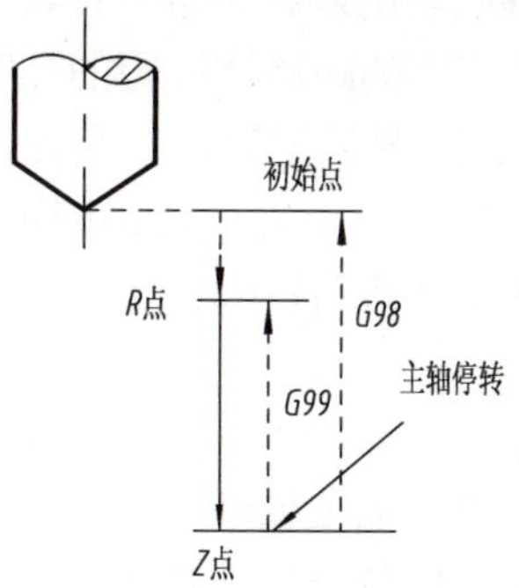

图 11-16　G86 指令动作

(3) 攻螺纹

1) 攻螺纹循环指令 G74

编程格式：`G98/G99 G74 X_Y_Z_R_P_K_F_;`

G74 指令用于左旋螺纹加工循环，指令执行时，主轴反转，加工到孔底后，主轴正转，并按原来的速度返回到 R 平面或初始平面。其指令动作如图 11-17 所示。

2) 攻螺纹循环指令 G84

编程格式：`G98/G99 G84 X_Y_Z_R_P_K_F_;`

G84 指令用于右旋螺纹加工循环，指令执行时，与 G74 指令不同的是，主轴转向相反，即主轴正转，加工到孔底后，主轴反转，然后返回到 R 平面或初始平面，其指令动作如图 11-18 所示。

攻螺纹循环的进给速度 V_f = 主轴转速×螺距，R 平面最好选在距离孔 7mm 以上的地方。攻丝循环执行时，进给倍率无效，进给保持只能在返回动作结束后执行。

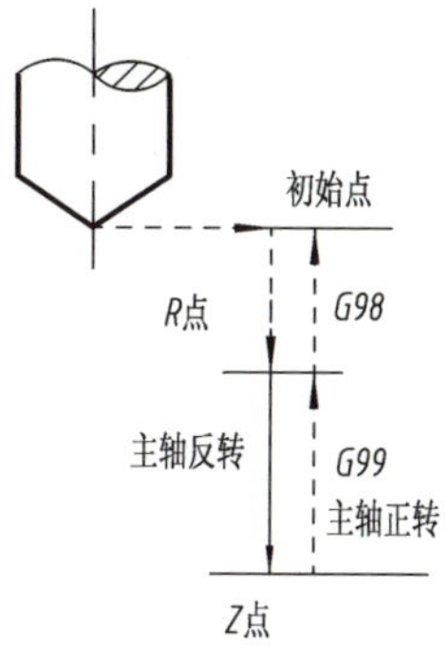

图 11-17　G74 指令动作

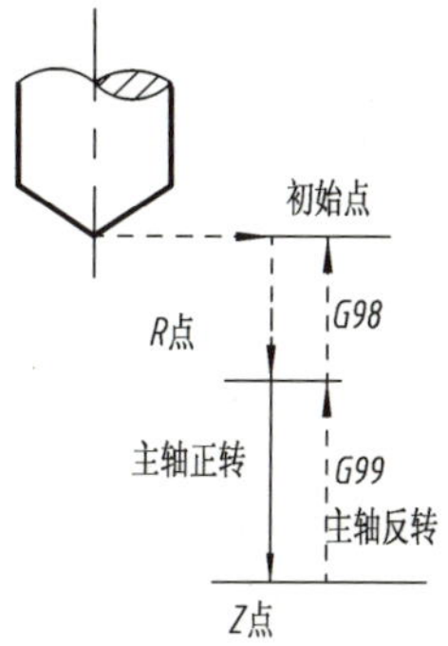

图 11-18　G84 指令动作

(4) 取消固定循环 G80

取消固定循环指令能取消固定循环，同时 R 点和 Z 点也被取消。

使用固定循环指令时应注意以下几点：

1) 在固定循环中，定位速度由前面的指令决定。

2) 固定循环指令前应使用 M03 或 M04 指令使主轴回转。

3) 各固定循环指令中的参数均为非模态值，因此每句指令的各项参数应写全。在固定循环程序段中，X、Y、Z、R 数据应至少指令一个才能进行孔加工。

4) 控制主轴回转的固定循环(G74、G84、G86)中，如果连续加工一些孔间距较小，或者初始平面到 *R* 点平面的距离比较短的孔时，会出现在进入孔的切削动作前主轴还没有达到正常转速的情况，遇到这种情况时，应在各孔的加工动作之间插入 G04 指令，以获得需要的转速。

5) 用 G00～G03 指令之一注销固定循环时，若 G00～G03 指令之一和固定循环出现在同一程序段，且程序格式为：G00(G02，G03)X_Y_Z_R_Q_P_I_J_F_L_时，按 G00(或 G02，G03)进行 *X*、*Y* 移动。

6) 在固定循环程序段中，如果指定了辅助功能 M，则在最初定位时送出 M 信号，等待 M 信号完成，才能进行加工循环。

7) 固定循环中定位方式取决于上次是 G00 还是 G01，因此如果希望快速定位则在上一程序段或本程序段加 G00。

【任务实施】

根据数控加工工艺编制零件的加工程序。以工件上平面为 *Z* 向零点，工件中心点为 *X*、*Y* 平面零点，建立工件坐标系。孔加工程序如下：

参考程序为钻孔加工程序，更换刀具后并根据工序卡里的切削参数对程序进行修改，完成零件的铰削加工。

1. 钻、铰孔 4×ϕ11mm 加工程序

```
O0003;                        主程序
G54 G90 G80;                  建立工件坐标系
G00 Z100 M08;                 在绝对编程方式下，将 Z 轴定位到零点上方 100mm 位置，切削液开
M03 S350;                     主轴正转，350r/min
X0 Y0;                        将刀具定位到 X0 Y0
Z5;                           将刀具定位到零点上方 5.0mm 处
G99 G81 X-47.5 Y47.5 Z-17 R5 F30;
X47.5;
Y-47.5;
X-47.5;
G80;
G00 Z100;
M09;
M05;
M30;
```

2. 钻、铰 4×ϕ17mm 通孔加工程序

```
O0005;                        主程序
G54 G90;                      建立工件坐标系
G00 Z100 M08;                 在绝对编程方式下，将 Z 轴定位到零点上方 100mm 位置，
                              切削液开
M03 S350;                     主轴正转，350r/min
X0 Y0;                        将刀具定位到 X0 Y0
Z5;                           将刀具定位到零点上方 5.0mm 处
```

```
G99 G81 X0 Y0 Z-17 R5 F30;        孔加工
G80;
G00 Z100;
M09;                              切削液关
M05;                              主轴停止转动
M30;                              程序结束
```

3. 钻、粗铰、精铰 4×ϕ10mm 销孔加工程序

```
O0005;                            主程序
G54 G90;                          建立工件坐标系
G00 Z100 M08;                     在绝对编程方式下，将Z轴定位到零点上方100mm位
                                  置，切削液开
M03 S350;                         主轴正转，350r/min
X0 Y0;                            将刀具定位到X0 Y0
Z5;                               将刀具定位到零点上方5.0mm处
G99 G81 X-47.5 Y0 Z-17 R5 F30;    孔加工
X47.5;
Y20;
X-47.5 Y-20;
G80;
G00 Z100;
M09;                              切削液关
M05;                              主轴停止转动
M30;                              程序结束
```

11.4　零件加工与质量检测

零件夹持面铣削采用手动铣削方式，上、下平面及四侧面由同学们自己编程，最终完成零件的程序编写与加工，正确完成检验，保证零件所有尺寸合格，表面质量达到图纸要求。

11.5　项 目 训 练

根据所学知识，编制图 11-19 所示零件数控加工工艺、程序，数控仿真后上机完成加工。

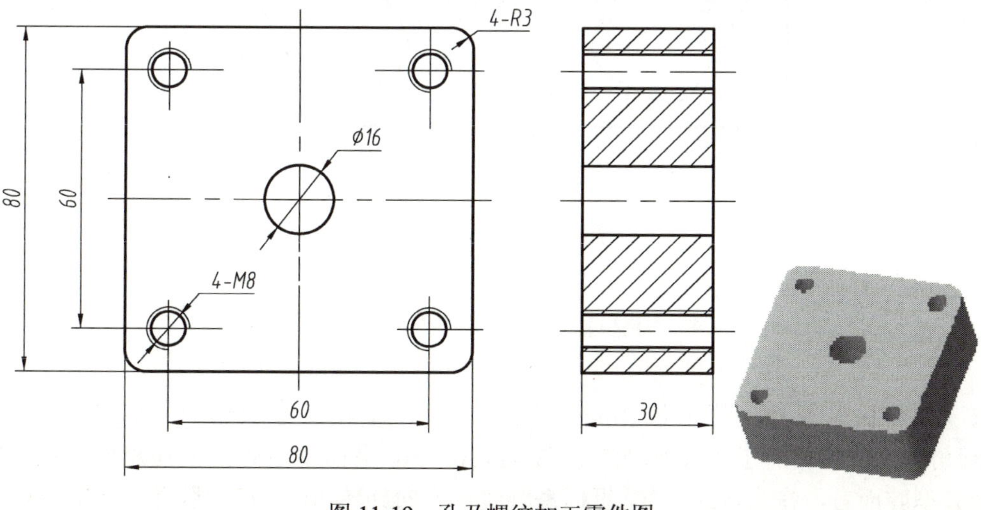

图 11-19　孔及螺纹加工零件图

项目十二　旋转型腔零件数控铣削加工

【项目能力目标】

1) 掌握坐标系旋转功能指令的适用情况；

2) 会按照图样利用坐标系旋转功能指令编写程序。

【加工任务】

任务描述：零件图如图 12-1 所示，毛坯尺寸为 110mm×110mm×25mm，材料为 HT200，按单件生产安排其数控铣削加工工艺，编写出加工程序。

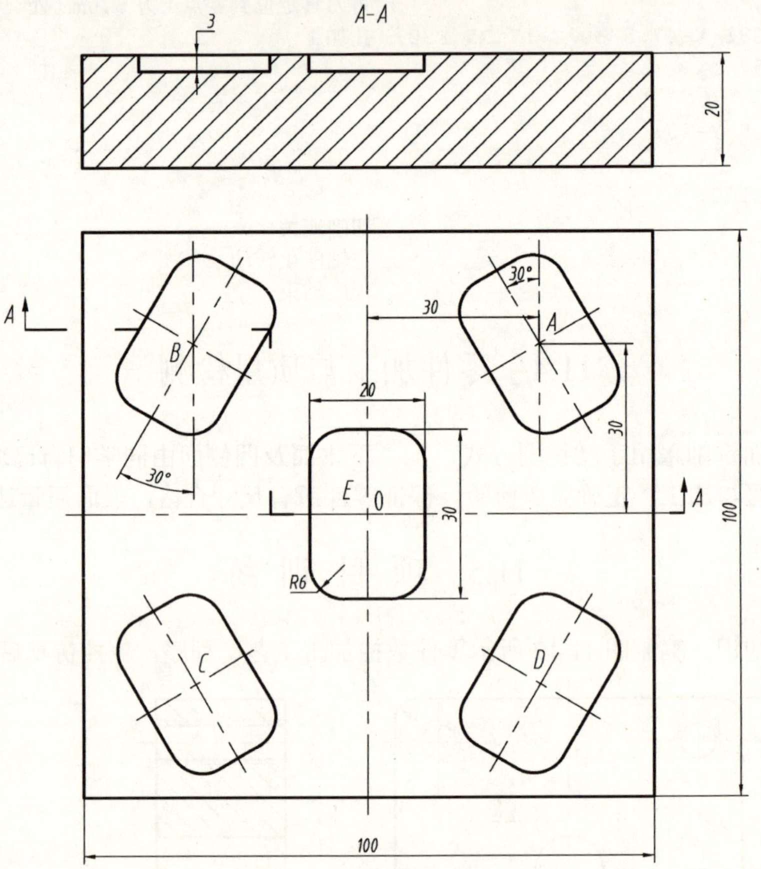

图 12-1　旋转型腔零件

12.1　工 艺 分 析

该零件需加工 5 个同样形状 3mm 深度的型腔，型腔长为 30mm，宽 20mm，四角为 *R*6 的圆角，*A* 型腔相对于 *E* 型腔而言，在点(30，30)坐标系逆时针方向旋转 30°；*B* 型腔相对于 *E* 型腔而言，在点(–30，30)坐标系顺时针方向旋转 30°；*C* 型腔相对于 *E* 型腔而言，在点(−30，−30)坐标系逆时针方向旋转 30°；*D* 型腔相对于 *E* 型腔而言，在点(30，−30)坐标系顺时针方向旋转 30°；该零件旋转型腔坐标点难以计算，采用坐标系旋转功能指令编程可简化其编程。

12.2　工艺制定

1. 确定各表面的加工方法

零件加工表面为内型腔，铣削方式采用圆周铣。

2. 定位基准的选择及装夹方案的确定

模具型腔零件采用平口虎钳装夹，底部铣削 3mm 的夹持面，以夹持面为精加工基准面，用平口虎钳找正后装夹，铣削加工零件上平面、外轮廓面及型腔，再以加工后上平面定位，底部用垫铁支承，以平口虎钳装夹，粗铣、精铣下平面至零件厚度尺寸要求。

3. 确定加工顺序及走刀路线

根据加工顺序及走刀路线的制定原则，制定加工顺序为：手动铣削夹持面→铣上平面→铣外轮廓面→铣型腔→铣下平面，型腔走刀路线图如图 12-2 所示。

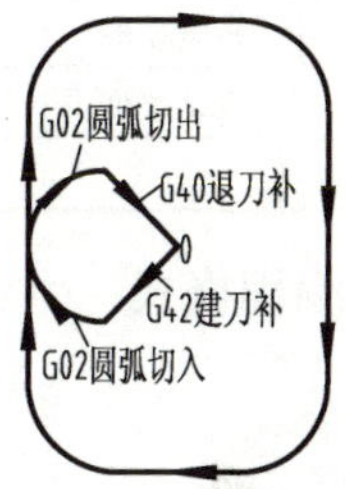

图 12-2　型腔走刀路线图

4. 机床、刀具的选择

根据零件图样要求，选用数控铣床即可满足模具型腔零件加工要求。故选用 FANUC 0iMB 系统 V600 数控铣床进行加工。

根据该零件的材料和加工精度要求，平面加工选用ϕ80mm 面铣刀，外轮廓面选用ϕ16mm 的硬质合金立铣刀，型腔加工选用ϕ8mm 的硬质合金键槽铣刀，刀具卡见表 12-1。

表 12-1　旋转型腔零件数控加工刀具卡

产品名称或代号			零件名称	凸模垫板	零件图号	
序号	刀具号	刀具规格名称	数量	加工表面		备注
1	T01	ϕ80mm 面铣刀	1	上、下平面		
2	T02	ϕ16mm 硬质合金立铣刀	1	外轮廓面		
3	T03	ϕ8mm 硬质合金键槽铣刀	1	型腔		

5. 切削用量的确定及填写工艺文件

根据切削用量的确定原则，制定加工工序卡片，如表 12-2 所示。

12.3　程序编制

【知识链接】

坐标系旋转功能—G68、G69

该指令可使编程图形按照指定旋转中心及旋转方向旋转一定的角度，G68 表示开始坐标系旋转，G69 用于撤销旋转功能。

表 12-2　旋转型腔零件数控加工工序卡

×××	数控加工工序卡片		产品型号		×××		零件图号		
			产品名称		×××		零件名称	旋转型腔零件	
材料牌号	HT200	毛坯种类		毛坯外形尺寸	110mm×110mm×25mm		备注		
工序号	工序名称	设备名称	设备型号	程序编号	夹具代号	夹具名称	冷却液		车间
05	铣削旋转型腔零件	数控铣床	V600	01	01	平口虎钳	乳化液		01
工步号	工步内容	刀具号	刀具	量具及检具	主轴转速/(r/min)	切削速度/(m/min)	进给速度/(mm/min)	背吃刀量/mm	备注
1	铣夹持面	T02	ϕ16mm 硬质合金立铣刀		800		150		
2	铣上平面	T01	ϕ80mm 面铣刀		1000		150		
3	铣外轮廓面	T02	ϕ16mm 硬质合金立铣刀		1000		150		
4	粗钻型腔	T02	ϕ16mm 硬质合金立铣刀		1000		120		
5	精铣型腔	T03	ϕ8mm 硬质合金立铣刀		1500		100		
6	铣下平面	T01	ϕ80mm 面铣刀		1000		150		
编制		审核		批准			共　页		第　页

编程格式：G68 X____ Y____ R____；

M98 P______________；

G69；

式中，X__、Y__为旋转中心的坐标值(可以是 X、Y、Z 中的任意两个，它们由当前平面选择指令 G17、G18、G19 中的一个确定)。当 X、Y 省略时，G68 指令认为当前的位置即为旋转中心。R__为旋转角度，逆时针旋转定义为正方向，顺时针旋转定义为负方向。

特别注意：

当程序在绝对方式下时，G68 程序段后的第一个程序段必须使用绝对方式移动指令，才能确定旋转中心。如果这一程序段为增量方式移动指令，那么系统将以当前位置为旋转中心，按 G68 给定的角度旋转坐标。在有刀具补偿的情况下，先进行坐标的旋转，然后才进行刀具半径、刀具长度补偿。在有缩放功能的情况下，先缩放后旋转。

应用举例：如图 12-3 所示，编制图 1、2、3 的加工程序。

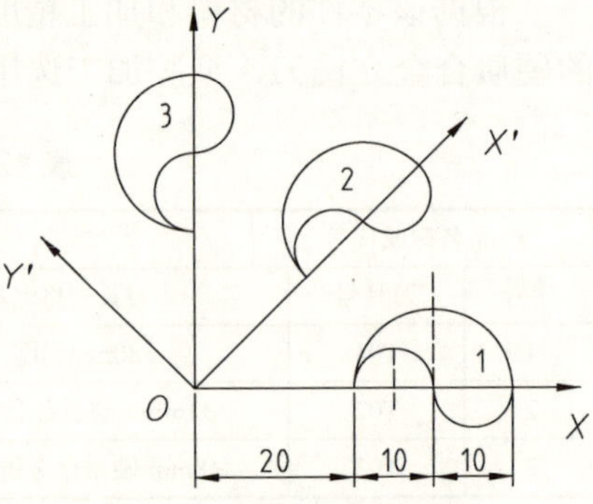

图 12-3　旋转功能编程示例

```
O0001;                          主程序 O0001
N10 G54 G00 X0 Y0;              选择坐标系
N20 M03 S500;                   主轴正转
N30 M98 P0002;                  调用子程序加工图 1
N40 G68 X0 Y0 R45;              以 O 点为基点逆时针旋转 45°
N50 M98 P0002;                  调用子程序加工图 2
N60 G69;                        取消旋转
N70 G68 X0 Y0 R90;              以 O 点为基点逆时针旋转 90°
N80 M98 P0002;                  调用子程序加工图 2
N80 G69;                        取消旋转
N90 M05;                        主轴停止
```

```
N100 M30;                          程序结束
O0002;                             子程序 O0002
N10 G90 G01 X20 Y0 F100;           定位
N20 G02 X30 Y0 R5;                 轮廓加工
N30 G03 X40 Y0 R5;
N40 G03 X20 Y0 R10;
N50 G00 X0 Y0;                     退刀
N60 M99;                           子程序结束，返回刀主程序
```

【任务实施】

以工件上平面为 *Z* 向零点，中心点为 *X*、*Y* 平面零点，建立工件坐标系。工件的平面、外轮廓及型腔粗加工程序由同学们按前面项目要求编写加工程序。

零件型腔精加工程序如下：

```
O0001;                             程序名
G54 G90;                           建立工件坐标系
G00 X0 Y0;
M03 S1500;
Z10;
G01 Z0 F100;
M98 P0002;                         加工 E 型腔
G90 G00 Z5;                        提刀
X30 Y30;                           X、Y 平面定位
G01 Z0;                            下刀
G68 X30 Y30 R30;                   工件坐标系沿旋转中心(X30，Y30)逆时针旋转 30°
M98 P0002;                         调用子程序加工 A 型腔
G69;                               取消工件坐标系旋转
G90 G00 Z5;
X-30 Y30;
G01 Z0;
G68 X-30 Y30 R-30;                 工件坐标系沿旋转中心(X-30，Y30)顺时针旋转 30°
M98 P0002;                         调用子程序加工 B 型腔
G69;                               取消工件坐标系旋转
G90 G00 Z5;
X-30 Y-30;
G01 Z0;
G68 X-30 Y-30 R30;                 工件坐标系沿旋转中心(X-30，Y30)逆时针旋转 30°
M98 P0002;                         调用子程序加工 C 型腔
G69;                               取消工件坐标系旋转
G90 G00 Z5;
X30 Y-30;
G01 Z0;
G68 X30 Y-30 R-30;                 工件坐标系沿旋转中心(X30，Y-30)顺时针旋转 30°
M98 P0002;                         调用子程序加工 D 型腔
G69;                               取消工件坐标系旋转
G90 G00 Z100;
M05;
M30;                               主程序结束
%
O0002;                             型腔加工子程序
G91 G01 Z-3 F50;                   Z 向下刀
```

```
G01 G42 X-5 Y-5 D01 F100;     建立刀具补偿 D01=4mm
G02 X-5 Y5 R5;                圆弧插补切向切入工件
G01 Y9;                       轮廓加工
G02 X6 Y6 R6;
G01 X8;
G02 X6 Y-6 R6;
G01 Y-18;
G02 X-6 Y-6 R6;
G01 X-8;
G02 X-6 Y6 R6;
G01 Y9;
G02 X5 Y5 R5;                 圆弧插补切向切出工件
G01 G40 X5 Y-5;               取消刀补
M99;                          子程序结束
```

12.4　零件加工与质量检测

以前面项目零件加工为标准，完成旋转型腔零件数控铣削加工与质量检测。

12.5　项 目 训 练

根据所学知识，编制图 12-4 所示零件数控加工工艺、程序，数控仿真后上机完成加工。

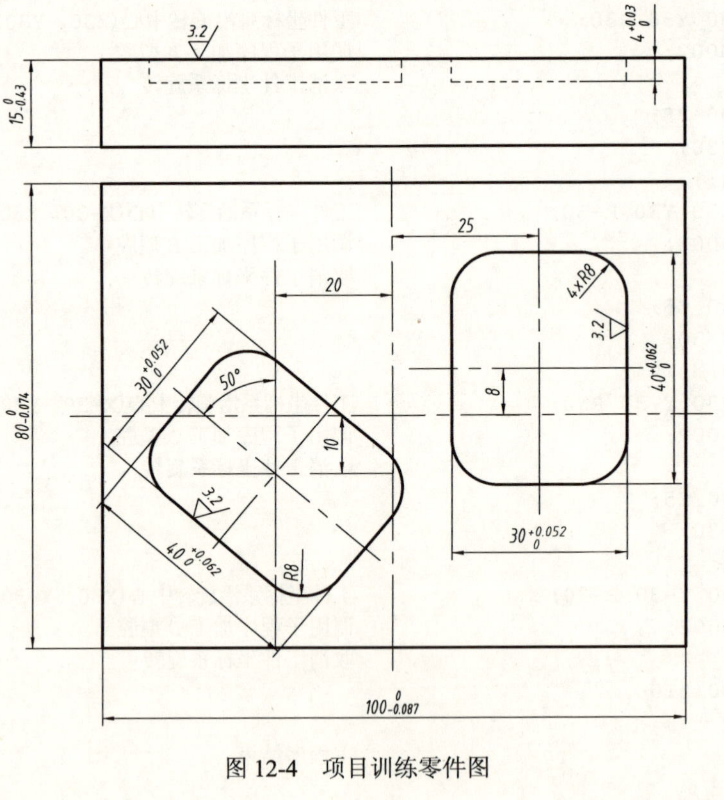

图 12-4　项目训练零件图

项目十三　凸台零件数控铣削加工

【项目能力目标】

1）掌握比例及镜像功能指令的使用方法及注意事项；

2）熟练掌握特殊指令的运用，简化程序的编制。

【加工任务】

任务描述：零件如图 13-1、图 13-2 所示，分别完成两个零件的凸台轮廓加工，材料为 HT200，编写出加工程序，完成凸台零件的加工。

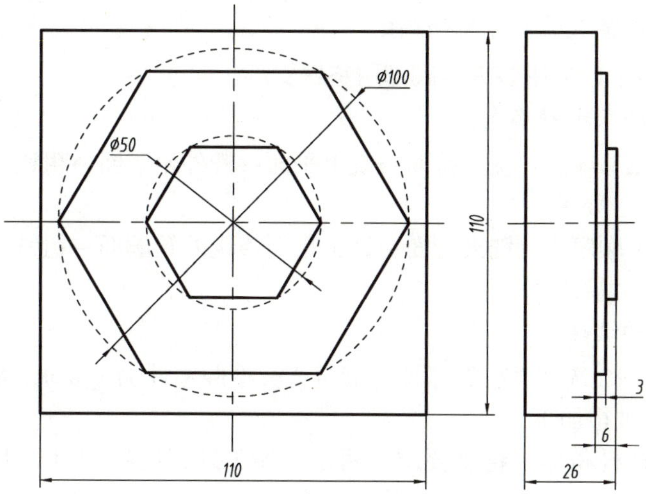

图 13-1　比例缩放零件

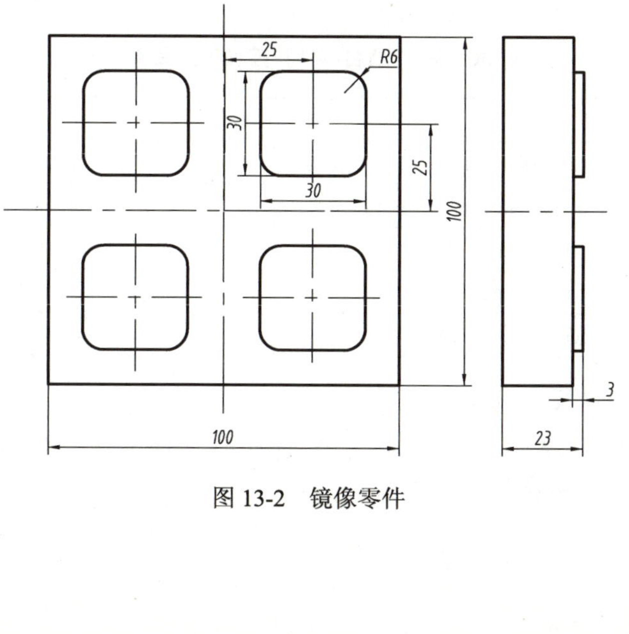

图 13-2　镜像零件

13.1　工 艺 分 析

如图 13-1 所示，零件两个六边形凸台轮廓形状相似，为简化编程，可按尺寸按比例以坐标原点(0，0)进行缩放。如图 13-2 所示，零件四个轮廓对称分布，编程方式可采用镜像编程。

13.2　工 艺 制 定

1. 确定各表面的加工方法

两个零件加工面均为凸台轮廓，加工方法采用立铣刀侧刃切削。

2. 定位基准的选择及装夹方案的确定

两个零件均采用平口虎钳装夹，底部用垫铁支承。

3. 确定加工顺序及走刀路线

图 13-1 零件加工顺序为：铣夹持面→铣上平面→铣外轮廓面→粗铣凸台轮廓→精铣凸台轮廓→铣下平面至尺寸要求。

图 13-2 零件加工顺序为：铣夹持面→铣上平面→铣外轮廓面→粗铣凸台轮廓→精铣凸台轮廓→铣下平面至尺寸要求。

4. 机床、刀具的选择

根据零件图样要求，选用数控铣床即可满足模具型腔零件加工要求。故选用 FANUC 0iMB 系统 V600 数控铣床进行加工。

根据该零件的材料和加工精度要求，两零件加工选择同样刀具。上、下平面加工选用ϕ80mm 面铣刀，外轮廓面选用ϕ20mm 的硬质合金立铣刀，凸台轮廓加工分别选用ϕ16mm，ϕ10mm 的硬质合金立铣刀，刀具卡如表 13-1 所示，并把该刀具的相关参数输入刀具参数表中。

表 13-1　凸台零件数控加工刀具卡

产品名称或代号			零件名称		零件图号	
序号	刀具号	刀具规格名称	数量	加工表面		备注
1	T01	ϕ80mm 面铣刀	1	上、下平面		
2	T02	ϕ20mm 硬质合金立铣刀	1	外轮廓面		
3	T03	ϕ16mm 硬质合金立铣刀	2	夹持面、凸台轮廓面		
4	T04	ϕ10mm 硬质合金立铣刀	1	凸台轮廓面		

5. 切削用量的确定及填写工艺文件

根据切削用量的确定原则，制定出各工序数控加工工序卡片，图 13-1 所示零件加工工序卡见表 13-2，图 13-2 所示零件见表 13-3。

表 13-2　比例缩放零件数控加工工序卡

宜宾职业技术学院	数控加工工序卡片	产品型号		零件图号	
		产品名称		零件名称	正五边形凸台零件

材料牌号	HT200	毛坯种类		毛坯外形尺寸	110mm×110mm×25mm	备注	

工序号	工序名称	设备名称	设备型号	程序编号	夹具代号	夹具名称	冷却液	车间
05	比例缩放零件加工	数控铣床	V600	01	01	平口虎钳	乳化液	01

工步号	工步内容	刀具号	刀具	量具及检具	主轴转速/(r/min)	切削速度/(m/min)	进给速度/(mm/min)	背吃刀量/mm	备注
1	铣夹持面	T02	ϕ16mm 立铣刀		1000		80		
2	铣上平面	T01	ϕ80mm 面铣刀		800		120	1	
3	铣外轮廓面	T02	ϕ20mm 立铣刀		1000		100	0.5	
4	粗铣六边形凸台轮廓面	T03	ϕ16mm 立铣刀		1200		100	3	
5	精铣六边形凸台轮廓面	T03	ϕ16mm 立铣刀		1200		100	3	
6	铣下平面	T01	ϕ80mm 面铣刀		800		120	1	
7									
8									

编制		审核		批准		共 3 页	第 3 页

表 13-3　镜像零件数控加工工序卡

宜宾职业技术学院	数控加工工序卡片	产品型号		零件图号	
		产品名称		零件名称	对称凸台零件

材料牌号	HT200	毛坯种类		毛坯外形尺寸	70mm×70mm×15mm	备注	

工序号	工序名称	设备名称	设备型号	程序编号	夹具代号	夹具名称	冷却液	车间
05	镜像零件加工	数控铣床	V600	01	01	平口虎钳	乳化液	01

工步号	工步内容	刀具号	刀具	量具及检具	主轴转速/(r/min)	切削速度/(m/min)	进给速度/(mm/min)	背吃刀量/mm	备注
1	铣夹持面	T02	ϕ16mm 立铣刀		1000		80		
2	铣上平面	T01	ϕ80mm 面铣刀		800		120	1	
3	铣外轮廓面	T02	ϕ20mm 立铣刀		1000		100	0.5	
4	粗铣四个凸台轮廓面	T03	ϕ10mm 立铣刀		1200		100	3	
5	精铣四个凸台轮廓面	T03	ϕ10mm 立铣刀		1200		100	3	
6	铣下平面	T01	ϕ80mm 面铣刀		800		120	1	

编制		审核		批准		共 3 页	第 3 页

13.3　程 序 编 制

【知识链接】

1. 比例缩放功能—G50、G51

G51 是缩放指令，既可指平面缩放，也可指空间缩放。G50 是缩放取消。

编程格式：

(1) G51 X__Y__Z__P__;(各轴按相同比例编程)

```
M98 P__;
G50;
```

式中，X、Y、Z 指缩放中心坐标，P 为缩放倍数。使用 G51 指令可用一个程序加工出形状相同，尺寸不同的工件。M98 调用的子程序就是 G51 缩放的对象。G51、G50 为模态指令，可相互注销。

(2) G51 X__Y __Z__I__J__K__；(各轴以不同比例编程)

```
M98 P__ ;
…
G50;
```

式中，X、Y、Z 为缩放中心坐标；I、J、K 为对应 *X*、*Y*、*Z* 轴的比例系数，在 0.001～9.999 范围内。有的系统设定 I、J、K 不能带小数点，比例为 1 时，应输入 1000，并在程序中都应输入，不能省略。

应用举例：

图 13-3 所示的三角形 *ABC*，顶点为 *A*(30,40)，*B*(70, 40)，*C*(50，80)，若 *D*(50，50) 为缩放中心，放大 2 倍。

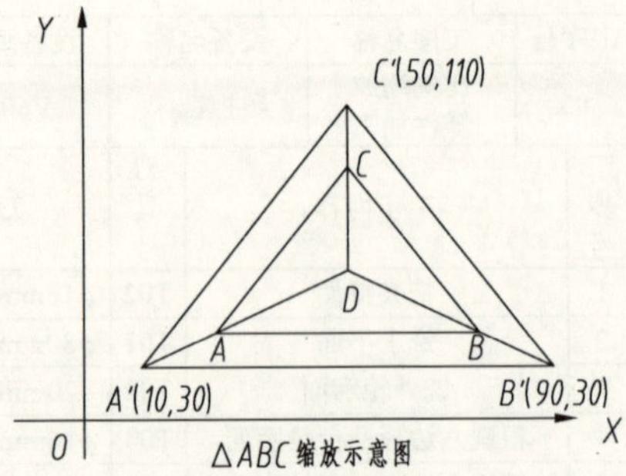

图 13-3 比例缩放编程的应用

则加工程序为：

```
O0001;                          主程序 O0001
N10 G54 G90 G40 G80 G69;        选择工件坐标系
N20 M03 S1000 T01;              主轴转动，选 1 号刀
N30 G00 X50 Y50;                定位
N40 M98 P0002;                  调用子程序，加工 ABC
N50 G51 X50 Y50 P2;             以 O 点为基点，放大 2 倍
N60 M98 P0002;                  调用子程序，加工 A′B′C′
N70 M05;                        主轴停止
N80 M30;                        程序结束
O0002;                          子程序 O0002
N10 G00 X30 Y40;                定位
N20 G01 X70 F100;               加工 ABC 轮廓
N30 X50 Y80;
N40 X30 Y40;
N50 M99;                        子程序结束，返回主程序
```

2. 镜像编程功能—G51、G50

当零件相对于某一轴具有对称形状时。只对工件的一部分进行编程，利用镜像功能和子程序就能加工出零件的对称部分。

编程格式：

(1) G51 X___ Y___Z___ I___ J___K___;

```
M98 P__;
G50;
```

式中，X、Y、Z 为镜像轴，I、J、K 为镜像比例。

(2) G51.1X__Y__;

式中的 X、Y 值用于指定对称轴或对称点。当 G51.1 指令后仅一个坐标字时，该镜像是以某一坐标轴为镜像轴。

例：G51.1X10.0Y10.0;

该指令表示镜像是以某一点(10,10)作为对称点进行镜像

```
G51.1 X10.0;
```

该指令表示以某一轴线为对称轴，该轴线与 Y 轴相平行，且与 X 轴在 X=10.0 处相交。

```
G50.1 X_ Y_;表示取消镜像
```

【任务实施】

工件坐标系以工件上平面为 Z 向零点，中心点为 X、Y。本项目零件的凸台精加工程序如下。

1. 图 13-1 零件图凸台轮廓精加工程序

```
O0001;                              主程序
G54 G90;                            设置工件坐标系
M03 S1200;                          主轴正转 1200r/min
G00 X0 Y0 Z10;                      到达 X0 Y0
X-15 Y32;                           X、Y平面定位
M98 P0002;                          调用子程序，精加工小凸台
G51 X0 Y0 Z0 P2;                    各轴取缩放比例
M98 P0002;                          精加工大凸台
G50;                                取消比例缩放
G00 Z100;
X0 Y0;
M30;
%
O0002;                              子程序
G90 G01 X-13.5 Y31.65 F100;
Z-3;
G41 G01 X-12.5 Y21.65 D01;          建立刀具半径补偿
X12.5;
X25 Y0;
X12.5 Y-21.65;
X-12.5;
X-25 Y0;
X-12.5 Y21.65;
G40 G01 X-13.5 Y31.65;
M99;
```

2. 图 13-2 零件图凸台轮廓精加工程序

```
O0003;                              主程序
G54 G90;                            建立工件坐标系
M03 S1200;
M98 P0004;
G51 X0 Y0 I1000 J-1000;             X轴镜像
M98 P0004;
G50;                                取消 X 轴镜像
G51 X0 Y0 I-1000 J-1000;            X、Y轴镜像
M98 P0004;
G50;                                取消 X、Y 轴镜像
G51 X0 Y0 I-1000 J1000;             Y轴镜像
```

```
M98 P0004;
G50;                                    取消Y轴镜像
G00 Z100;
M30;
%
O0004;
G90 G00 X0 Y0 Z5;
G01 Z-3 F100;
G41 G01 X10 Y10 D01;
G01 Y34;
G02 X16 Y40 R6;
G01 X34;
G02 X40 Y34 R6;
G01 Y16;
G02 X34 Y10 R6;
G01 X16;
G02 X10 Y16 R6;
G03 X-2 Y16 R6;
G40 G01 X0 Y0;
M99;
```

13.4　零件加工与质量检测

以前面项目零件加工为标准，完成旋转型腔零件数控铣削加工与质量检测。

13.5　项 目 训 练

编制图 13-4 所示零件数控加工工艺、利用比例缩放、镜像功能编制零件程序，数控仿真后上机完成加工。

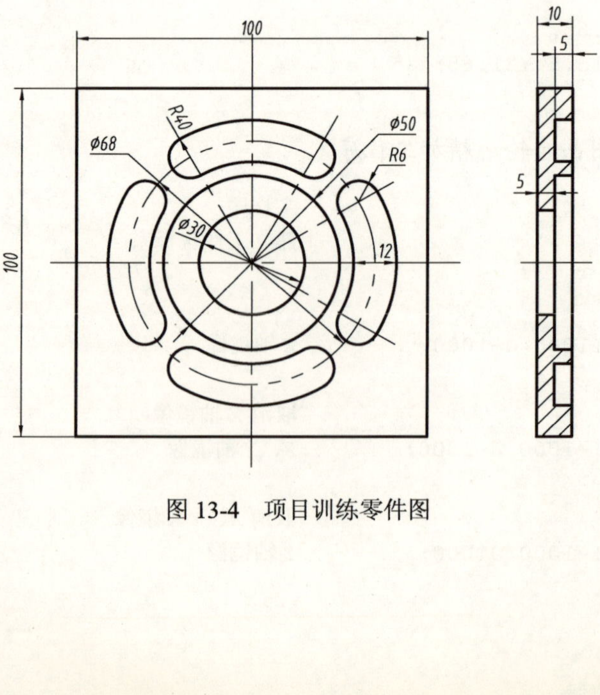

图 13-4　项目训练零件图

项目十四　椭圆凸台零件数控铣削加工

【项目能力目标】

1）掌握用户宏指令的特点；

2）熟悉用户宏指令的变量；

3）能编写简单的用户宏程序。

【加工任务】

任务描述：零件图如图 14-1 所示。毛坯为 80mm×70mm×22mm 的铝合金（LY12），加工部位为长半轴为 30mm，短半轴为 20mm 的椭圆凸台。

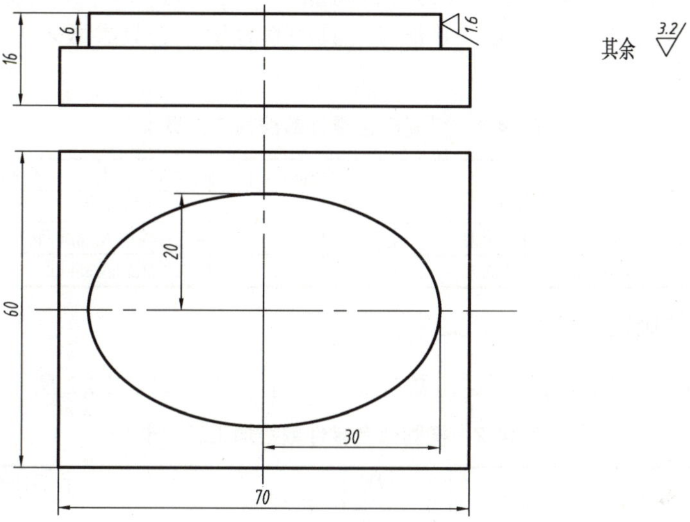

图 14-1　椭圆凸台零件图

14.1　工 艺 分 析

如图 14-1 所示，椭圆凸台零件 *X* 方向长度为 70mm，*Y* 方向长度为 60mm，*Z* 方向为 16mm，毛坯为 80mm×70mm×22mm。首先，将该毛坯铣削至 70mm×60mm×16mm，其次，铣削椭圆凸台轮廓，保证其轮廓表面粗糙度为 1.6μm。将工件原点建立在椭圆的 *XY* 对称中心，Z 方向设在工件的顶平面 *Z* 方向 16mm 处。由于数控系统不具有椭圆轮廓曲线编程功能，需要使用宏程序编程指令完成零件加工。

14.2　工 艺 制 定

14.2.1　确定各表面的加工方法

将毛坯铣削至 70mm×60mm×16mm，参照前面项目由同学们自己完成，椭圆凸台轮廓面加工方法采用立铣刀侧刃铣削。

14.2.2　定位基准的选择及装夹方案的确定

椭圆凸台零件加工时，先采用平口虎钳装夹，底部用垫铁支承，铣削 3mm 的夹持面，翻面以夹持面为精基准铣削至 70mm×60mm×17mm，翻面铣削保证总高 16mm，以加工后的下平面及两侧面定位，下平面用垫铁支撑，以平口虎钳装夹，铣削加工椭圆凸台。

14.2.3　确定加工顺序及走刀路线

根据加工顺序及走刀路线的制定原则，椭圆凸台加工工艺过程为：粗铣椭圆凸台—精铣椭圆凸台。

14.2.4　机床、刀具的选择

根据零件图样要求，选用数控铣床即可达到要求。故选用 FANUC—0i 系统 V600 数控铣床。

现采用ϕ 16mm 通用硬质合金立铣刀进行粗加工，定义为 T01，采用ϕ 10mm 通用硬质合金立铣刀进行精加工，定义为 T02，并把该刀具的直径输入刀具参数表中。数控加工刀具卡如表 14-1 所示。

表 14-1　椭圆凸台零件数控加工刀具卡

<table>
<tr><td colspan="2">产品名称或代号</td><td></td><td>零件名称</td><td>椭圆凸台</td><td>零件图号</td><td>01</td></tr>
<tr><td>序号</td><td>刀具号</td><td>刀具规格名称</td><td>数量</td><td colspan="2">加工表面</td><td>备注</td></tr>
<tr><td>1</td><td>T01</td><td>ϕ16mm 三刃立铣刀</td><td>1</td><td colspan="2">粗铣外轮廓及椭圆凸台</td><td></td></tr>
<tr><td>2</td><td>T02</td><td>ϕ10mm 三刃立铣刀</td><td>1</td><td colspan="2">精铣外轮廓及椭圆凸台</td><td></td></tr>
</table>

14.2.5　切削用量的确定及填写工艺文件

根据切削用量的确定原则，制定出数控加工工序卡片，如表 14-2 所示。

表 14-2　椭圆凸台零件数控加工工序卡

<table>
<tr><td colspan="2" rowspan="2">宜宾职业技术学院</td><td colspan="2" rowspan="2">数控加工工序卡片</td><td>产品型号</td><td colspan="3"></td><td>零件图号</td><td></td></tr>
<tr><td>产品名称</td><td colspan="3"></td><td>零件名称</td><td>椭圆凸台零件</td></tr>
<tr><td>材料牌号</td><td>HT200</td><td>毛坯种类</td><td></td><td>毛坯外形尺寸</td><td colspan="2">80mm×80mm×22mm</td><td>备注</td><td colspan="2"></td></tr>
<tr><td>工序号</td><td>工序名称</td><td>设备名称</td><td>设备型号</td><td>程序编号</td><td>夹具代号</td><td>夹具名称</td><td colspan="2">冷却液</td><td>车间</td></tr>
<tr><td>05</td><td>粗、精铣椭圆凸台</td><td>数控铣床</td><td>V600</td><td>01</td><td>01</td><td>平口虎钳</td><td colspan="2">乳化液</td><td>01</td></tr>
<tr><td>工步号</td><td>工步内容</td><td>刀具号</td><td>刀具</td><td>量具及检具</td><td>主轴转速 /(r/min)</td><td>切削速度 /(m/min)</td><td>进给速度 /(mm/min)</td><td>背吃刀量 /mm</td><td>备注</td></tr>
<tr><td>1</td><td>备料，80mm×70mm×22mm 铝合金毛坯</td><td></td><td>切割机</td><td></td><td></td><td></td><td></td><td></td><td></td></tr>
<tr><td>2</td><td>铣夹持面。用百分表找正平口虎钳后铣夹持面</td><td>T01</td><td>ϕ 16mm 硬质合金立铣刀</td><td>游标卡尺</td><td>2500</td><td></td><td>300</td><td>3</td><td></td></tr>
<tr><td>3</td><td>粗铣上平面及外轮廓</td><td>T01</td><td>ϕ 16mm 硬质合金立铣刀</td><td>游标卡尺</td><td>2500</td><td></td><td>200</td><td>3</td><td></td></tr>
<tr><td>4</td><td>精铣至 70mm×60mm×16mm</td><td>T02</td><td>ϕ 10mm 硬质合金立铣刀</td><td></td><td>3000</td><td></td><td>180</td><td>0.5</td><td></td></tr>
<tr><td>5</td><td>粗铣椭圆凸台</td><td>T01</td><td>ϕ 16mm 硬质合金立铣刀</td><td></td><td>2500</td><td></td><td>200</td><td>3</td><td></td></tr>
<tr><td>6</td><td>精铣椭圆凸台</td><td>T02</td><td>ϕ 10mm 硬质合金立铣刀</td><td></td><td>3500</td><td></td><td>180</td><td>0.5</td><td></td></tr>
<tr><td>7</td><td>检验</td><td></td><td></td><td></td><td></td><td></td><td></td><td></td><td></td></tr>
<tr><td>编制</td><td></td><td>审核</td><td></td><td>批准</td><td></td><td colspan="2">共 3 页</td><td colspan="2">第 3 页</td></tr>
</table>

14.3　程 序 编 制

【知识链接】

在数控编程中，宏程序编程灵活、高效、快捷。对编制相同加工操作的程序非常有用，还可以完成子程序无法实现的特殊功能，例如，型腔加工宏程序、固定加工循环宏程序、球面加工宏程序、锥面加工宏程序等。

宏程序还可以实现系统参数的控制，如坐标系的读写、刀具偏置的读写、时间信息的读写、倍率开关的控制等。

数控铣削宏程序中的变量、算术和逻辑运算、宏程序语句及 NC 语句、转移和循环及宏程序调用等说明参照模块一中宏程序介绍。

1. 椭圆宏程序公式

椭圆曲线标准解析方程：　$x^2/a^2+y^2/b^2=1$

椭圆曲线参数方程：　$X=a\times\cos t$；　$Y=b\times\sin t$

2. 椭圆宏程序流程图

程序流程图简称为流程图，是一种传统的算法表示法，程序流程图是人们对解决问题的方法、思路或算法的一种描述。它利用图形化的符号框来代表各种不同性质的操作，并用流程线来连接这些操作。在程序的设计(在编码之前)阶段，通过画流程图，可以帮助我们理清程序思路。流程图是用于清晰表达程序走向的图形，根据图 14-2 所示的椭圆轮廓，将其划分为 360°，并以其作为循环终止的条件。

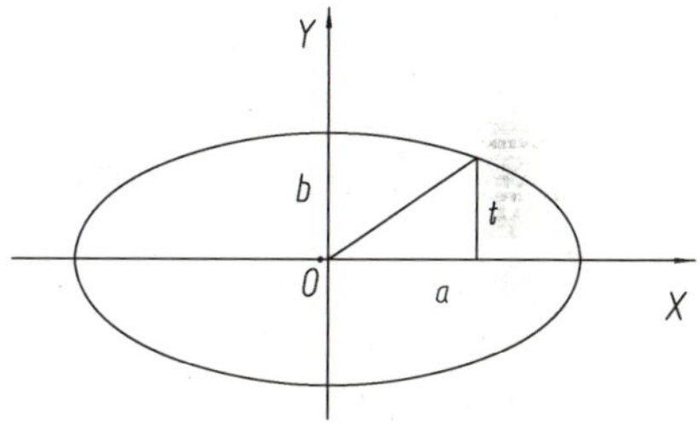

图 14-2　参数角度图

采用参数编程前，设计的椭圆流程图如图 14-3 所示。

完成流程图后，进行椭圆的参数定义，其详细参数见表 14-3。

表 14-3　椭圆参数定义表

参数内容	参数变量	含义
	#1	椭圆参数角
	#2	椭圆动点在 X 方向的分量值
	#3	椭圆动点在 Y 方向的分量值
F	#9	进给速度
A	#5	椭圆 X 方向长半轴 a
B	#6	椭圆 Y 方向短半轴 b

3. 椭圆切入切出方式

为避免切入切出处产生刀痕，选择圆弧切入和圆弧切出方式，在椭圆的切入切出处引入 $R11$ 圆弧切入，切出也选用 $R11$ 圆弧切出，如图 14-4 所示。

【任务实施】

根据椭圆凸台零件加工工艺，编制椭圆凸台零件精加工程序：

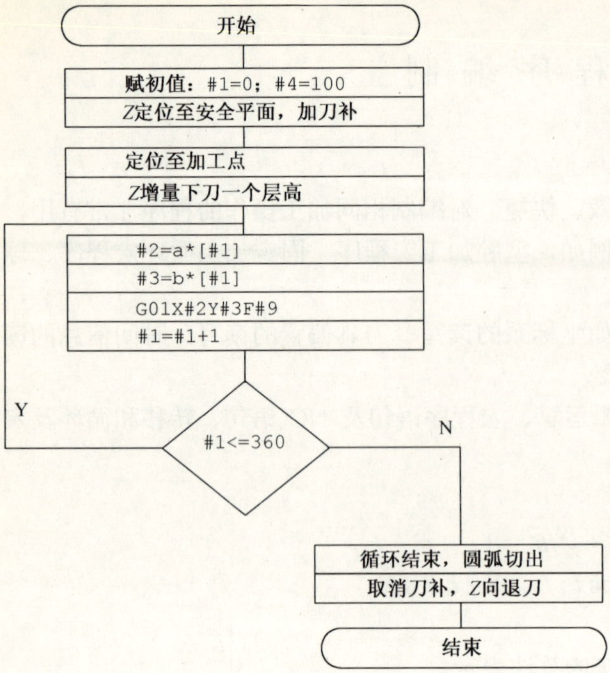

图 14-3　椭圆流程图

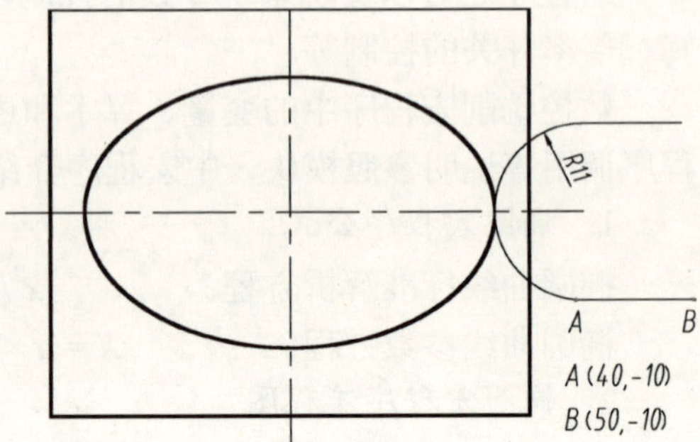

图 14-4　圆弧切入及切出

```
O0008;                          子程序
#9=100;                         进给速度
#1=0;                           初始角度
#5=30;                          X长半轴
#6=20;                          Y短半轴
G00 X50 Y0;                     X、Y平面定位
M03 S2500;                      主轴正转2500r/min
G00 Z2 M8;                      刀具Z向定位
G0 X50 Y-10;                    刀具X向定位
G42 X40 D01;                    加入刀具半径右补偿
G91 G01 Z-3 F#9;                Z向下刀
G90 G02 X30 Y0 R11;             圆弧切入
WHILE[#1LE360]DO1;              判断是否加工到360°
#2=#5*COS[#1];
#3=#6*SIN[#1];
G1X#2Y#3F#9;                    直线插补
#1=#1+1;                        角度增1
END1;
G02 X40 Y10 R11;                圆弧切出
G01 X50 G40;                    取消刀补
G00 Z100 M09;                   Z向退刀
Y0;                             Y退刀
M99;                            子程序调用结束
%
```

```
O0088;                      主程序
G54 G90 G94 G0 Z100;        设置工件坐标系
G00 X50 Y0;                 定位
M03 S2500;
G00 Z5;                     Z 向定位至 5mm，检查 Z 向坐标是否正确
G01 G90 Z0 F200;            Z 向定位至 0
M98 P0008;                  第一次调用
G90 G01 Z-3 F200;           Z 向定位至-3mm
M98 P0008;                  第二次调用
G90 G00 Z100;
G00 X0 Y0;
M30;
```

14.4　零件加工与质量检测

零件夹持面铣削采用手动铣削方式，上、下平面及零件粗加工由同学们自己编程，输入椭圆宏程序，按零件加工工艺，由同学们自行完成加工，正确完成检验，保证椭圆凸台零件所有尺寸合格，表面质量达到图纸要求。

14.5　项 目 训 练

根据所学知识，编制图 14-5 所示零件数控加工工艺、程序，数控仿真后上机完成加工。

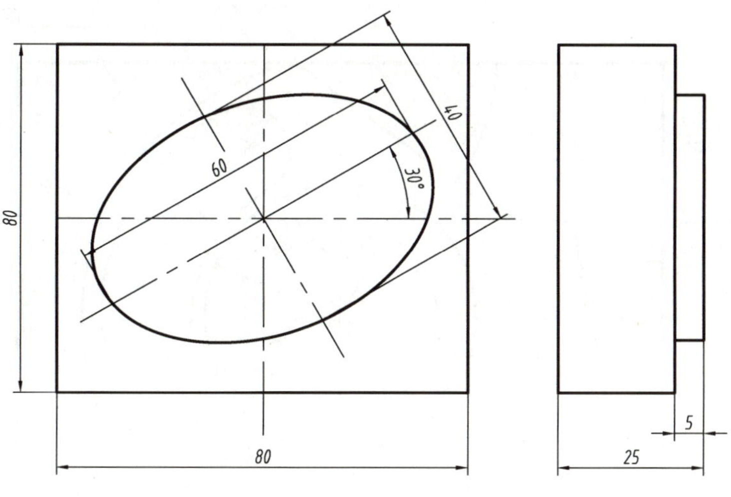

图 14-5　斜椭圆凸台零件

项目十五　腰形槽底板零件综合数控铣削加工

【项目能力目标】

1) 能进行较复杂零件的加工工艺分析；

2) 能进行较复杂零件程序的编制及零件的加工。

【加工任务】

腰形槽底板如图 15-1 所示，按单件生产安排其数控铣削工艺，编写出加工程序，完成零件加工。毛坯为已加工至尺寸为 80mm×100mm×20mm 的半成品；长度方向侧面对宽度方向侧面及底面的垂直度公差为 0.03mm；零件材料为 45 钢，表面粗糙度为 *Ra*3.2。

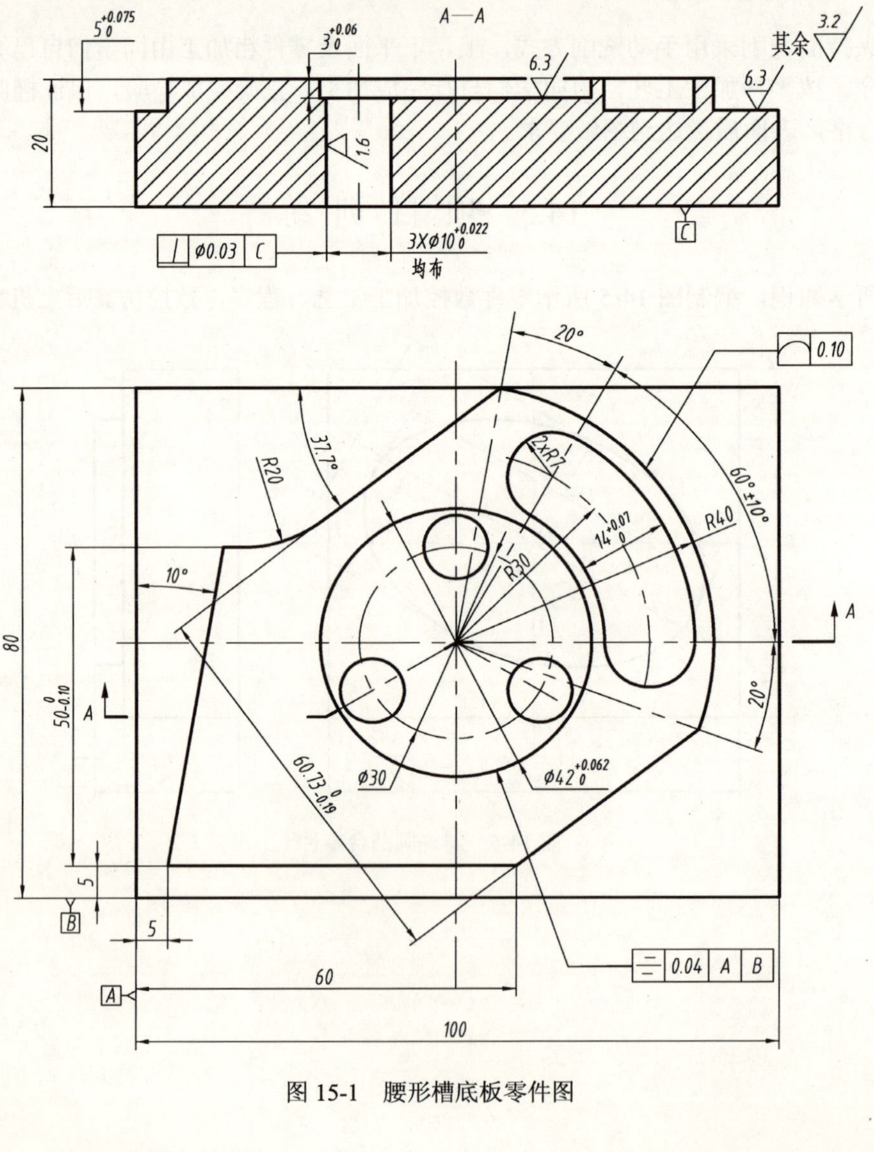

图 15-1　腰形槽底板零件图

15.1　工 艺 分 析

该零件包含了外形轮廓、圆形槽、腰形槽和孔的加工，有较高的尺寸精度和垂直度、对称度等形位精度要求。编程前必须详细分析图纸中各部分的加工方法及走刀路线，选择合理的装夹方案和加工刀具，保证零件的加工精度要求。

外形轮廓中的 50mm 和 60.73mm 两尺寸的上偏差都为零，可不必将其转变为对称公差，直接通过调整刀补来达到公差要求；3×ϕ10mm 孔尺寸精度和表面质量要求较高，并对 C 面有较高的垂直度要求，需要铰削加工，并注意以 C 面为定位基准；ϕ42mm 圆形槽有较高的对称度要求，对刀时 X、Y 方向应采用寻边器碰双边，准确找到工件中心。

15.2　工 艺 制 定

15.2.1　定位基准的选择及装夹方案的确定

用平口虎钳装夹工件，工件上表面高出钳口 8mm 左右。校正固定钳口的平行度以及工件上表面的平行度，确保精度要求。

15.2.2　确定加工顺序及走刀路线

根据加工顺序及走刀路线的制定原则，工艺过程为：外轮廓的粗、精铣削(粗加工单边留 0.2mm 余量)→加工 3×ϕ 10mm 孔和垂直进刀工艺孔→圆形槽粗、精铣削，(采用同一把刀具进行)→腰形槽粗、精铣削(采用同一把刀具进行)。

15.2.3　机床、刀具的选择

根据零件图样要求，选用普通数控铣床即可达到要求。故选用 FANUC—0i 系统加工中心。数控加工刀具的选择见表 15-1。

表 15-1　腰形槽底板零件数控加工刀具卡

单位		数控加工刀具卡片	产品名称				零件图号	
			零件名称				程序编号	
序号	刀具号	刀具名称	刀 具		补偿值		刀补号	
			直径	长度	半径	长度	半径	长度
1	T01	立铣刀	ϕ20mm		10.2(粗)/10.0(精)		D01	
2	T02	中心钻	ϕ3mm					
3	T03	麻花钻	ϕ9.7mm					
4	T04	铰刀	ϕ10mm					
5	T05	立铣刀	ϕ16mm		8.2(半精)/8.0(精)		D05	
6	T06	立铣刀	ϕ12mm		6.1(半精)/6.0(精)		D06	

15.2.4　切削用量的确定及填写工艺文件

各工序数控加工工序卡片，如表 15-2 所示。

表 15-2　腰形槽底板零件数控加工工序卡

宜宾职业技术学院	数控加工工序卡片	产品型号		零件图号	
		产品名称	腰形槽底板零件	零件名称	腰形槽底板零件

材料牌号	HT200	毛坯种类		毛坯外形尺寸	(100±0.027)mm× (80±0.023)mm×20 mm	备注	

工序号	工序名称	设备名称	设备型号	程序编号	夹具代号	夹具名称	冷却液	车间
05	铣削加工 腰形槽底板	加工中心			01	平口虎钳	乳化液	01

工步号	工步内容	刀具号	刀具	量具及检具	主轴转速/(r/min)	切削速度/(m/min)	进给速度/(mm/min)	背吃刀量/mm	备注
1	去除轮廓边角料	T01	ϕ20mm 立铣刀		400		80		
2	粗铣外轮廓	T01	ϕ20mm 立铣刀		500		100		
3	精铣外轮廓	T01	ϕ20mm 立铣刀		700		80		
4	钻中心孔	T02	ϕ3mm 中心钻		2000		80		
5	钻 3×ϕ10 底孔和垂直进刀工艺孔	T03	ϕ9.7mm 麻花钻		600		80		
6	铰 2×ϕ10H7 孔	T04	ϕ10mm 铰刀		200		50		
7	粗铣圆形槽	T05	ϕ16mm 立铣刀		500		80		
8	半精铣圆形槽	T05	ϕ16mm 立铣刀		500		80		
9	精铣圆形槽	T05	ϕ16mm 立铣刀		750		60		
10	粗铣腰形槽	T06	ϕ12mm 立铣刀		600		80		
11	半精铣腰形槽	T06	ϕ12mm 立铣刀		600		80		
12	精铣腰形槽	T06	ϕ12mm 立铣刀		800		60		
编制		审核		批准			共 页		第 页

15.3　程序编制

在工件中心建立工件坐标系，Z 轴原点设在工件上表面。

外形轮廓铣削：

(1) 去除轮廓边角料

安装ϕ20mm 立铣刀(T01)并对刀，去除轮廓边角料程序如下：

```
O0001;
N10 G54G17 G21 G40 G80 G90 G94;          程序初始化
N20 G00 Z50.0 M08;                       刀具定位到安全平面，启动主轴
N30 M03 S400;
N40 X-65.0 Y32.0;                        去除轮廓边角料
N50 Z-5.0;
N60 G01 X-24.0 F80;
N70 Y55.0;
N80 G00 Z50.0;
N90 X40.0 Y55.0;
N100 Z-5.0;
N110 G01 Y35.0;
N120 X52.0;
N130 Y-32.0;
N140 X40.0;
```

```
N150 Y-55.0
N160 G00 Z50.0 M09;
N170 M05;
N180 M30;                                   程序结束
```

(2)粗、精加工外形轮廓

如图 15-2 所示，刀具由 P_0 点下刀，通过 P_0P_1 直线建立左刀补，沿圆弧 P_1P_2 切向切入，走完轮廓后由圆弧 P_2P_{10} 切向切出，通过直线 $P_{10}P_{11}$ 取消刀补。粗、精加工采用同一程序，通过设置刀补值控制加工余量和达到尺寸要求。外形轮廓粗、精加工程序如下(程序中切削参数为粗加工参数)。

```
O0002;                                  程序名
N10 G17 G21 G40 G54 G80 G90 G94;        程序初始化
N20 G00 Z50.0 M07;                      刀具定位到安全平面，启动主轴
N30 M03 S500;                           精加工时设为 700r/min
N40 G00 X15.0 Y-65.0;                   达到 P0 点
N50 Z-5.0;                              下刀
N60 G01 G41 Y-50.0 D01 F100;            建立刀补，粗加工时刀补设为 10.2mm，精加工
                                        时刀补设为 9.95mm(根据实测尺寸调整)；精加
                                        工时 F 设 80mm/min
N70 G03 X0.0 Y-35.0 R15.0;              切向切入
N80 G01 X-45.0 Y-35.0;                  铣削外形轮廓
N90 X36.184 Y15.0;
N100 X-31.444;
N110 G03 X-19.214 Y19.176 R20.0;
N120 G01 X6.944 Y39.393;
N130 G02 X37.589 Y-13.677 R40.0;
N140 G01 X10.0 Y-35;
N150 X0;
N160 G03 X-15.0 Y-50.0 R15;             切向切出
N170 G01 G40 Y-65.0;                    取消刀补
N180 G00 Z50.0 M09;
N190 M05;
N230 M30;                               程序结束
```

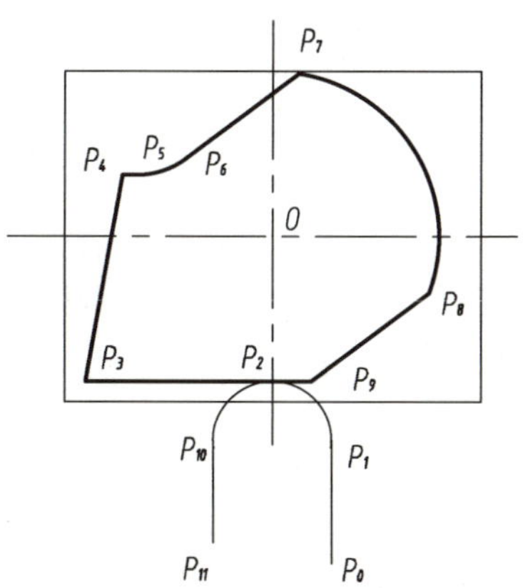

P_0(15，−65)
P_1(15，−50)
P_2(0，−35)
P_3(−45，−35)
P_4(−36.184，15)
P_5(−31.444，15)
P_6(−19.214，19.176)
P_7(6.944，39.393)
P_8(37.589，−13.677)
P_9(10，−35)
P_{10}(−15，−50)
P_{11}(−15，−65)

图 15-2　外形轮廓各点坐标及切入切出路线

(3)加工 3×ϕ10mm 孔和垂直进刀工艺孔

首先安装中心钻(T02)并对刀，孔加工程序如下：

```
O0003;
N10 G17 G21 G40 G54 G80 G90 G94;                    程序初始化
N20 G00 Z50.0 M07;                                  刀具定位到安全平面，启动主轴
N30 M03 S2000;
N40 G99 G81 X12.99 Y-7.5 R5.0 Z-5.0 F80;            钻中心孔，深度以钻出锥面为好
N50 X-12.99;
N60 X0.0 Y15.0;
N70 Y0.0;
N80 X30.0;
N100 G00 Z180.0 M09;                                刀具抬到手工换刀高度
N105 X150 Y150;                                     移到手工换刀位置
N110 M05;
N120 M00;                                           程序暂停，手工换 T03 刀，换转速
N130 M03 S600;
N140 G00 Z50.0 M07;                                 刀具定位到安全平面
N150 G99 G83 X12.99 Y-7.5 R5.0 Z-24.0 Q-4.0 F80;    钻 3×φ10mm 底孔和垂直进刀工艺孔
N160 X-12.99;
N170 X0.0 Y15.0;
N180 G81 Y0.0 R5.0 Z-2.9;
N190 X30.0 Z-4.9;
N200 G00 Z180.0 M09;                                刀具抬到手工换刀高度
N210 X150 Y150;                                     移到手工换刀位置
N220 M05;
N230 M00;                                           程序暂停，手工换 T04 刀，换转速
N240 M03 S200;
N250 G00 Z50.0 M07;                                 刀具定位到安全平面
N260 G99 G85 X12.99 Y-7.5 R5.0 Z-24.0 Q-4.0 F80;    铰 3×φ 10mm 孔
N270 X-12.99;
N280 G98 X0.0 Y15.0;
N290 M05;
N300 M30;                                           程序结束
```

(4)圆形槽铣削

安装ϕ16mm 立铣刀(T05)并对刀，圆形槽铣削程序如下：

1)粗铣圆形槽

```
O0004;
N10 G17 G21 G40 G54 G80 G90 G94;                    程序初始化
N20 G00 Z50.0 M07;                                  刀具定位到安全平面，启动主轴
N30 M03 S500;
N40 X0.0 Y0.0;
N50 Z10.0;
N60 G01 Z-3.0 F40;                                  下刀
N70 X5.0 F80;                                       去除圆形槽中材料
N80 G03 I-5.0;
```

```
N90 G01 X12.0;
N100 G03 I-12.0;
N110 G00 Z50 M09;
N120 M05;
N130 M30;                          程序结束
```

2)半精、精铣圆形槽边界

半精、精加工采用同一程序，通过设置刀补值控制加工余量和达到尺寸要求。程序如下(程序中切削参数为半精加工参数)：

```
O0005;
N10 G17 G21 G40 G54 G80 G90 G94;   程序初始化
N20 G00 Z50.0 M07;                 刀具定位到安全平面，启动主轴
N30 M03 S600;                      精加工时设为 750r/min
N40 X0.0 Y0.0;
N50 Z10.0;
N60 G01 Z-3.0 F40;                 下刀
N70 G41 X-15.0 Y-6.0 D05 F80;      建立刀补，半精加工时刀补设为 8.2mm，精加工
                                   时刀补设为 7.98mm(根据实测尺寸调整)；精加
                                   工时 F 设 60mm/min
N80 G03 X0.0 Y-21.0 R15.0;         切向切入
N90 G03 J21.0;                     铣削圆形槽边界
N100 G03 X15.0 Y-6.0 R15.0;        切向切出
N110 G01 G40 X0.0 Y0.0;            取消刀补
N120 G00 Z50 M09;
N130 M05;
N140 M30;                          程序结束
```

(5)铣削腰形槽

1)粗铣腰形槽

安装ϕ12mm 立铣刀(T06)并对刀，粗铣腰形槽程序如下：

```
O0006;
N10 G17 G21 G40 G54 G80 G90 G94;      程序初始化
N20 G00 Z50.0 M07;                    刀具定位到安全平面，启动主轴
N30 M03 S600;
N40 X30.0 Y0.0;                       到达预钻孔上方
N50 Z10.0;
N60 G01 Z-5.0 F40;                    下刀
N70 G03 X15.0 Y25.981 R30.0 F80;      粗铣腰形槽
N80 G00 Z50 M09;
N90 M05;
N100 M30;                             程序结束
```

2)半精、精铣腰形槽

腰形槽各点坐标及切入切出路线如图 15-3 所示，半精、精加工采用同一程序，通过设置刀补值控制加工余量和达到尺寸要求。程序如下(程序中切削参数为半精加工参数)：

```
O0007;
N10 G17 G21 G40 G54 G80 G90 G94;        程序初始化
N20 G00 Z50.0 M07;                      刀具定位到安全平面，启动主轴
N30 M03 S600;                           精加工时设为 800r/min
N40 X30.0 Y0.0;
N50 Z10.0;
N60 G01 Z-3.0 F40;                      下刀
N70 G41 X30.5 Y-6.5 D06 F80;            建立刀补，半精加工时刀补设为 6.1mm，精加工
                                        时刀补设为 5.98mm(根据实测尺寸调整)；精加
                                        工时 F 设 60mm/min
N80 G03 X37.0 Y0.0 R6.5;                切向切入
N90 G03 X18.5 Y32.043 R37.0;            铣削腰形槽边界
N100 X11.5 Y19.919 R7.0;
N110 G02 X23.0 Y0 R23.0;
N120 G03 X37.0 R7.0;
N130 X30.5 Y6.5 R6.5;
N140 G01 G40 X30.0 Y0.0;                取消刀补
N150 G00 Z50 M09;
N160 M05;
N170 M30;                               程序结束
```

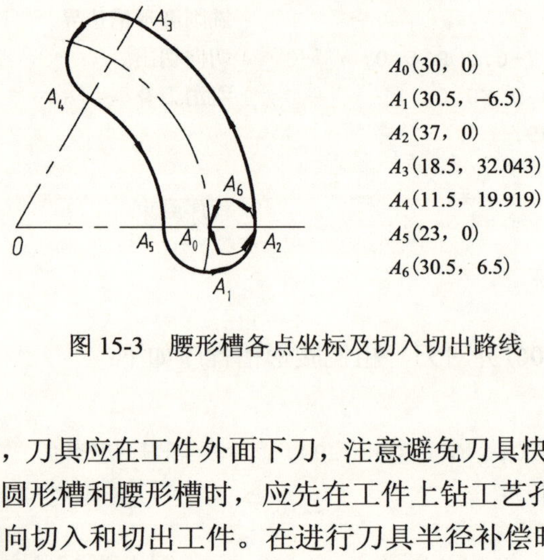

图 15-3 腰形槽各点坐标及切入切出路线

说明：

1) 铣削外形轮廓时，刀具应在工件外面下刀，注意避免刀具快速下刀时与工件发生碰撞；

2) 使用立铣刀粗铣圆形槽和腰形槽时，应先在工件上钻工艺孔；

3) 精铣时刀具应切向切入和切出工件。在进行刀具半径补偿时，切入和切出圆弧半径应大于刀具半径补偿设定值；

4) 精铣时应采用顺铣方式，以提高尺寸精度和表面质量；

5) 铣削腰形槽的 *R*7 内圆弧时，注意调低刀具进给率。

15.4 零件加工与质量检测

按前面所学操作步骤及腰形槽底板零件加工工艺要求，由同学们自行完成加工，正确完成检验，保证零件所有尺寸合格，表面质量达到图纸要求。

15.5　项 目 训 练

根据所学知识，编制图 15-4 所示零件数控加工工艺、程序，数控仿真及上机完成加工。

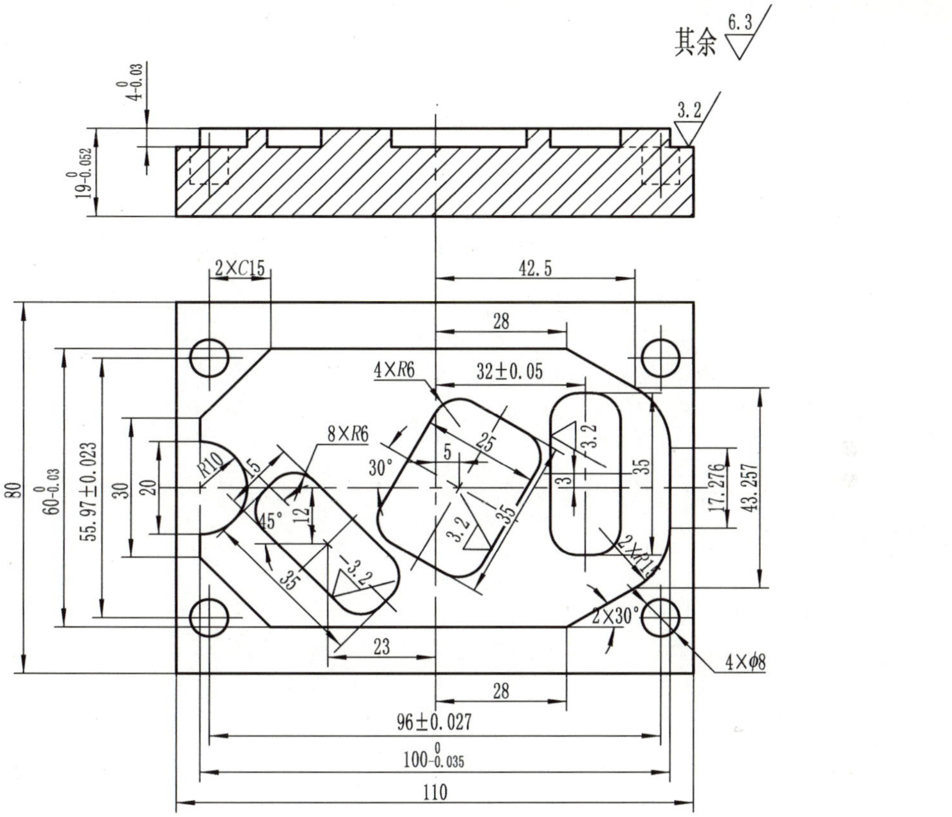

图 15-4　项目训练零件图

模块三　模具零件电加工

本模块主要讲解模具零件电加工，分为三个项目，分别是：热流道模具热嘴孔锥面的电火花加工；凸模零件的线切割加工；落料凹模的线切割锥度切割加工。项目按模具零件数控电火花加工及数控线切割加工内容安排，每个项目都以任务为导向，对零件进行任务分析，制定出加工工艺，编制加工程序，最后在实训基地加工出合格的零件为顺序，使同学们在学习的过程中能够更好地掌握数控电火花加工机床及数控线切割加工机床的操作方法以及零件加工过程。

项目十六　热流道模具热嘴孔锥面的电火花加工

【项目能力目标】

1）熟练掌握电火花成形加工机床操作面板；

2）能正确装夹和校正工件（电极）；

3）会正确选用加工条件；

4）掌握电火花机床的接触感知功能，能对电极进行精确定位。

【加工任务】

图 16-1 所示为热流道模具热嘴孔。其锥面的特点是：材料较硬，表面光滑，形状尺寸精度要求不高，但位置精确度要求较高。

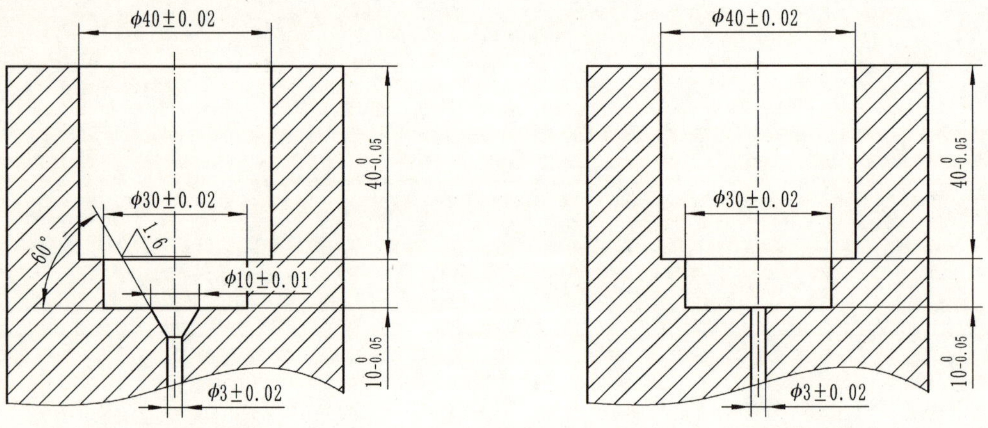

(a) 零件图　　(b) 毛坯图

图 16-1　热流道模具热嘴孔锥面

16.1　工 艺 分 析

如何加工热流道模具热嘴与模具接触配合部位的锥面呢？由于热流道模具材料基本上为合金钢，硬度高，其配合的锥面孔较深，用数控铣削等机械加工方法较难，因此该锥面通常采用电火花加工。

【知识链接】

1. 电火花加工原理

电火花加工基于电火花腐蚀原理，是在工具电极与工件电极相互靠近时，极间形成脉冲性火花放电，在电火花通道中产生瞬间高温，使金属局部熔化，甚至气化，从而将金属蚀除下来。这一过程大致分为以下几个阶段，如图 16-2 所示。

1）处于绝缘的工作液介质中的两电极，加上无负荷直流电压 V，伺服电极向工件运动，极间距离逐渐缩小。

2）当极间距离（放电间隙）小到一定程度时（一般为 0.01mm 左右），阴极逸出的电子，在电场作用下，高速向阳极运动，并在运动中撞击介质中的中性分子和原子，产生碰撞电离，形成带负电的粒子(主要是电子)和带正电的粒子(主要是正离子)。当电子到达阳极时。介质被击穿，放电通道形成，如图 16-2(b)所示。

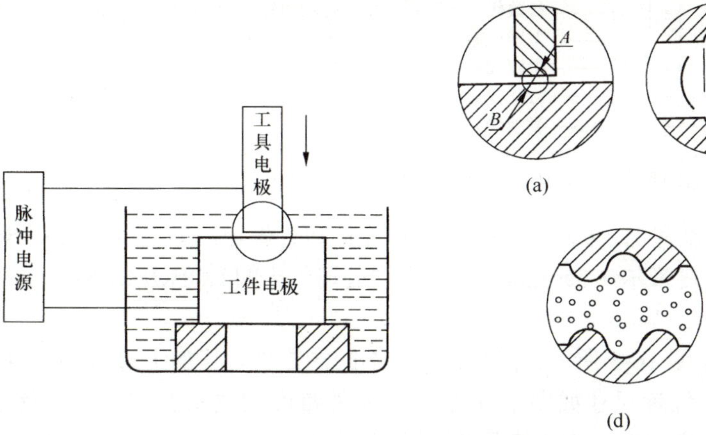

图 16-2　电火花加工原理

3)两极间的介质一旦被击穿，电流通过放电通道释放能量，大部分能量转化为热能，这时通道中的电流密度高达 104A/cm^2，放电点附近的温度高达 3000℃以上，使两极放电点局部熔化。

4)在热爆炸力，流体动力等综合因素的作用下，被熔化或气化的材料被抛出，产生一个小坑，如图 16-2(c)、图 16-2(d)、图 16-2(e)所示。脉冲放电结束，介质恢复绝缘，如图 16-2(e)所示。

2. 电火花加工机床介绍

(1)电火花机床的结构

不同品牌的电火花机床的外观可能不一样，但主要都由主机、工作液箱、数控电源柜等部分组成。

1)主机。电火花机床(见图 16-3)的主机一般包含床身、立柱、主轴头、工作液箱等部分。其中主轴头是关键部位，对加工有直接的影响。在加工中，主轴头上装有电极夹，用来装夹电极。

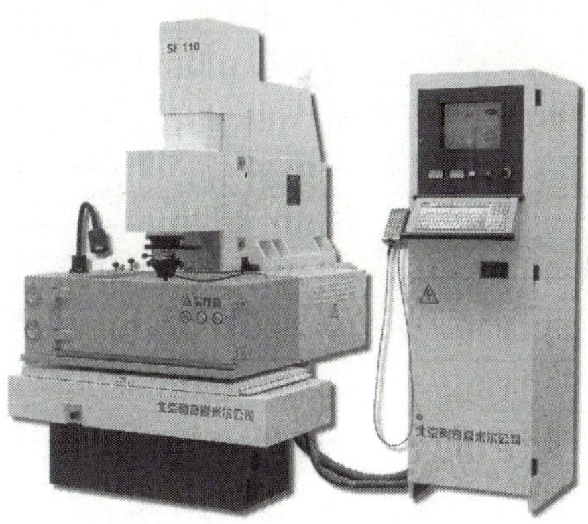

图 16-3　电火花机床外观图

2)工作液箱。工作液箱在加工中用来存放工作液，目前我国的电火花加工所用工作液主要是煤油。工作液在电火花加工中的主要作用是：使放电加工产生的熔融金属飞散；将飞散的粉末状电蚀产物从放电间隙中排出去；冷却电极和工件表面；放电结束后使电极与工件之间恢复绝缘。

3)数控电源柜。数控柜由彩色 CRT 显示器、键盘、手控盒以及数控装置等部件组成。数控电源柜控制电火花机床工作的装置，其详细的装置构成如图 16-3 所示。

(2)电火花机床的分类

在 20 世纪 60～70 年代，我国生产的电火花机床分为电火花穿孔加工机床和电火花成形加工机床。20 世纪 80 年代，我国开始大量采用晶体管脉冲电源，电火花加工机床可用作穿孔加工，自 1985 年起我国把电火花成形加工机床称为电火花穿孔、成形加工机床或统称为电火花成形加工机床。我国国标(GB/T5290—1985)规定，电火花成形机床均用 D71 加上机床工作台面宽度的 1/10 表示，具体型号表示方法，如图 16-4 所示。

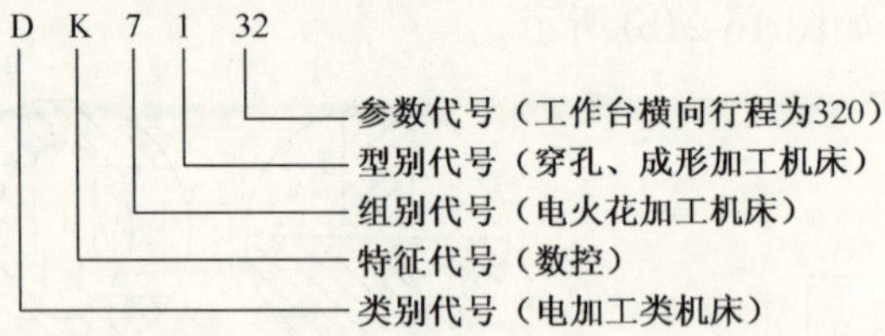

图 16-4　电火花成形机床型号表示方法

国外的电火花机床的型号没有统一标准，由各个生产企业自行确定，如日本沙迪克(Sodick)公司生产的 A3RheA10R，瑞士夏米尔(Charmilles)技术有限公司生产的 ROBOFORM20/30/35 等。

【任务实施】

电火花加工的一般步骤如图 16-5 所示。但是，对于不同的零件，其加工过程不完全相同，仔细分析该锥孔的零件图，其位置尺寸如图 16-6 所示。零件锥面的要求、实施要点及相关知识分析如表 16-1 所示。电火花加工热流道模具热嘴孔锥面的过程为：工件的准备(工件的装夹与校正)、电极的准备(电极设计、装夹与校正、电极的定位)、选用加工条件、机床操作、编程及加工等。

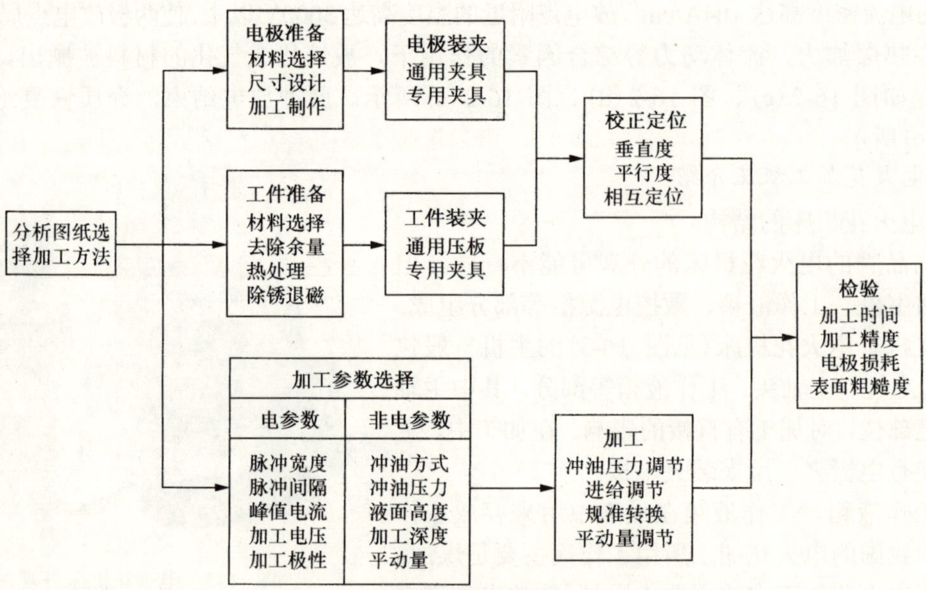

图 16-5　电火花加工流程图

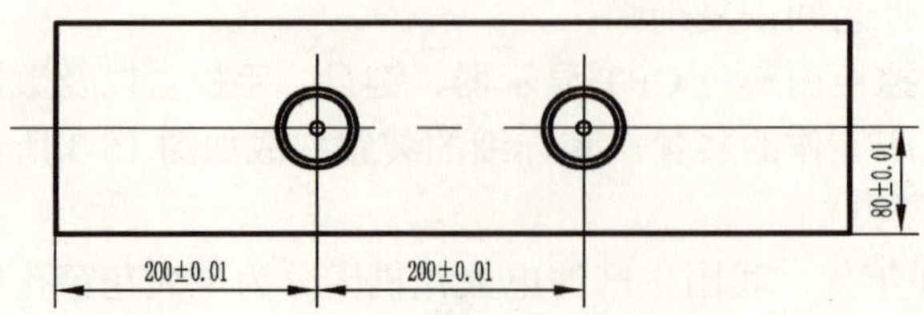

图 16-6　热流道模具热嘴孔锥面位置尺寸图

表 16-1　零件要求、实施要点及相关知识分析

零件要求	实施要点	相关知识
表面光滑，表面粗糙度要求高	先粗加工后精加工	1) 电火花加工原理 2) 常用电火花加工术语知识 3) 常用电极材料 4) 电火花加工条件
位置尺寸精度要求高	电极的精确定位，工件、电极的校正方法	5) ISO 代码 6) 电火花机床结构 7) 电极的精确定位方法

16.2　工件的准备

1. 工件材料的选用

通常塑料模具型腔采用综合性能较好、硬度较高的硬质合金钢。

2. 工件的装夹

将工件去除毛刺，除磁去锈。本项目是用电火花加工模具，因此在装夹时应使工件的定位基准面分别与机床的工作台面和机床的X或Y轴平行。

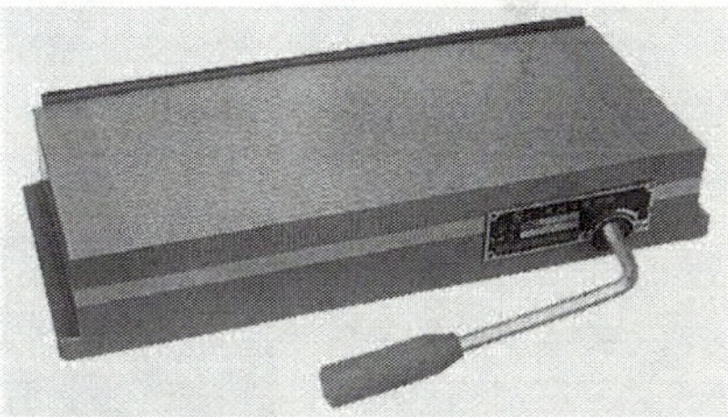

图 16-7　电磁吸盘

工件装夹在电火花加工用的专用电磁吸盘(见图 16-7)上。多数用百分表来校正(见图 16-8)，用磁力表架将百分表固定在机床主轴或其他位置上，将工件放在机床工作台上，目测使工件大致与机床的坐标轴平行。在校正工件的上表面与机床的工作台平行时，工件百分表的测量头与工件上表面接触，依次沿X轴与Y轴往复移动工作台，按百分表指示值调整工件，必要时在工件的底部与工作台之间塞铜片，直至百分表指针的偏摆范围达到所要求的数值。同样在校正工件的定位基准与机床Y轴(或X轴)平行时，工件百分表的测量头与工件侧面接触，沿Y轴往复移动工作台，按百分表指示值调整工件。具体的校正过程为：将表架摆放到能比较方便校正工件的位置；使用手控盒移动到相应的轴，使百分表的测头与工件的基准面充分接触；然后移动机床相应的坐标轴，观察百分表的刻度指针，若指针变化幅度较小，则说明工件与该坐标轴比较平行，这时用铜棒轻轻敲击；再移动相应的坐标轴，若指针摆动的幅度越来越小，则敲击的力度要越来越小，直到工件的基准面与坐标轴的平行度达到要求为止。

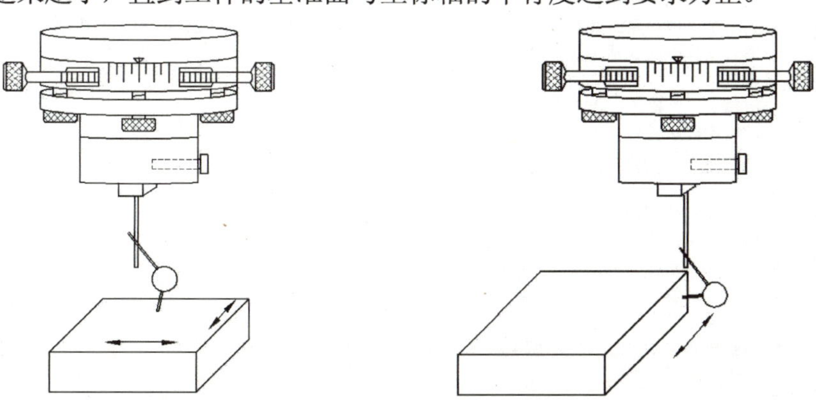

(a) 校正工件与工作台平行　(b) 校正工件与Y轴平行

图 16-8　工件的校正

16.3　电极的准备

1. 电极材料选择

电火花加工中如何选用电极材料呢？一般来说，需要考虑放电加工特性、价格、电极的切削加工性能。

【知识链接】

目前最常采用的电极材料是紫铜和石墨(见图 16-9、图 16-10)，特别是石墨电极在企业中应用逐渐超过紫铜电极。紫铜电极和石墨电极的性能特点如表 16-2 所示，其他电极材料性能特点如表 16-3 所示。

图 16-9　紫铜电极

图 16-10　石墨电极

表 16-2　紫铜电极与石墨电极材料的性能特点

电极材料	特点
紫铜	优点： 1) 加工过程中稳定性好、生产率高 2) 精加工时比石墨电极损耗小 3) 易于加工成精密、微细的花纹，采用精密加工时能达到优于 $Ra1.25\mu m$ 的表面粗糙度 4) 适宜于作电火花成形加工的精加工电极，可作为镜面加工用电极 缺点： 1) 机械加工性能差、磨削加工困难 2) 通常不能承受较大的电流密度 3) 热膨胀系数大，影响放电加工稳定性和工件加工质量
石墨	优点： 1) 加工稳定性能较好，在大电流加工时电极损耗小 2) 机械加工性能好，容易修整，切削力小，加工速度快 3) 重量轻。密度为铜的 1/5，可用于大型电极 4) 表面处理容易，可用砂纸简单地处理纹理 5) 耐高温 6) 热膨胀系数小，适宜做薄壁电极，电极不易变形 7) 电极可黏结 缺点： 1) 机械强度差，尖角处易崩裂 2) 加工过程粉尘较大，需要石墨加工机来加工

表 16-3　其他常用电极材料的特点

电极材料	特点
钢	1)来源丰富、加工便宜、具有良好的机械加工性能 2)加工稳定性较差、电极损耗大、生产效率低 3)多用于一般穿孔加工
黄铜	1)加工稳定性较好、生产效率高 2)机械加工性能好，可用于仿形刨加工和磨削加工 3)电极损耗较大
铜钨合金	1)切削性能好，机械性能稳定，能达到较好的表面粗糙度 2)加工时电极损耗小 3)价格贵、不能锻造或铸造成形 4)用于加工碳化钨、深孔加工、细致及精密工件加工
银钨合金	1)与铜钨合金大致相同 2)优点不多，仅用于大量产银的国家

【任务实施】

综上所述，本项目电极材料选用紫铜。

2. 电极的设计

电极的结构设计要考虑电极的装夹与校正。本项目电极设计如图 16-11 所示。该电极共分 4 个部分(见图 16-11)，各个部分的作用如下。

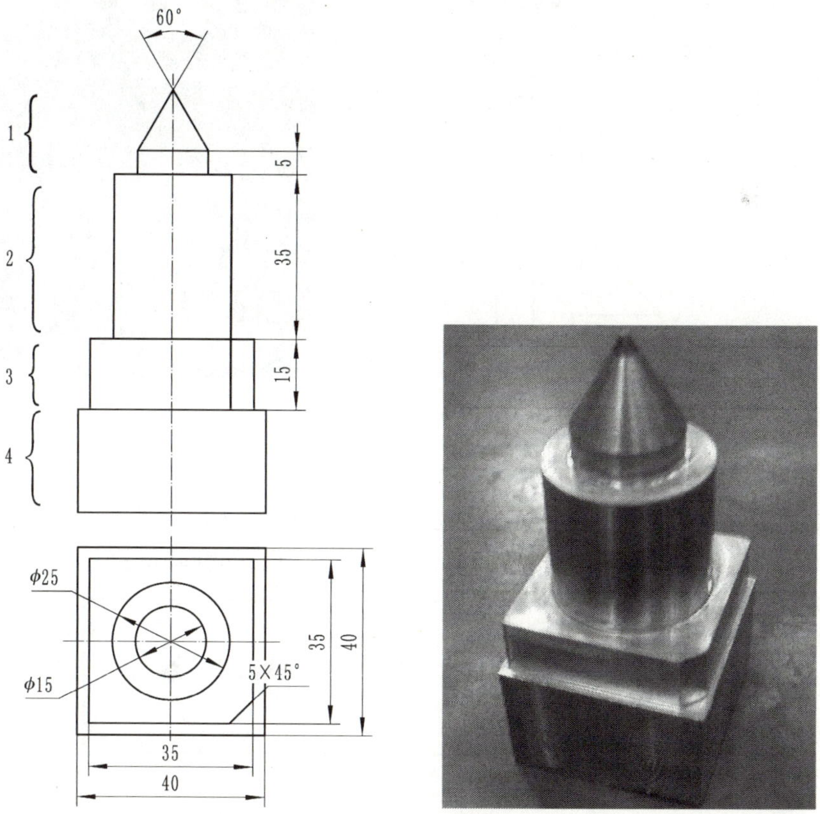

图 16-11　电极设计

1—该部分为直接加工部分。

2—电极细长，为了提高强度，适当增加电极的直径。

3—由于电极为细长的圆柱，在实际加工中很难校正电极的垂直度，故增加这部分，其目的是方便电极的校正。

另外，由于该电极形状对称。为了方便识别方向，特意在本电极的 3 部分设计了 5mm 的倒角。

4—电极与机床主轴的装夹部分。该部分的结构形式应根据电极装夹的夹具形式确定。

3. 尺寸分析

长度方向尺寸分析：该电极实际加工长度较短，但由于加工部分的位置在型腔的底部，故增加了尺寸。

横截面尺寸分析：该电极加工部分是一锥面，故对电极的横截面尺寸要求不高；为了保证电极在放电过程中排屑较好，电极的结构 2 部分直径不能太大。

4. 电极装夹与校正

将电极装夹在电极夹头上，目测法大致校正电极，然后分别调整电极旋转角度、电极左右方向、电极前后方向，如图 16-12 所示。在调整电极过程中，当校正表的测头与电极接触时，机床通常会提示接触感知，这时机床不能动作，必须解除接触感知才可以继续移动机床。因此，在校正时需要按住操作面板的忽略接触感知按钮或使用绝缘的校正百分表。

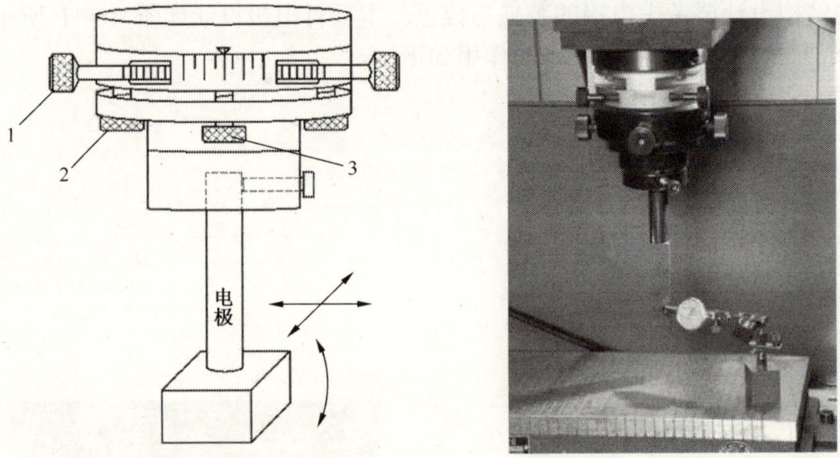

图 16-12　电极的校正

5. 电极的定位

本项目电极的定位十分精确，电火花加工定位过程如图 16-13 所示，具体可结合本项目相关知识——电极的精确定位来分析如何操作机床确定电极的准确位置。

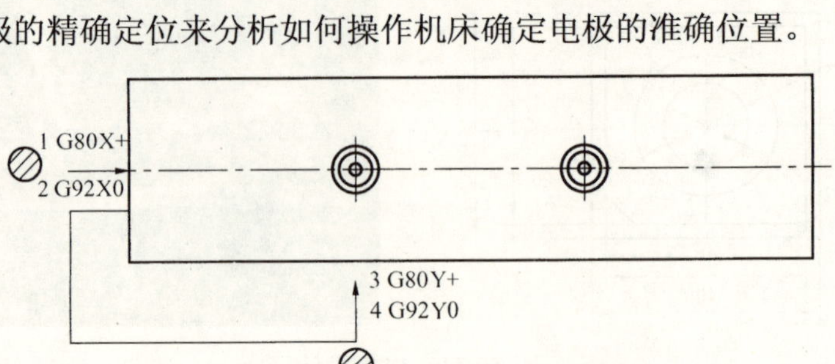

图 16-13　电极的定位示意图

16.4　电火花加工参数选择

【知识链接】

1. 电火花加工常用术语

(1) 放电间隙

放电间隙是指放电时工具电极和工件电极间的距离，它的大小一般在 0.1～0.5mm，粗加工的间隙较大，精加工的间隙较小。

(2) 脉冲宽度 t_i(μs) (图 16-14)

脉冲宽度简称脉宽(也常用 ON、TON 等符号表示)，是加到电极和工件上放电间隙两端的电压脉冲的持续时间。为了防止电弧烧伤，电火花加工只能用断断续续的脉冲电压波。一般来说，粗加工选用较大的脉宽，精加工时只能用较小的脉宽。

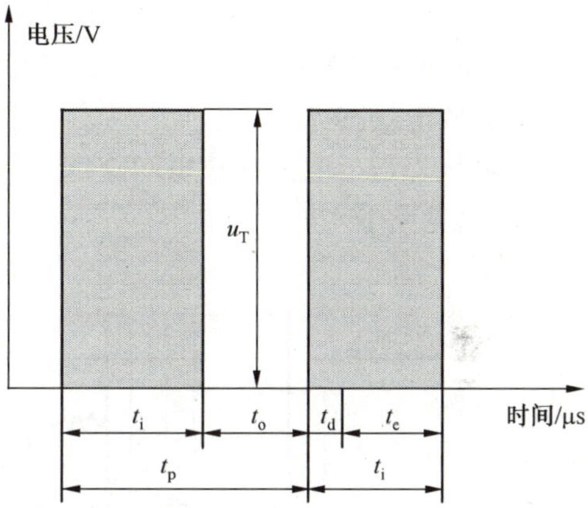

图 16-14　电源脉冲示意图

(3) 脉冲间隔 t_o(μs)

脉冲间隔简称脉间或间隔(也常用 OFF、TOFF 表示)，它是两个电压脉冲之间的间隔时间。间隔时间过短，放电间隙来不及消电离和恢复绝缘，容易产生电弧放电，烧伤电极和工件；脉间选的过长，将降低加工生产率。加工面积、加工深度较大时，脉间也应稍大。

(4) 击穿延时 t_d(μs)

在间隙两端加上脉冲电压后，一般均要经过一小段延续时间 t_d，工作液介质才能被击穿放电，这一小段时间 t_d 称击穿延时。击穿延时 t_d 与平均放电间隙的大小有关，工具欠进给时，平均放电间隙变大，平均击穿延时 t_d 较大；反之工具过进给时，放电间隙变小，t_d 也就小。

(5) 放电时间(电流脉宽) t_e(μs)

放电时间是指工作液介质击穿后放电间隙中流过放电电流的时间，即电流脉宽，它比电压脉宽稍小，二者相差一个击穿延时 t_d。t_i 和 t_e 对电火花的生产率、表面粗糙度和电极损耗有很大影响，但实际起作用是电流脉宽 t_e。

(6) 占空比

占空比是指脉冲宽度 t_i 与脉冲间隔 t_o 之比。粗加工时占空比一般较大，精加工是占空比应较小，否则放电间隙来不及消电离恢复绝缘，容易引起电弧放电。

(7) 开路电压(峰值电压) (V)

开路电压(峰值电压)是指间隙开路和间隙击穿之前 t_d 时间内电极间的最高电压。一般晶体管方波脉冲电源的峰值为 60～80V，高低压复合脉冲电源峰值电压为 175～300V。峰值电压高时，放电间隙大，生产率高，但成形复制精度较差。

(8) 加工电压(间隙平均电压) U(V)

加工电压(间隙平均电压)是指加工时电压表上指示的放电间隙两端的平均电压，它是多个开路电压，火花放电维持电压、短路和脉冲间隔等电压的平均值。

(9) 加工电流(A)

加工电流是指加工时电流表上指示的流过放电间隙的平均电流。精加工时加工电流小，粗加工时加工电流大，间隙偏开路时小，间隙合理或偏短路时则大。

(10) 短路电流/s(A)

短路电流是指放电间隙短路时电流表上指示的平均电流。它比正常加工时平均电流要大20%～40%。

(11) 峰值电流 i_e(A)

峰值电流是间隙火花放电时脉冲电流最大值(瞬时)，日本、英国，美国常用 I_p 表示。虽然峰值电流不易测量但它是影响加工速度、表面质量等的重要参数。在设计制造脉冲电源时，每一个功率放大管的峰值电流是预先计算好的，选择峰值电流实际是选择几个功率管进行加工。

(12) 放电状态

放电状态是指电火花放电间隙每一个脉冲放电时的基本状态。一般分为 5 种放电状态和脉冲类型(见图 16-15)。

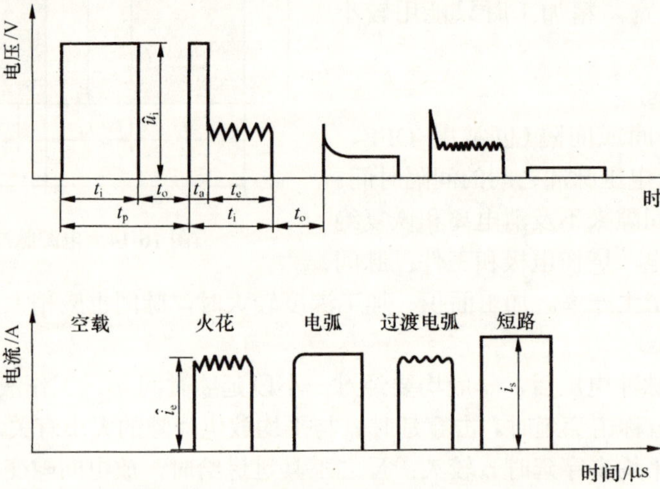

图 16-15　脉冲参数与脉冲电压、电流波形

1) 开路(空载脉冲)。放电间隙没有击穿，间隙上有大于 50V 的电压，但间隙没有流过，为空载状态。

2) 火花放电(工作脉冲，或称有效脉冲)。间隙内绝缘性能良好，工作液介质被击穿后能有效地抛出、蚀除金属。其波形特点是：电压上有 t_d、t_e 和 i_e，波形上有高频振荡的小锯齿。

3) 短路(短路脉冲)。放电间隙直接短路，这是由于伺服进给系统瞬时进给过多或放电间隙中有电蚀产物搭接所致，间隙短路时电流极大，但间隙两端的电压很小，没有蚀除加工作用。

4) 电弧放电(稳定电弧放电)。由于排屑不良，放电点集中在某一局部而不分散，局部热量积累，温度升高，恶性循环，此时火花放电就成为电弧放电。由于放电点固定在某一点或某一局部，因此成为稳定电弧，常使电极表面积炭、烧伤。电弧放电的波形特点是 t_d 和高频振荡的小锯齿基本消失。

5) 过度电弧放电(不稳定电弧放电，或称不稳定火花放电)。过度电弧放电是正常火花放电与稳定电弧放电的过度状态，是稳定电弧放电的前兆。波形特点是：击穿延时很小或接近于零，仅成为一尖刺，电压电流表上的高频分量变低或成为稀疏的锯齿形。

2. 电火花加工条件的选用

与其他加工相比，影响电火花加工的因素较多，并且在加工过程中还存在着许多不确定或难以确定的因素，如脉冲波的极性、脉宽、电流峰值、电极的放电面积、加工深度、电极缩放量等，这些因素与加工速度、加工精度、电极消耗率等加工效果有着密切的关系。这要求操作者有着丰富的经验，才能达到预期的加工效果。由于操作者的经验不足，往往使设备性能和功能得不到充分的发挥，造成很大的资源浪费。针对这种情况，机床制造企业研制含有工艺知识库的自动加工系统，使操作者可以很容易地确定出适合不同加工要求的最优秀加工条件，降低操作者对电火花加工参数的选择难度。

【任务实施】

本项目加工的是圆锥孔，且加工面积较小，经测量，锥孔面在工作台投影面的最大面积 $A=\pi(0.52-0.152)\approx 0.72\text{cm}^2$。加工条件的选择如下：

1) 确定第一个加工条件。根据电极要加工的投影面积大小选择第一个加工条件，因此第一个加工条件选择 C108。选用该条件加工时，型腔底部面积的粗糙度为 *Ra*6.4，如表 16-4 所示。

2) 最终加工条件由表面粗糙度要求确定。由于最终要求锥孔面的表面粗糙度 *Ra*<2.0。根据表 16-4，当选用加工条件 C105 时，型腔的侧表面粗糙度为 *Ra*1.5，底面表面粗糙度为 *Ra*1.9。

3) 中间条件选用，根据加工条件表 16-4 选择第一次粗加工条件为 C108，最终的加工条件为 C105。所以本项目选用的加工条件为 C108—C107—C106—C105。

表 16-4　铜打钢—最小损耗型参数表(仅供参考)

条件号	面积/cm²	安全间隙/mm	放电间隙/mm	加工速度/(mm³/min)	损耗/%	侧面 *Ra*	底面 *Ra*	极性	电容	高压管数	管数	脉冲间隙	脉冲宽度	模式	损耗类型	伺服基准	伺服速度	极限值	
																		脉冲间隙	伺服基准
100		0.009	0.009			0.86	0.86	+	0	0	3	2	2	8	0	85	8	2	85
101		0.035	0.025			0.90	1.0	+	0	0	2	6	9	8	0	80	8	2	65
103		0.050	0.040			1.0	1.2	+	0	0	3	7	11	8	0	80	8	2	65
104		0.060	0.048			1.1	1.7	+	0	0	4	8	12	8	0	80	8	2	64
105		0.105	0.068			1.5	1.9	+	0	0	5	9	13	8	0	75	8	2	60
106		0.130	0.091			1.8	2.3	+	0	0	6	10	14	8	0	75	10	2	58
107		0.200	0.160	2.7		2.8	3.6	+	0	0	7	12	16	8	0	75	10	3	60
108	1	0.350	0.220	11.0	0.10	5.2	6.4	+	0	0	8	13	17	8	0	75	10	4	55
109	2	0.419	0.240	15.7	0.05	5.8	6.3	+	0	0	9	15	19	8	0	75	12	6	52
110	3	0.530	0.295	26.2	0.05	6.3	7.9	+	0	0	10	16	20	8	0	70	12	7	52
111	4	0.670	0.355	47.6	0.05	6.8	8.5	+	0	0	11	16	20	8	0	70	12	7	55
112	6	0.748	0.420	80.0	0.05	9.68	12.1	+	0	0	12	16	21	8	0	65	15	8	52

16.5 数控电火花机床操作

以技能操作和技能培养为主线，用图文相结合的方式，一步步地介绍各项操作技能，便于学习、理解和对照操作。

【知识链接】

1. 操作面板及数据输入方法

(1) 电柜面板

电柜面板如图 16-16 所示，各部分名称及作用如下所示。

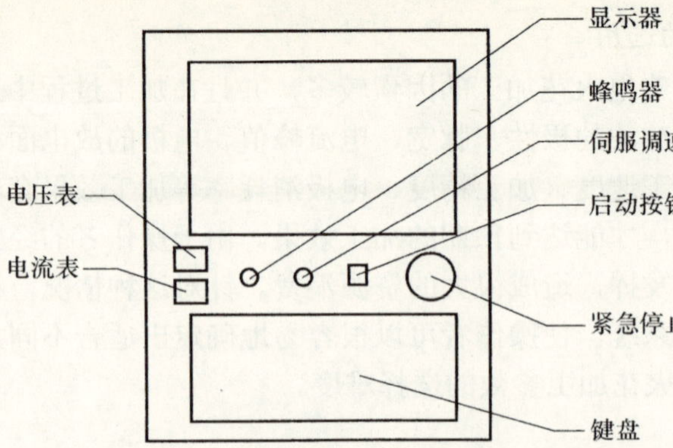

图 16-16　电柜面板

1) CRT 显示器：操作者与控制系统交流的窗口，了解系统的工作状况。
2) 电压表：指示放电加工的间隙电压值。
3) 电流表：指示放电加工的平均电流值。
4) 伺服调速按钮：调节放电加工的伺服速度。
5) 蜂鸣器：用于系统故障报警或警告提示。
6) 启动按钮：用于总电源启动。
7) 紧急停止按钮：用于总电源关闭。
8) 键盘：完成各种数据输入，控制机床的各种操作。

(2) 手持盒面板

手持盒面板各键及其功用见表 16-5。

表 16-5　手持盒面板各键及其功用

面板键位图	各键名称	功用说明
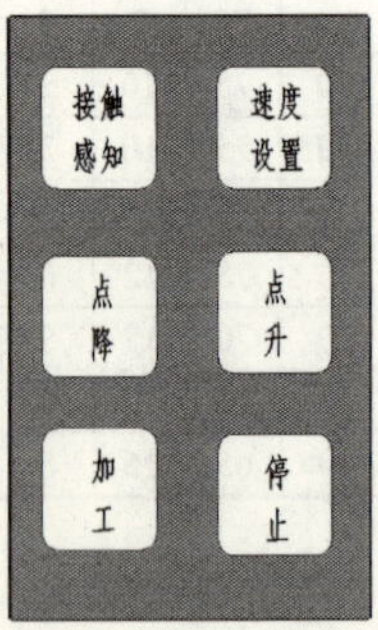	速度设置	用于设置“高速点动”，“低速点动” 缺省设置为“低速点动”
	点升、点降	按下“点升”键时，主轴向正方向移动 按下“点降”键时，主轴向负方向移动 点动速度由“速度设置”指定
	加工	与键盘上的“加工”键等同，用于启动放电加工
	停止	与键盘上的“停止”键等同，用于停止放电加工
	接触感知	用于“伺服找正”和“火花找正”

“接触感知”按键是用于“伺服找正”和“火花找正”。

第一次按为“伺服找正”，主轴下降，当电极和工件接触时主轴会自动上升，手轮移动工作台时，主轴会随着电极和工件接触的情况自动伺服。

再按一次为“火花找正”，高频电源启动，主轴下降，当电极和工件接触时主轴会自动上升，手轮移动工作台时，主轴会随电极和工件接触的情况自动伺服。

注意：手轮移动工作台时不能太快，以免撞坏电极。

(3) 基本操作

1) 开机

① 合上右侧空气开关，旋出面板红色蘑菇头按钮。

② 按下面板上绿色按钮，总电源启动，稍候片刻，CRT 上出现计算机自检信息，之后进入系统操作主画面。

③ 进入主画面后，即可往下进入你所需的操作。

2) 关机

按下面板上红色蘑菇头按钮，关闭总电源。注意：两次开机时间间隔不得小于 30s。

(4) 主画面介绍

1) 主画面介绍

电火花机床开机后主画面如图 16-17 所示，可以看出主画面包括五个区域：

① 屏幕上区，指示 X、Y、Z 三轴坐标显示区。

② 屏幕中央显示加工参数等。

③ 屏幕中央下部为状态设置区。

④ 屏幕右边是加工状态显示区。

⑤ 屏幕最下边为功能菜单，按对应的功能键进入各功能模块。如 F1 对应读取档案，F2 保存档案，F8 系统参数。

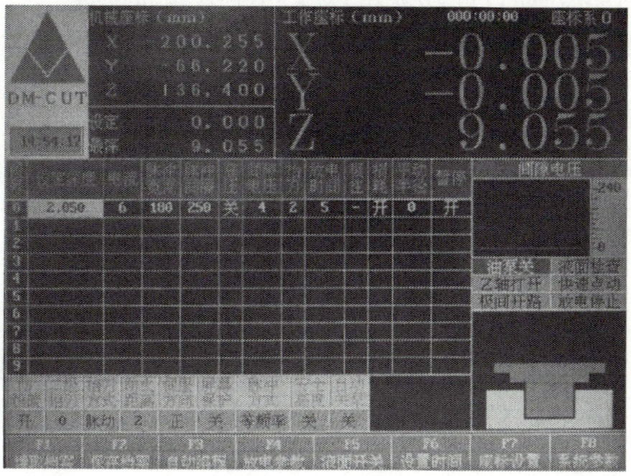

图 16-17　主画面

2) 功能操作说明

在屏幕下方共有八大功能模块，如图 16-18 所示。

F1 读取档案	F2 保存档案	F3 自动编程	F4 放电参数	F5 液面开关	F6 设置时间	F7 坐标设置	F8 系统参数

图 16-18　屏幕下方模块

每个功能模块均和功能键对应，按下对应的键，即可执行相应的功能。

(5) 数据输入方法

将光标用键盘上的“方向键”移到要修改数据的位置，然后直接用“数字键”加“确认键”输入该项数据，如图 16-19 所示。

设定深度	电源	脉冲宽度	脉冲间隔
−12.000	5	200	100

图 16-19　数据输入

1)“设定深度”、“电流”、“脉冲宽度”、“脉冲间隔”用“数字键”加“确认”键输入该项数据。

2)其他参数用“+”“−”键修改。

3)需要放弃操作，则用“ESC”键即可，也可用方向键移开。

2. 功能简介

(1)坐标设置

按图 16-20 所示“坐标设置”对应的功能键，主菜单区显示下级子菜单，如图 16-21 所示。

F1 读取档案	F2 保存档案	F3 自动编程	F4 放电参数	F5 液面开关	F6 设置时间	F7 坐标设置	F8 系统参数

图 16-20　模块

F1 坐标选择	F2 机械零点						

图 16-21　坐标菜单

1)坐标系选择：每按动一下“F1”(坐标选择)键，坐标系将在“坐标系 0”、“坐标系 1”、“坐标系 2”之间切换。

2)设置机械零点：此功能主要是为了防止机床在无电状态下摇动 X、Y 手轮，造成开机后实际坐标与显示坐标不符。通过此功能可以找回停电前的位置。

按下“F2”(机械零点)下方的功能键，屏幕上会弹出“机械坐标归零”菜单，如果要搜索 X 轴的机械零点，按下“X”键，“机械坐标归零”菜单上将在“X 轴零点”下弹出“检索”，此时摇动 X 轴手轮，直到“检索”变成“OK”，X 轴机械零点被置“0”，坐标系 0、1、2 下的值同时被更新，*Y*、*Z* 轴机械坐标归零的方法相同。

3)坐标清零

选择好坐标系后

X 轴坐标清零：按“X”加【确认】后，当前坐标系 X 轴坐标为零。

Y 轴坐标清零：按“Y”加【确认】后，当前坐标系 *Y* 轴坐标为零。

Z 轴坐标清零：按“Z”加【确认】后，当前坐标系 *Z* 轴坐标为零。

4)坐标值中心位置计算

X 轴坐标中心值：按键“X”加“1/2”后，X 轴坐标值为原来的 1/2。

Y 轴坐标中心值：按键“Y”加“1/2”后，*Y* 轴坐标值为原来的 1/2。

Z 轴坐标中心值：按键“Z”加“1/2”后，*Z* 轴坐标值为原来的 1/2。

例：X 轴的坐标值为 10.000mm，计算 X 轴坐标中心值后，X 轴坐标值为 5.000mm。

5)如何寻找工件的中心点

例：寻找工件的 X 轴中心。

首先移动工作台使电极轻碰工件一端，蜂鸣器响，按“X”“确认”后并使相应的坐标清零，移动工作台让电极轻碰工件另一端，蜂鸣器响，按“X”“1/2”后，显示该轴坐标值的 1/2，移动工作台使该轴坐标为零，此时电极所在位置就是 X 轴的中心。

6)坐标值置数：用户在实际中根据需要设置各坐标值。按“X”键后，可设定 X 轴坐标；按“取消”键可退出 X 坐标值置数，恢复到原来坐标值。

(2) 设置时间

在非放电加工状态下，按下“F6”(设置时间)，屏幕上会弹出“设置系统时间”菜单，按数字键输入当前的标准时间，再按“确认”键，系统时间即可被更新；在放电加工状态下，按下“F6”(设置时间)，屏幕上的累计加工时间即可被清零。

(3) 液面开关

每按一下“F5”(液面开关)下方的功能键，屏幕上状态显示区“液面检查”和“液面忽略”会交替变化，当屏幕上状态显示区为“液面检查”时将检测液面是否到位，如果液面不到位，则加工将不能继续。警告：液位开关设置必须高于液面 50mm 以上，以免引起火灾。

当屏幕上状态显示区为“液面忽略”时，将不检测液面是否到位。如果液面不到位，加工仍将继续进行。

(4) 放电参数

按下“F4”(放电参数)下方的功能键，屏幕上会弹出厂方提供的典型放电参数，按“↑”、“↓”键可以浏览所有典型放电参数。

(5) 单段加工

系统一进入即处于单段加工状态，将光标移至“设定深度”处，输入终点坐标，输入完成后，按下“ENTER”键，将光标移至其他参数处修改放电参数，按“F9”(加工)键开始加工，按“F10”(停止)键结束加工。

(6) 自动编程

按下“F3”(自动编程)，屏幕上会弹出“自动编程”子菜单，如图 16-22 所示，按“↑”、“↓”键和“+”、“–”键，修改满足你所需的条件。

当参数编辑完成后，按下“ENTER”键，即可完成自动编程，如图 16-23 所示。

自动编程	
材料组合	铜—钢
电极缩小量(mm)	0.18
放电面积(cm^2)	窄槽
最终表面粗糙度(Ra)	2.0
目标深度(mm)	0.000

图 16-22　自动编程界面 1

自动编程	
材料组合	铜—钢
电极缩小量(mm)	0.2
放电面积(cm^2)	窄槽
最终表面粗糙度(Ra)	0.4
目标深度(mm)	–10

图 16-23　自动编程界面 2

当主画面变成图 16-24 所示时，如果自动编程的参数能满足要求，就可开始加工。按下“F9”(加工)键，即进入加工过程；如果你认为自动编程的参数不能满足要求，可以移动光标到要修改的位置进行修改。记住开始加工前将光标移动到“0”段上，并保存档案。加工过程中可以移动光标到要修改的位置进行修改。

“暂停”功能：当前段执行完成以后，加工进入暂停状态，以便做某些调整工作。

注意：黄色光带所在的程序就是起始程序段，也就是说，如果你想从第 0 段开始加工，则必须将黄色光带停留在 0 号程序段上。

(7) 保存档案

此功能是将当前的多段加工程序存档。

按下“F2”(保存档案)，屏幕上会弹出“保存档案”子菜单，输入档案编号，当按下“ENTER”键，即将档案保存。

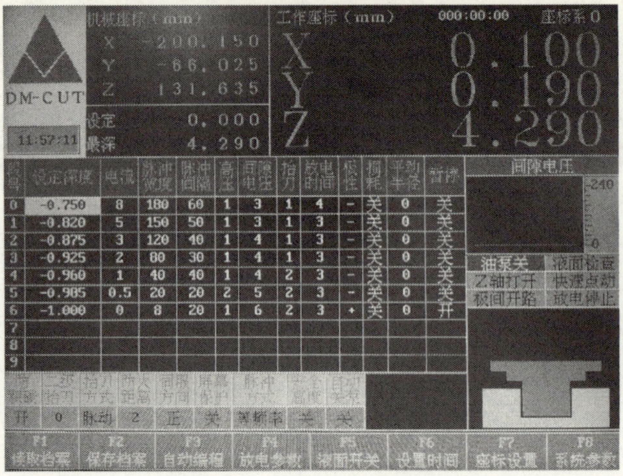

图 16-24　加工主画面

(8) 读取档案

功能是将当前的多段加工程序读出来，作为当前的多段加工程序。

按下“F1”(读取档案)，屏幕上会弹出“读取档案”子菜单，输入档案编号，当按下“ENTER”键，即将已保存的多段加工程序读出来。

(9) 系统参数

此功能是厂方用于调试电柜、机床参数而设置的，用户无权进入。

(10) 其他功能键的有关说明

1)“F11”键

按下此键，将启动工作液循环，再次按下此键，将关闭工作液循环。以上过程交替进行。“油泵开”，“油泵关”的状态显示在状态显示区内。

2)“F12”键

按下此键，主轴将被锁，也就是说，主轴将不动作。再次按下此键，主轴将被允许。以上过程交替进行。此功能主要用于火花找正和平动加工。

【任务实施】

按以下顺序操作电火花加工机床：

① 合上总电源开关。

② 按面板上的电源“启动按钮”。

③ 固定电极与工件，调整好加工位置。

④ 关好油槽门，定好液面位置。

⑤ 启动油泵上油，调节冲、抽油压力。

⑥ 设置起始加工位置，输入各加工段加工规准及加工深度。

⑦ 设定正确的加工方向。

⑧ 按面板上的“F9”按键，输出加工脉冲，开始加工。

⑨ 加工过程中，视加工情况随时调整加工电压、伺服速度、提升时间、加工时间和加工规准，使主轴百分表抖动最小，电压表、电流表指针大致稳定。

⑩ 随时监视加工的速度，等到过预定尺寸时开启平动头加工(如果选配平动头的话)。

⑪ 在装夹校正工件、电极并将电极定位于要加工的位置后，对工作液箱上油到适当的位置。

16.6 零件加工

启动机床进行加工。开始加工时，要观察放电效果及加工左边正确与否。加工结束后及时清理机床。

16.7 零件检测

程序执行完毕后，返回到设定高度，机床自动停止，松开夹具，卸下工件，用相应测量工具进行检测，检查是否达到加工要求。

16.8 项目训练

根据所学知识，思考下列问题。

1) 电火花加工后工件表面是否有许多微小的凹坑？结合电火花加工原理请解释为什么？

2) 在本项目中电火花加工为什么需要采用几个不同的加工条件？在比较每个加工条件所达到的表面粗糙度后谈谈看法。

3) 通过操作油箱，请说出本项目中电火花加工用的工作液是什么？工作液在电火花加工中有什么作用？

项目十七　凸模零件的线切割加工

【项目能力目标】

1) 熟练掌握电火花线切割机床操作面板；

2) 能正确上丝、穿丝；

3) 能进行电极丝垂直度的找正和精确定位；

4) 能熟练操作线切割机床加工凸模零件。

【加工任务】

任务描述：该项目任务为加工一凸模零件(见图 17-1)，该零件是模具设计与制造专业学生在模具钳工操作实训时加工模具中的一个零件，通过凸模零件的加工使学生掌握凸模零件的加工操作方法，熟练掌握数控线切割机床的基本操作方法。

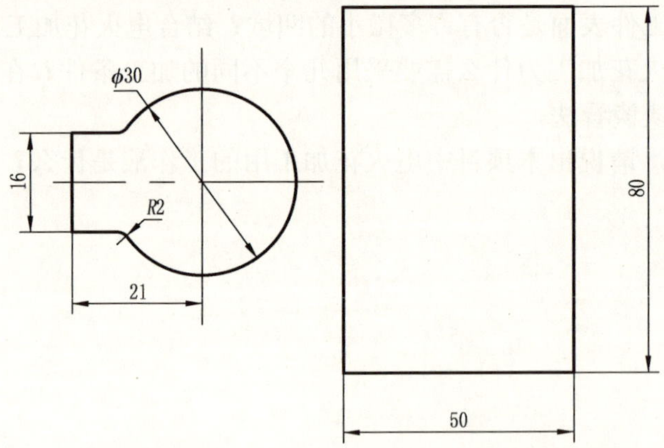

(a) 零件图　　(b) 毛坯图

图 17-1　凸模零件

17.1　工 艺 分 析

由图纸可知，该零件材料为 08 钢，厚度 5mm，用铣床加工时零件装夹困难。由于数量较少，也不适宜用模具冲压加工。因此该零件通常采用数控线切割加工。

【知识链接】

电火花线切割加工原理同电火花成形加工原理一样(注：电火花成形加工和线切割加工统称为电火花加工，人们习惯将电火花成形加工简称为电火花加工，电火花线切割加工简称为线切割加工)，利用工具电极(电极丝)和工件两极之间脉冲放电时产生的热能对工件进行加工。线切割加工时，如图 17-2 所示，绕在滚丝筒(又称贮丝筒)上的电极丝沿滚丝筒的回转方向以一定的速度移动，装夹在机床工作台上的工件由工作台按预定控制轨迹相对于电极丝做成形运动。脉冲电源的一极接工件，另一极接电极丝。在工件与电极丝之间总是保持一定的放电间隙且喷洒工作液，电极之间的火花放电蚀出一定的缝隙，连续不断的脉冲放电就能切割出所需形状和尺寸的工件。

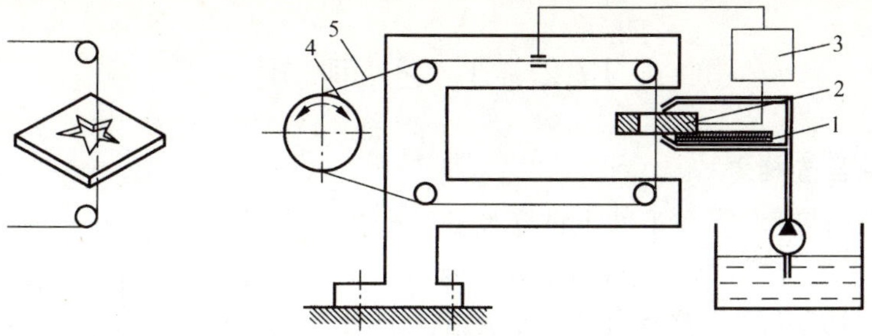

(a) 加工示意图　　　　(b) 线切割加工原理示意图

图 17-2　线切割加工原理

1—绝缘底板；2—工件；3—脉冲电源；4—滚丝筒；5—电极丝

线切割加工能方便加工出小孔、形状复杂的窄缝及各种形状复杂零件，如图 17-3(b)所示。

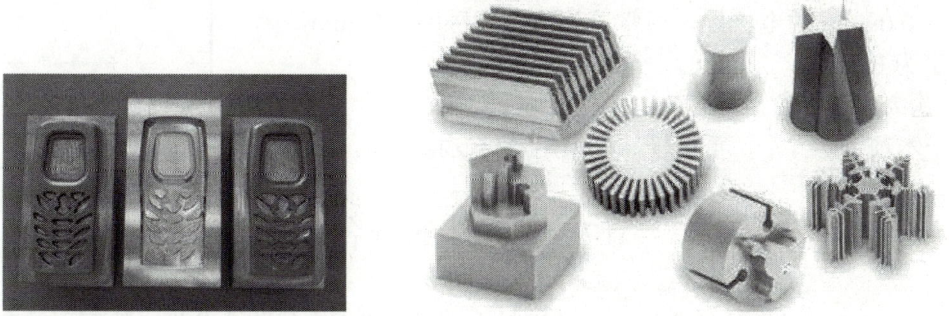

(a) 电火花加工产品　　　　(b) 线切割加工产品

图 17-3　加工产品实例

【任务实施】

线切割加工的一般步骤如图 17-4 所示。但是，对于不同的零件，其加工过程不完全相同。结合本项目要求，制定项目完成过程为：工艺分析、工件准备、机床准备、编制程序、加工、检测等。

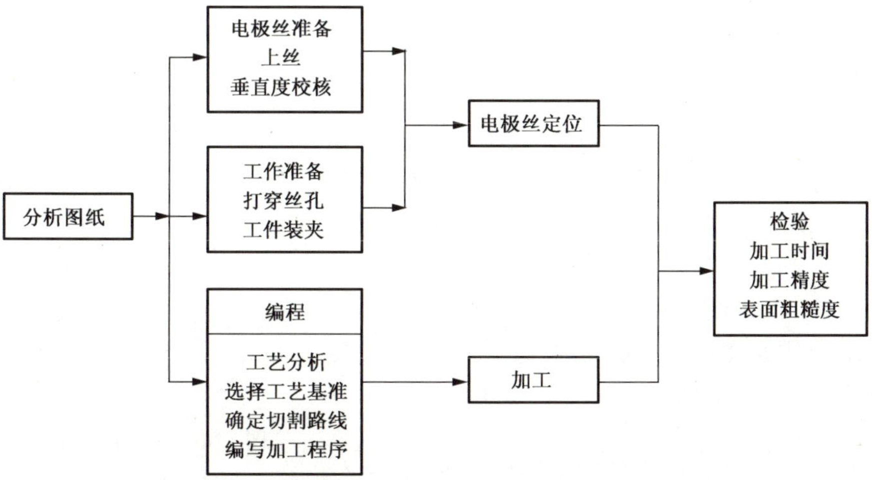

图 17-4　线切割加工流程图

17.2 工 艺 制 定

1. 加工轮廓位置确定

为了提高零件精度，需在工件上钻穿丝孔。分析确定线切割加工轮廓在毛坯上的位置，如图 17-5 所示。穿丝孔为 *A*，起割点为 *B*。为了减少空切割行程，穿丝孔中心到起割点的距离为 4mm。

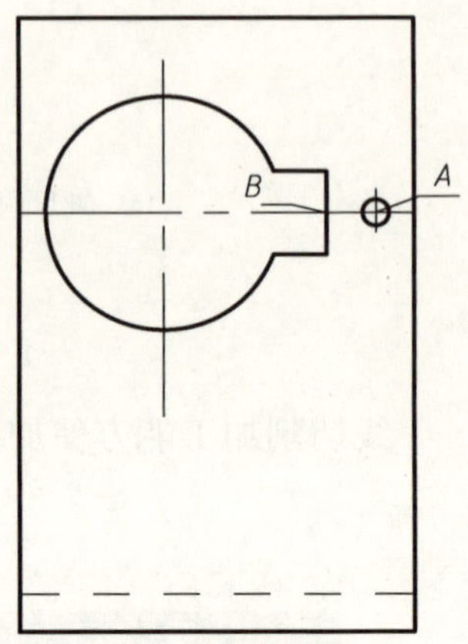

图 17-5　穿丝孔示意图

2. 画图及编程

根据上面设计的加工轮廓在毛坯上的位置及穿丝孔的位置，画图并选定穿丝孔、起割点。如图 17-5 所示，以直径 30 的圆心为编程原点(坐标 0，0)，以直径 3mm 的穿丝孔圆心为切割起点，以 *B* 点位切入点，切割方向为逆时针，补偿方向 G42，采用半径 0.09mm 的电极丝，通常单边放电间隙为 0.01mm，因此补偿量为 0.1mm。

3. 装夹方法确定

由于本项目零件小，重量轻，可采用悬臂支撑装夹。

17.3　工件的准备

按照图 17-5 穿丝孔的位置设计图在坯料上划线，确定穿丝孔 *A* 位置，然后用钻床或电火花打孔机打孔。打孔后应认真清理干净孔内的毛刺，避免加工时电极丝与毛刺接触短路从而造成加工困难。

本项目用高速走丝机床在毛坯上切割加工，装夹时采用悬臂支撑，可用角尺放在工作台横梁边简单校正工件即可，也可以用电极丝沿着工件边缘移动，观察电极丝与工件的缝隙大小的变化来校正。装夹方式应根据设计图 17-5 来进行装夹。

17.4　机床的准备

1. *Z* 轴行程的调整

线切割加工时，机床的上导轮和下导轮的距离由加工工件的厚度决定，上下导轮的距离越小，电极丝运行时的振动越小，加工粗糙度越低。线架的下臂是固定的，上臂是可调的。高速走丝机床可以通过手摇调整 *Z* 轴行程。要注意的是，在调整 *Z* 轴行程前必须松开锁紧螺钉，调整后必须紧固锁紧螺钉。一般高速线切割机床的上臂下表面与工件的上表面最小距离是 10～20mm。

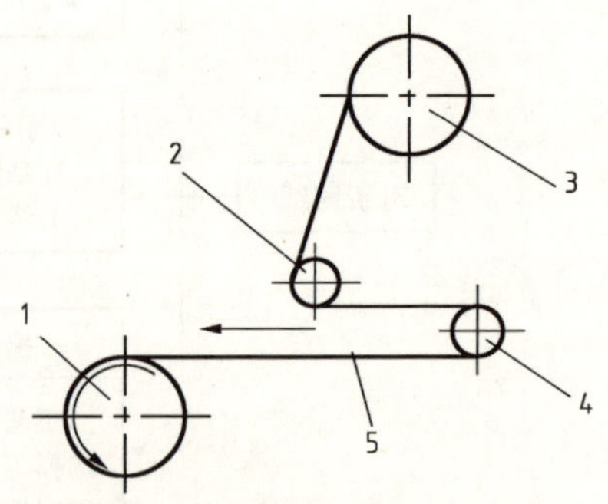

图 17-6　锥度机床钼丝安装示意图

1—贮丝筒；2—张紧轮；3—丝盘；4—导轮；5—电极丝

2. 安装钼丝

如图 17-6 所示，将钼丝盘紧固于绕丝轴上，松开丝筒拖板行程撞块。开动走丝电动机，将丝筒移至左端后停止，把钼丝一端紧固在丝筒右边固定螺钉上，利用绕丝轴上弹簧使钼丝张紧。张力大小可调整绕丝轴上螺母，先用手盘动丝筒，使钼丝卷到丝筒上，再开动走丝电动机(低速)，使钼丝均匀地卷在丝筒表面，待卷到另一端位置时，停止走丝电动机，折断钼丝(或钼丝终了时)，将钼丝端头暂时紧固在卷丝筒上。开动走丝电动机，调整拖板行程撞块，使拖板在往复运动走丝电动机时两端钼丝存留余量(5mm 左右)，停止走丝电动机，使拖板停在钼丝端头处于线架中心位置。

3. 穿丝

如果工件上有穿丝孔，将工作台移至工件穿丝孔的位置，取下钼丝端头，通过上导轮穿过工件的穿丝孔，再从下导轮、导向过轮装置引向卷丝筒，张紧并固定，调整高频电源进电块和断丝保护块使钼丝与其表面接触；如果加工工件不需要穿丝孔，可以从工件的外表面切入，这样在装工件前就可调整好钼丝。

4. 电极丝垂直度校正

在重新穿丝后，进行精密零件加工或切割锥度等情况下需要重新校正电极丝相对于工作台平面的垂直度。找正时常用找正块来找正电极丝的垂直度。

找正块是一个六面相互垂直的六方体钢块，如图 17-7(a)所示。在校正电极垂直度时，首先目测电极丝的垂直度，若明显不垂直，则调节 *U*、*V* 轴，使电极丝大致垂直于工作台；然后将找正块放在工作台上，在弱加工条件下，将电极丝沿 *X* 方向缓缓移向找正块。当电极丝接近碰到找正块时，电极丝与找正块之间产生火花放电，肉眼观察产生的火花，若上下火花均匀，如图 17-7(b)所示，则表明该方向上电极丝垂直度良好；若下面火花多，如图 17-7(c)所示，则说明电极丝右倾，故将 *U* 轴的值调小，直至火花上下均匀；若上面火花多，如图 17-7(d)所示，则说明电极丝左倾，故将 *U* 值调大，直至火花上下均匀。同理，调节 *V* 轴的值，使电极丝在 *V* 轴垂直度良好。

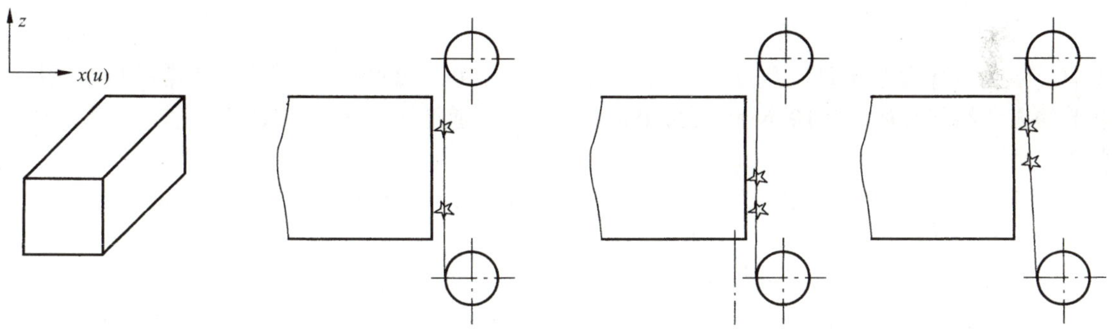

(a) 找正块　(b) 垂直度较好　(c) 垂直度较差(右倾)　(d) 垂直度较差(左倾)

图 17-7　火花法找正电极丝垂直度

在用火花法校正电极丝的垂直度时，需要注意几点：

1) 找正块使用一次后，会留下细小的放电痕迹。下次找正时，要重新换位置，不可用有放电痕迹的位置碰火花校正电极丝的垂直度。

2) 在精密零件加工前，分别校正 *U*、*V* 轴的垂直度后，需要再检验电极丝垂直度校正的效果。具体方法是：重新分别从 *U*、*V* 轴方向碰火花，看火花是否均匀。若 *U*、*V* 方向上火花均匀，则说明电极丝垂直度良好；若 *U*、*V* 方向上火花不均匀，则重新校正，再检验。

3)在校正电极丝垂直度前，电极丝应张紧，张力与加工中的张力相同。

4)在用火花法校正电极丝垂直度时，电极丝要运行，以免电极丝被烧断。

5. 贮丝筒行程调整

根据贮丝筒上电极丝的多少和位置来确定贮丝筒的行程。丝筒两端应各有 5～8mm 贮丝量，以防止机械性断丝。

注意：

把丝筒向左摇，对应调节左边限位块，另一端调整方法与之相对应。

17.5 程序编制

数控线切割加工程序的编写有手工编写和软件自动生成两种。由于本项目零件图比较简单，适合用手工编写程序，一般手工编写程序代码有 3B 代码和 ISO 代码两种。现以 ISO 代码为例讲解凸模零件的程序编写。

【知识链接】

线切割机床的控制系统是按照人的“命令”去控制机床加工的。因此，必须事先把要切割的图形，用机器所能接受的“语言”编排好命令，叫数控线切割编程，简称编程。编写程序的格式有 ISO、3B、4B、EIA 等。其中用的最多的是 ISO 格式。

1. ISO 代码程序中常用地址的简介

一个完整的零件加工程序由多个程序段组成。一个程序段由若干个代码字组成。每个代码字则由一个地址(用字母表示)和一组数字组成，有些数字还带有符号。如 G02 总称为字，G 为地址，02 为数字组合。

程序段由程序段号及各种字组成。其格式如下所示：

```
N0020 G03 X-20.0 Y20.0 I-30.0 J-10.0;
```

式中，N 为程序段号地址，程序段号可编的范围为 0000～9999。程序段号通常以每次递增 1 以上的方式编号，如 N0010, N0020, N0030，…，每次递增 10，其目的是留有插入新程序段的余地。

G 为指令动作方式的准备功能地址，其后续数字一般为 2 位数(00～99)，如 G00、G02、G91。

M 为辅助功能地址，其后续数字一般为 2 位数(00、99)，如 M02。

T 用于指定操作面板上的相应动作的控制。如 T86 表示送丝，T87 表示停止送丝。

尺寸坐标字主要用于指定坐标移动的数据，其地址符为：X、Y、Z、U、V、W、I、J、K、R、A 等。如：X、Y、Z 指定到达点的直线尺寸坐标；I、J、K 指定圆弧中心坐标的数据；A 指定锥面加工角度的数据。

H 用于指定补偿量。如 H001 表示取 1 号补偿值。

L 用于指定子程序的循环执行次数。如 L3 表示循环 3 次。

2. G 功能指令(准备功能指令)

G 功能是设立机床工作方式或控制系统工作方式的一种命令。对于不同的数控系统，G 代码、M 代码和 T 代码的功能并不完全相同。表 17-1 为快走丝线切割机床常用 G 代码。

表 17-1　常用 G 代码

代码	功能	代码	功能
G00	快速移动至指定位置	G42	电极丝向右补偿
G01	直线插补	G50	取消锥度倾斜
G02	顺时针圆弧插补	G51	电极丝左锥度倾斜
G03	逆时针圆弧插补	G52	电极丝右锥度倾斜
G04	暂停指令	G54	选择工作坐标系 1
G92	设定坐标原点	G55	选择工作坐标系 2
G17	选择 *XOY* 平面	G56	选择工作坐标系 3
G18	选择 *XOZ* 平面	G80	移动到接触感知处
G19	选择 *YOZ* 平面	G81	移动到机床的极限
G20	设定英制	G82	移动到圆点与现坐标的一半处
G21	设定公制	G84	电极丝自动垂直校正
G40	取消电极丝补偿	G90	绝对坐标指令
G41	电极丝向左补偿	G91	增量坐标指令

1) G00（快速定位指令）

快速定位指令 G00 是使电极丝按机床最快速度移动到指定位置。

编程格式：`G00 X__Y__;`

2) G90、G91、G92（坐标指令）

G90：绝对坐标指令，采用本指令后，后续程序段的坐标值都应按绝对方式编程，即所有点的表示数值都是在编程坐标系中的点坐标值，直到执行 G91 为止。

编程格式：`G90;`

G91：相对坐标指令，采用本指令后，后续程序段的坐标值都应按增量方式编程，即所有点的表示数值均以前一个坐标位置作为起点来计算运动终点的位置矢量，直到执行 G90 为止。

编程格式：`G91;`

G92：设定坐标原点指令，指定电极丝起点坐标值。

格式：`G92 X__ Y__;`

3) G01（直线插补指令）

直线插补指令 G01 是使电极丝从当前位置以进给速度直线移动到指定位置。

编程格式：`G01 X__ Y__;`

例 17-1：如图 17-8 所示，电极丝从 *A* 点以进给速度直线移动到 *B* 点，试分别用绝对方式和相对方式编程。已知：起点坐标为 *A*(20, –30)，终点坐标为 *B*(80, 45)。

按绝对方式编程：

```
N0010 G90 G92 X20 Y-30;
N0020 G01 X80 Y45;
```

按相对方式编程：

```
N0010 G91 G92 X20 Y-30;
N0020 G01 X60 Y75;
```

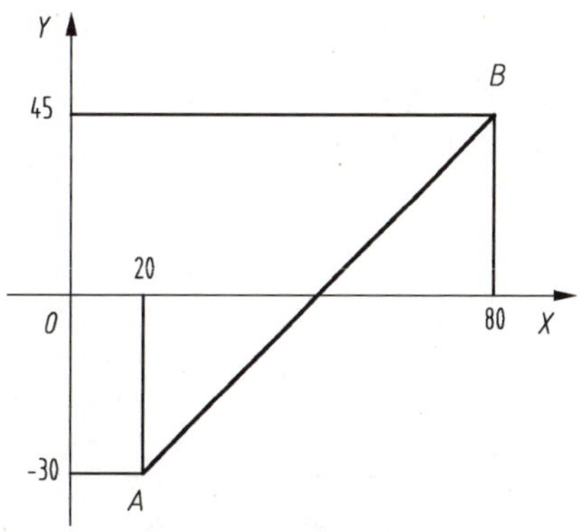

图 17-8　直线插补示意图

4) G02、G03（圆弧插补指令）

圆弧插补指令 G02 和 G03 用于切割圆或圆弧，G02 为顺时针圆弧插补，G03 为逆时针圆弧插补。

编程格式：G02 X__ Y__ I__ J__；

G03 X__Y__ I__ J__；

式中，X、Y 的坐标值为圆弧终点的坐标值。用绝对方式编程时，其值为圆弧终点的绝对坐标；用增量方式编程时，其值为圆弧终点相对于起点的坐标。I、J 为圆心坐标。用绝对方式或增量方式编程时，I 和 J 的值分别是在 *X* 方向和 *Y* 方向上，圆心相对于圆弧起点的距离。I、J 为 0 时可以省略。

例 17-2：如图 17-9 所示，电极丝从 *A* 点沿着圆弧切割到 *B* 点，试分别用绝对方式和相对方式编程。已知：起点坐标为 *A*(48.3, 10)，终点坐标为 *B*(20，50)，圆心坐标为(20，20)。

按绝对方式编程：

```
N0010 G90 G92 X48.3 Y10;
N0020 G03 X20 Y50 I-28.3 J10;
```

按相对方式编程：

```
N0010 G91 N0020 G03 X48.3 Y0;
N0020 G03 X28.3 Y40 I-28.3 J10;
```

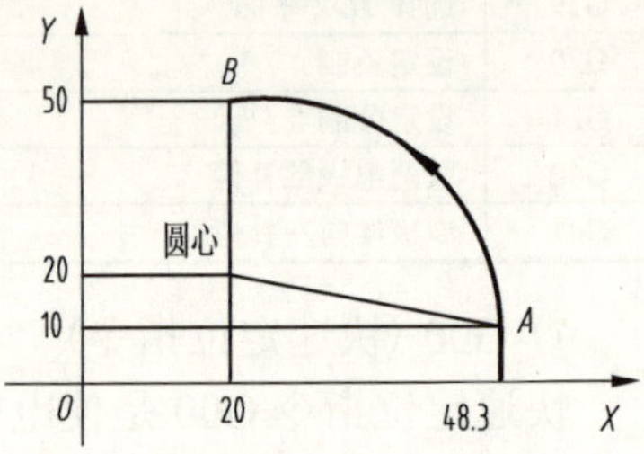

图 17-9　圆弧插补示意图

5) G40、G41、G42 (电极丝补偿指令)

为了消除电极丝半径和放电间隙对加工精度的影响，电极丝中心相对于加工轨迹需偏移值。如图 17-10 所示，G41(左补偿)和 G42(右补偿)分别是指沿着电极丝运动的方向前进，电极丝中心沿加工轨迹左侧或右侧偏移一个给定值，G40 (取消补偿)为补偿撤销指令。

编程格式：G41D 或 G41H

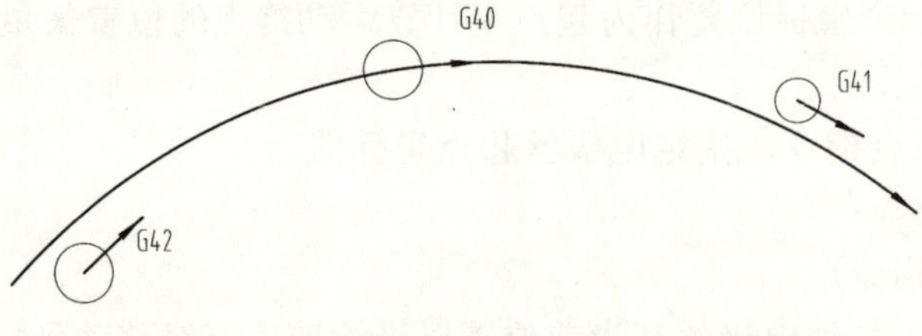

图 17-10　电极丝中心相对于加工轨迹需偏移

3. M 功能指令(辅助功能指令)

M 功能指令用于控制机床中辅助装置的开关动作或状态。表 17-2 为数控电火花线切割机床常用 M 代码。

表 17-2　机床常用 M 代码

代码	功能	代码	功能
M00	程序暂停执行	M98	子程序调用
M02	程序结束停止	M99	子程序结束，返回
M05	忽视接触感知		

M00 用于暂停程序的运行，等待机床操作者的干预，如检验、调整、测量等。待干预完毕后，按机床上的启动按钮，即可继续执行暂停指令后面的加工程序。

M02 用于结束整个程序的运行，停止所有的 G 功能及与程序有关的一些运行开关。

M05 用于忽视接触感知。电极丝在定位时，要用 G80 代码使电极丝慢速接触工件，一旦接触到工件，机床就停止动作，若要再移动，一定要先输入 M05 代码，取消接触感知状态。

M98 用于调用子程序。在一个程序中，同样的程序段组会多次重复出现。若把这些程序段固定为一个程序，则可减少编程的烦琐，缩短程序长度，减少错误。此固定的一个程序称为子程序，调用子程序的程序称为主程序。

M98 的格式为：M98P（子程序的开始程序段号）L（循环次数）

M99 用于子程序结束。执行此代码，子程序结束，程序返回到主程序中去，继续执行主程序指令。

4. T 功能指令

T 代码与机床操作面板上的手动开关相对应在程序中使用这些代码，可以不必人工操作面板上的手动开关。表 17-3 为数控电火花线切割机床的常用 T 代码。

表 17-3　机床常用 T 代码

代码	功能		代码	功能
T84	液压泵打开	工作液喷	T86	送电极丝
T85	液压泵关闭	工作液停止喷	T87	停止送丝

例如，加工图 17-11 所示零件（电极丝直径与放电间隙忽略不计）。

用 G90 编程如下：

```
P1;                    //程序名
N01 G92 X0 Y0;         //确定加工程序起点，设置加工坐标系
N02 G01 X10000 Y0;
N03 G01 X10000 Y20000;
N04 G02 X40000 Y20000 I15000 J0;
N05 G01 X40000 Y0;
N06 G01 X0 Y0;
N07 M02;               //程序结束
```

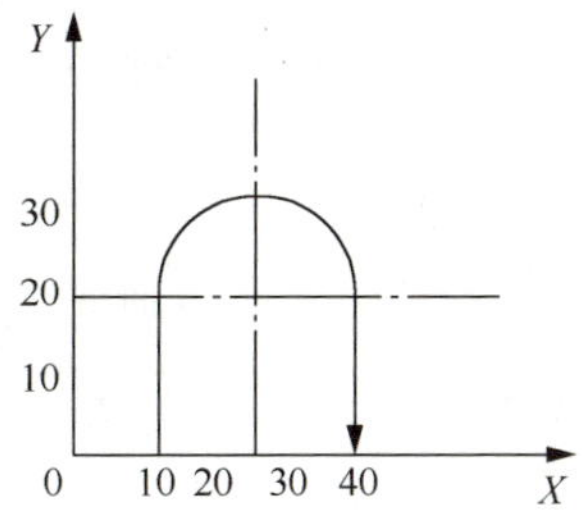

图 17-11　零件图

【任务实施】

用 ISO 代码编写凸模零件的线切割加工代码如下：

```
P1;
N0010 G92 X25000 Y0;
N0020 G90;
N0030 G01 X21000 Y0;
N0040 G01 X2100 Y8000;
N0050 G01 X13748 Y8000;
N0060 G02 X12130 Y8824 I0 J2000;
N0070 G03 X12130 Y-8824 I-12130 Y-8824;
N0080 G02 X13748 Y-8000 I1617 J-1176;
N0090 G01 X21000 Y-8000;
N0100 G01 X21000 Y0;
N0110 G01 X25000 Y0;
N0120 M02;
```

17.6 零件加工

工件、电极丝安装校正好后，输入编好的加工程序，就可以操作机床，进行零件的加工。现以北京迪蒙卡特机床有限公司生产的CTW400数控电火花线切割机床为例，介绍数控电火花线切割机床的步骤如下。

1. 开机前的准备

首先将机床总电源置于开位置，将工件夹在工作台夹具体上，电极丝在丝筒上盘好，并将走丝行程位置定位，冷却水稀释在水箱中待用。初次切割工作，首先确定机床工作台坐标*X*、*Y*、*U*、*V*轴的运动方向。

2. 开机

按下电源柜面板（见图17-12）上的“主机开”按钮，打开机床。系统启动后进入加工主菜单界面，如图17-13所示。

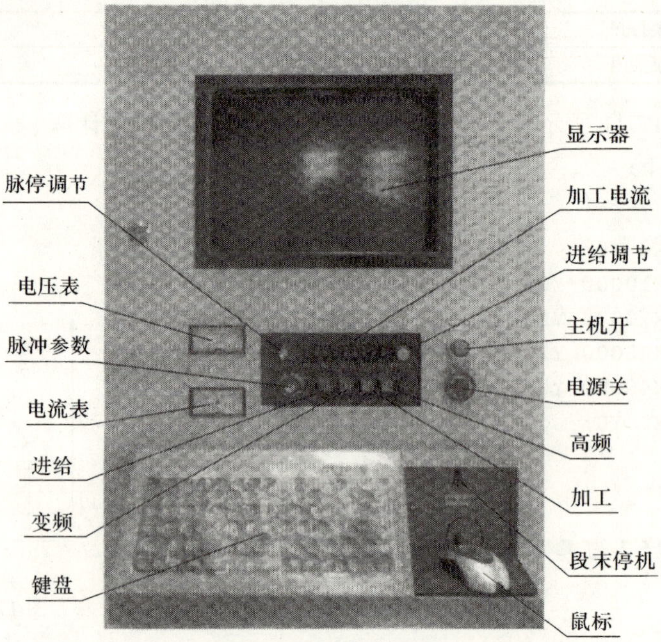

图17-12　电源柜外形

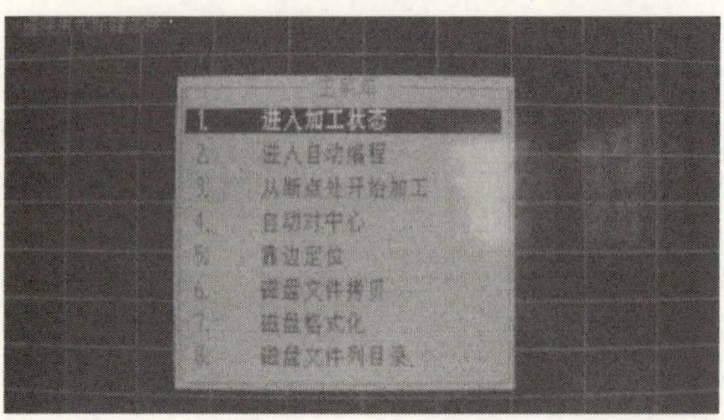

图17-13　加工主菜单

选中第一项“进入加工状态”，系统即刻显示图 17-14 画面，要求操作者选择“有锥度加工”或“无锥度加工”。若选中“无锥度加工”，按“Enter”键后系统显示图 17-15 所示画面，此时，操作者可进行无锥度工件切割前的准备工作，即通过键盘上方的“F1”～“F8”功能键进行必要的参数输入和操作。

无锥度加工 有锥度加工

图 17-14　加工类型选择界面

	机床坐标	
	X	000.000
	Y	000.000
	U	000.000
	V	000.000
	加工方式	
	加工顺序	正切
	比例因子	1.000
	旋转角度	0.000
文件：　　　　page1	间隙补偿	0.000

F1 XY 移动	F2 加工方式	F3 加工文件	F4 编　程	F5 图形显示	F6 间隙补偿	F7 加工预演	F8 开始加工

图 17-15　无锥度加工界面

3. 打开加工程序

按“F3”键打开已有加工程序(见图 17-16)或按“F4”键输入程序，然后按“F7”键对打开的程序进行加工预演。确认轨迹正确后才可以启动机床加工。

当按下“F3”键后，屏幕中央显示一信息提示窗，如图 17-17 所示。

请输入加工文件名 文件名：

图 17-16　文件提示窗

提示信息窗 请将磁盘插入驱动器中，然后按任意键

图 17-17　信息提示窗

当按下“F4”键后，屏幕中央显示一程序编辑窗口，如图 17-18 所示。逐句输入程序后保存退出。

N1 N2 ⋮ N16	帮 助 提 示 区

图 17-18　程序编辑窗口

4. 用手持盒操作移动机床

建立加工坐标系，并将电极丝移动到程序起点，手持盒功能键说明如表 17-4 所示。

5. 开始加工

根据加工工件的材质和高度，选择高频电源规律，即利用控制柜操作面板选择脉冲宽度和脉冲间隔，选择时可以参考表 17-5 选择。

表 17-4　手控盒面板各键及其功用

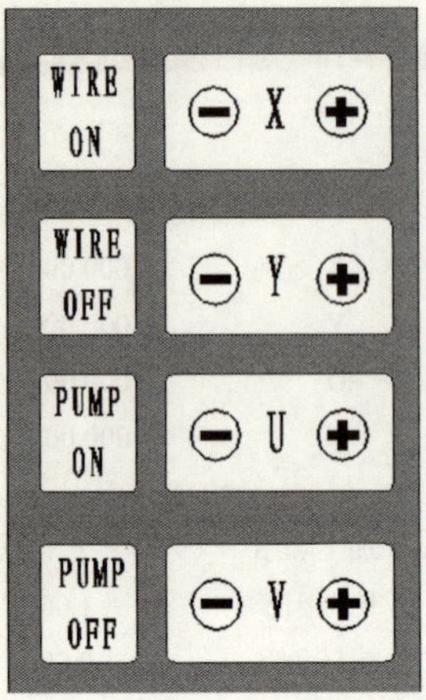

面板键位图	各键名称	功用说明
	WIRE ON	开丝：按下此键滚丝筒电动机转动
	WIRE OFF	关丝：按下此键滚丝筒电动机停止
	PUMP ON	冷却液开
	PUMP OFF	冷却液关
	+X −X +Y −Y +U−U　+V −V	按下某键即可沿指定坐标方向按选定的点动速度移动各轴，松开键后则停止移动。可同时按压两键实现双轴联动

表 17-5　45、GCr15、40Gr、CrWMn 加工参数对照表

工件厚度/mm	脉宽/挡	进给	电流(管子个数)	丝速/挡
0～5	6	6～7	5	1
5～10	6～7	6	5	1(2)
10～40	7～8	5	5～6	2
40～100	8	4	6	2
100～200	8	3.3～4	6～7	2
200～300	8～9	3～3.3	7～8	3

按下控制柜操作面板“进给”、“加工”键，选择“加工电流”大小，按下“高频”键，按“F8”键，将进给旋钮调到进给速度比较慢的位置(进给旋钮逆时针旋转)，按下控制柜操作面板的“变频”键。机床步进机开始动作，至此开始切割工作。注意观察加工放电状态，逐步调大进给速度，使控制柜操作面板上的电压表指针稳定为止。

加工后，取下工件，关闭机床，注意打扫卫生保养机床。该设备有自动关机和手动关机两种关机方法。

自动关机：这一功能是为了当操作者需要长时间离开，担心程序会在这一段时间结束，不想再让机床空运转而设计的。打开面板上的“段末停机”开关，当运行程序结束后，计算机会自动发出信号断掉控制柜电源。

手动关机：当不需要自动关机时，关掉面板上的“段末停机”开关，停止加工后，手动来关掉所有电源。

17.7　零 件 检 测

根据零件尺寸精度要求，选择合适的测量工具进行测量。并与理论值相比较。若尺寸相差较大，请分析原因。

17.8 项 目 训 练

1)用 ISO 代码编制加工图 17-19 所示零件的凸模和凹模的线切割加工程序并完成加工。凸凹模的单边放电间隙为 0.1mm，线切割加工用的电极丝直径为 0.18mm。

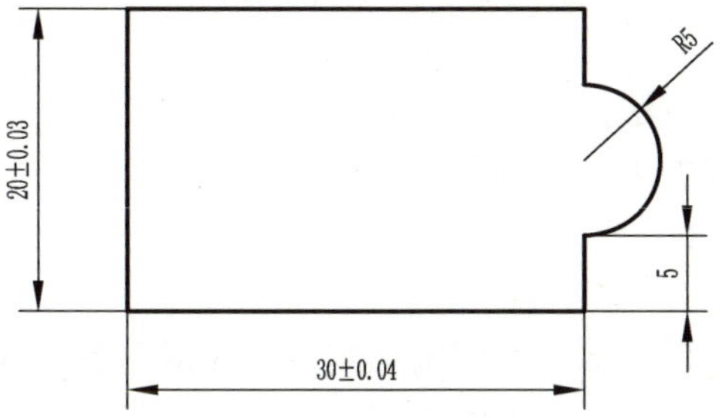

图 17-19　项目训练零件图 1

2)编制图 17-20 所示冲裁凹模刃口的线切割程序并完成加工。已知电极丝直径为 0.18mm，放电间隙 0.01mm。

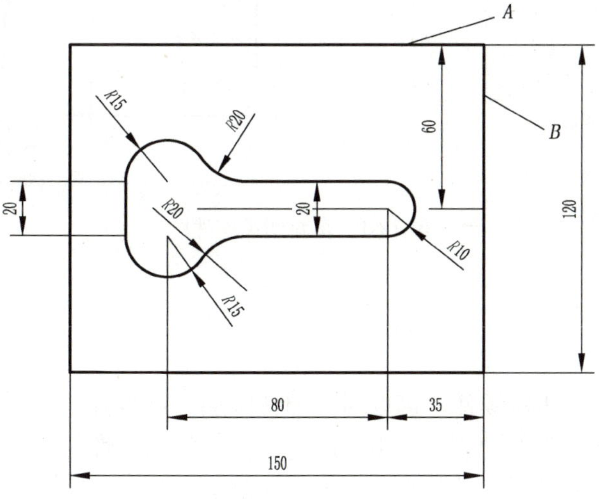

图 17-20　项目训练零件图 2

3)图 17-21 所示为车工车螺纹用的对刀样板，其外轮廓采用线切割加工，并利用手工编程，*A* 点为钼丝的穿丝点。

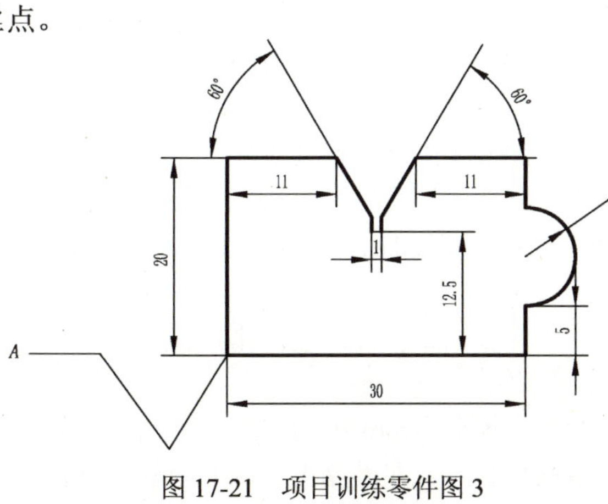

图 17-21　项目训练零件图 3

项目十八　落料凹模的线切割锥度切割加工

【项目能力目标】

1) 掌握锥度切割的加工方法；

2) 能较熟练处理线切割加工中的各种故障；

3) 熟练识读线切割程序。

【加工任务】

任务描述：利用多次线切割加工及锥度切割方法完成落料凹模(见图 18-1)零件的加工。

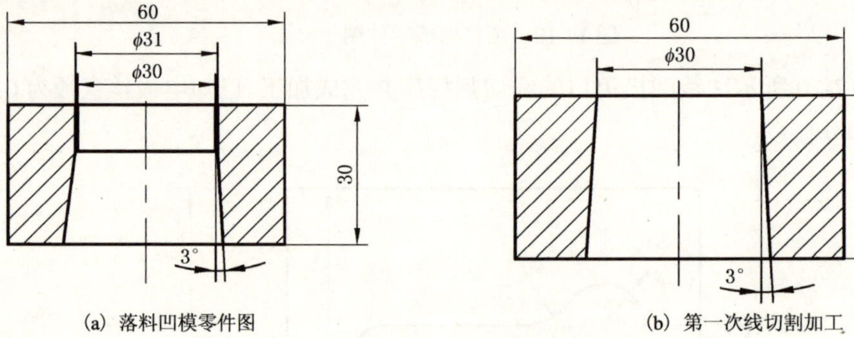

图 18-1　落料凹模零件图

18.1　工 艺 分 析

如图 18-1 所示落料凹模零件，可以用数控铣床加工该零件，但由于材料较硬，加工时刀具磨损大；由于线切割加工的工艺性与材料的硬度无关，故该零件采用线切割加工，线切割机床除了大家熟悉的 X、Y 轴外，还有与 X、Y 轴平行的 U、V 两轴。线切割加工中，通过机床工作台 X、Y 和 U、V，4 轴的运动带动电极丝运动可以切割各种形状。如电极丝倾斜一个角度切割，通常称为锥度切割，如图 18-2 所示；U、V 轴与 X、Y 轴的运动轨迹形状不同，则称为上下异形切割。

图 18-2　锥度切割零件

完成本项目需要将零件上已有的孔扩大，精度要求高，需要掌握电极丝的精确定位及多次切割加工工艺。因此完成本项目的过程为：工艺分析、工件装夹与校正、电极丝的穿丝、电极丝的校正、零件图形加工路径、设置加工参数、生成加工程序、加工等。

18.2　工 艺 制 定

在落料凹模的所有尺寸中，直径 31mm 的刃口的尺寸精度、表面粗糙度要求高；倾斜度为 3° 的锥孔的作用是方便落料件掉下，尺寸精度、表面粗糙度都没有严格要求。若先加工直径 31mm 的刃口，在随后加工锥孔时火花放电可能会对刃口的尺寸精度和表面粗糙度产生影响。因此实际生产中首先加工角度为 3° 的锥孔，然后再加工直径 31mm 的刃口，用多次线切割加工。

18.3 加工准备

1. 工件准备

线切割加工内孔零件时要先加工穿丝孔，结合本项目零件特点，可以先把内孔加工到直径 30mm，如图 18-3 所示。

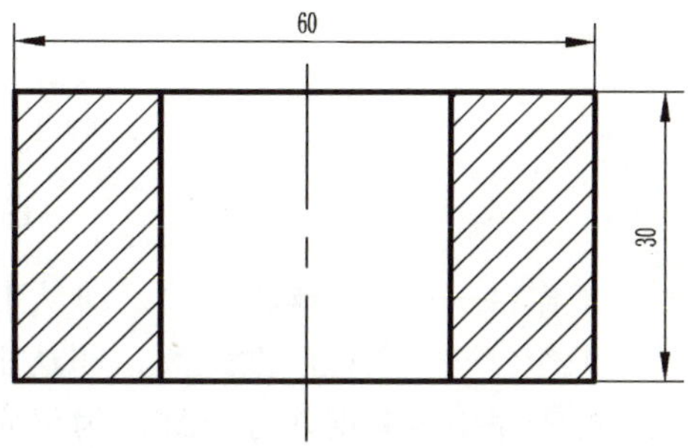

图 18-3　工件准备

2. 零件装夹

由于本项目是在冲压模具上加工，因此电极丝的定位要特别精确，否则整个部件可能会报废。考虑到凹模尺寸较小，为了定位时电极丝能够从四周感知凹模侧面，凹模可用专用夹具(精密直角线切割万力，见图 18-4(a))来装夹，通过线切割万力再固定在机床工作台上(见图 18-4(b))。

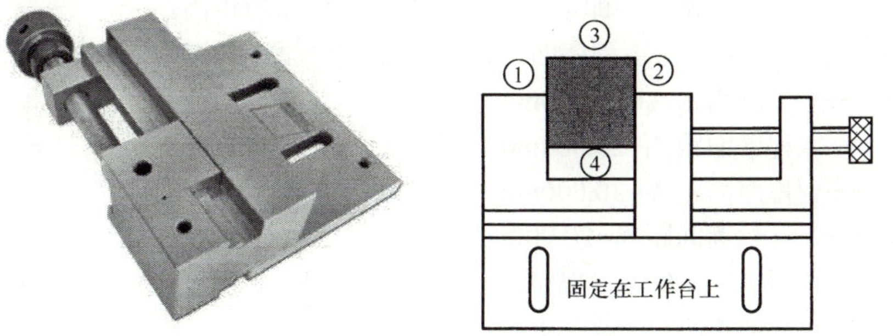

(a)　(b)

图 18-4　精密直角线切割万力

3. 锥度加工的设定

为了执行锥度加工，必须确定并输入 3 个数据：上导丝轮与工作台面的距离、下导丝轮与工作台面的距离及工件厚度。否则，即使程序中设定了锥度加工也无法正确执行。读者可以参考机床的说明书的相关菜单中输入这 3 个参数。对加工面的定义：与编程尺寸一致的面称作主程序面(即最重要的尺寸所在的平面)，把另一有尺寸要求的面叫副程序面。

在锥度加工中要点如下：

1) G50、G51、G52 分别为取消锥度倾斜(面向平移方向)、电极丝左倾斜、电极丝右倾斜。

2) A 为电极丝倾斜的角度，单位为度。

3) 取消锥度倾斜(G50)、电极丝左倾斜(G51)电极丝右倾斜(G52)只能在直线上进行，不能在圆弧上进行。

4) 为了实现锥度加工，必须在加工前设置相关参数，不同的机床需要设置的参数不同，如北京迪蒙卡特机床有限公司生产的 CTW400 数控电火花线切割机床需要设置 4 个参数(见图 18-5)。

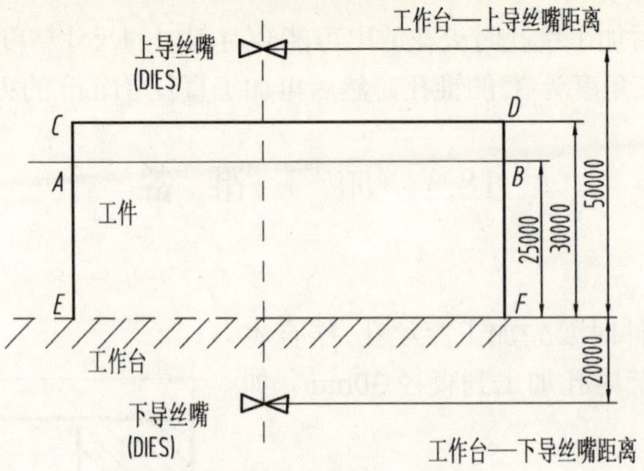

图 18-5 锥度加工参数

工作台——上导丝嘴距离，即从工作台到上导丝嘴为止的距离；

工作台——主程序面距离，即从工作台到主程序面为止的距离，主程序面上的加工物的尺寸与程序中编制的尺寸一致，为优先保证尺寸；

工作台——副程序面距离，即从工作台面到另一个有尺寸要求的面的距离，副程序面是另一个有尺寸要求的面，此面的尺寸要求低于主程序面；

工作台——下导丝嘴距离，即从下导丝嘴到工作台面的距离。

在图 18-5 中，若 *A–B* 为主程序面，*C–D* 为副程序面，则相关参数值为：

工作台——上导丝嘴距离=50.000mm；

工作台——主程序面距离=25.000mm；

工作台——副程序面距离=30.000mm；

工作台——下导丝嘴间距离=20.000mm。

在图 18-5 中，若以 *A–B* 为主程序面，*E–F* 为副程序面，则相关参数值为：

工作台——上导丝嘴距离=50.000mm；

工作台——主程序面距离=25.000mm；

工作台——副程序面距离=0.000mm；

工作台——下导丝嘴间距离=20.000mm。

18.4 程 序 编 制

在编写图 18-1 所示落料凹模零件加工角度为 3° 的锥孔程序时，要用到线切割机床的锥度加工指令。不同的机床，加工指令可能不一样，现以北京迪蒙卡特机床有限公司生产的 CTW400 数控电火花线切割机床为例。

【知识链接】

锥度线切割加工指令——G50、G51、G52(锥度加工指令)。

G50 为取消锥度，G51 为锥度左偏，G52 为锥度右偏。当顺时针加工时，G51 加工出来的工件上大下小，G52 加工出来的工件上小下大；当逆时针加工时，则相反。

格式：
```
G51A—
G52A—
G50
```

【任务实施】

用ISO代码编写落料凹模零件30锥孔的线切割加工代码如下：

```
G92 X-5000 Y0;
G52 A2.5 G90 G01 X0;
G01 Y4700;
G02 X300 Y5000 I300;
G01 X9700;
G02 X10000 Y4700 J-300;
G01 Y-4700;
G02 X9700 Y5000 I-300;
G01 X300;
G02 X0 Y-4700 J300;
G50 G01 X-5000;
```

18.5　零件加工

工件、电极丝安装校正好后，输入编好的加工程序，输入锥度加工相应的参数，就可以操作机床，进行零件的加工，完成后取下工件。加工前应注意安全，加工后注意打扫卫生保养机床。

18.6　零件检测

根据零件尺寸精度要求，选择合适的测量工具进行测量。并与理论值相比较。若尺寸相差较大，请根据现场操作分析原因。

18.7　项目训练

1) 切割加工圆锥时需要设置哪些参数？

2) 当线切割加工圆锥后再加工圆孔时是否要重新校正电极丝的垂直度？为什么？

参 考 文 献

鲍海龙. 2010. 数控铣削加工中级. 北京: 机械工业出版社

陈炳光. 2012. 模具数控加工及编程技术. 北京: 化学工业出版社

顾德仁. 2010. CAD/CAM 与数控机床加工实训教程. 北京: 中国人事出版社

关雄飞. 2011. 数控加工工艺与编程. 北京: 机械工业出版社

李柱. 2010. 数控加工工艺及实施. 北京: 机械工业出版社

刘虹. 2011. 数控加工编程及操作. 北京: 机械工业出版社

刘昭琴. 2010. 机械零件数控车削加工. 北京: 北京理工大学出版社

卢万强. 2010. 数控加工技术. 2 版. 北京: 北京理工大学出版社

唐利平. 2012. 数控车削加工技术. 北京: 机械工业出版社

叶俊. 2011. 数控切削加工. 北京: 机械工业出版社

袁周华. 袁永富. 2006. 数控机床操作实训. 北京: 中国农业出版社

张德红. 2010. 数控机床操作技能实训. 北京: 北京理工大学出版社

张若锋, 邓建平. 2010. 数控加工实训. 北京: 机械工业出版社

张士印, 孔建. 2011. 数控车床加工应用教程. 北京: 清华大学出版社

周虹. 2011. 使用数控车床的零件加工. 北京: 清华大学出版社

周旭光. 2010. 模具特种加工技术. 北京: 人民邮电出版社

周芸. 2010. 数控机床编程与加工实训教程. 北京: 中国人事出版社

朱勇. 2011. 数控机床编程与加工. 北京: 中国人事出版社

附录A 数控机床安全操作规程

A.1 数控机床安全操作注意事项

1) 工作时，请穿好工作服、戴好防护镜，不允许戴手套操作数控机床，也不允许扎领带。

2) 开车前，应检查数控机床各部件机构是否完好、各按钮是否能自动复位。开机前，操作者应按机床使用说明书的规定给相关部位加油，并检查油标、油量。

3) 不要在数控机床周围放置障碍物，工作空间应足够大。

4) 上机操作前应熟悉数控机床的操作说明书，数控机床的开机、关机顺序，一定要按照机床说明书的规定操作。

5) 主轴启动开始切削之前一定要关好防护门，程序正常运行中严禁开启防护门。

6) 在每次电源接通后，必须先完成各轴的返回参考点操作，然后再进入其他运行方式，以确保各轴坐标的正确性。

7) 机床在正常运行时不允许打开电气柜的门。

8) 加工程序必须经过严格检查方可进行操作运行。

9) 手动对刀时，应注意选择合适的进给速度；手动换刀时，刀架距工件要有足够的转位距离不至于发生碰撞。

10) 加工过程中，如出现异常危机情况可按下“急停”按钮，以确保人身和设备的安全。

11) 机床工作开始工作前要有预热，认真检查润滑系统工作是否正常，如机床长时间未开动，可先采用手动方式向各部分供油润滑。

A.2 工作过程中的安全注意事项

1) 禁止用手接触刀尖和铁屑，铁屑必须要用铁钩子或毛刷来清理。

2) 禁止用手或其他任何方式接触正在旋转的主轴、工件或其他运动部位。

3) 机床运转中，操作者不得离开岗位，机床发现异常现象立即停止。

4) 经常检查轴承温度，过高时应找有关人员进行检查。

5) 严格遵守岗位责任制，机床由专人使用，他人使用须经有关责任人同意。

6) 工件伸出车床 100mm 以外时，须在伸出位置设防护物。

A.3 工作完成后的注意事项

1) 清除切屑、擦拭机床，使用机床与环境保持清洁状态。

2) 依次关掉机床操作面板上的电源和总电源。

3) 机床开机时应遵循先回零(有特殊要求除外)、手动、点动、自动的原则。机床运行应遵循先低速、中速、再高速的原则，其中低速、中速运行时间不得少于 2～3min。当确定无异常情况后，方可开始工作。

4) 严禁在卡盘上、顶尖间敲打、矫直和修正工件，必须确认工件和刀具夹紧后方可进行下步工作。

5) 操作者在工作时更换刀具或工件、调整工件或离开机床时必须停机。

6) 机床上的保险和安全防护装置，操作者不得任意拆卸和移动。

7) 机床开始加工之前必须采用程序校验方式检查所用程序是否与被加工零件相符，待确认无误后，方可关好安全防护罩，开动机床进行零件加工。

8) 机床附件和量具、刀具应妥善保管，保持完整与良好，丢失或损坏照价赔偿。

9) 实训完毕后应清扫机床，保持清洁，将尾座和拖板移至床尾位置，并切断机床电源。

10) 机床在工作中发生故障或不正常现象时应立即停机，保护现场，同时立即报告现场负责。

11) 操作者严禁修改机床参数。必要时必须通知设备管理员，请设备管理员修改。

12) 正确地选用数控车削刀具，安装零件和刀具要保证准确牢固。

13) 了解和掌握数控机床控制和操作面板及其操作要领，将程序准确地输入系统，并模拟检查、试切，做好加工前的各项准备工作。

14) 加工过程中如发现机床运转声音不正常或出现故障时，要立即停车检查并报告指导教师，以免出现危险。

A.4 线切割机床使用规范

线切割机床属于精密加工设备，操作人员在使用前必须经过严格的培训，才能上机工作。为了安全合理有效地使用机床，要求操作人员必须遵守以下规范：

1) 对机床的性能、结构有充分的了解，能掌握操作规程并遵守安全生产制度。

2) 建立完善的维护制度，确保机床能按时进行日保养、周保养、月保养、年保养。

3) 在机床的允许规格范围内进行加工，不要超重或者超行程工作。

4) 按规定在润滑部位定时注入规定的润滑油或润滑脂，以保证机构运转灵活，特别是导轮和轴承，要定期检查和更换。

5) 经常检查机床的旋钮开关和换向开关是否安全可靠，不允许带故障工作。

6) 经常检查导丝轮、轴承等易损件，发现损坏应立即更换。

7) 加工前应检查工作液箱中的工作液是否足够，水管及喷嘴是否畅通，不应有堵塞现象。

8) 下班后需将工作区域清理干净，夹具和附件等应擦拭干净，并保持完整无损。

9) 定期检查机床电气设备是否受潮，性能是否可靠，并清理灰尘，防止金属杂物落入。

10) 遵守定人定机制度，定期维护保养。

附录B　数控铣床操作工职业标准

B.1　职 业 概 况

1）职业名称：数控铣床操作工。

2）职业定义：操作数控铣床，进行工件铣削加工的人员。

3）职业等级：本职业共设四个等级，分别为中级（相当于国家职业资格四级）、高级（相当于国家职业资格三级）、技师（相当于国家职业资格二级）、高级技师（相当于国家职业资格一级）。

4）职业环境：室内、常温。

5）职业能力特征：具有较强的计算能力和空间感、形体知觉及色觉，手指、手臂灵活，动作协调。

6）基本文化程度：高中毕业（含同等学历）。

7）培训要求

① 培训期限：全日制职业学校教育，根据其培养目标和教学计划确定。晋级培训期限：中级不少于400标准学时；高级不少于300标准学时；技师不少于300标准学时；高级技师不少于200标准学时。

② 培训教师：基础理论课教师应具备本科及本科以上学历，具有一定的教学经验；培训中、高级人员的教师应具备本职业技师以上职业资格证书或本专业中级以上专业技术职务任职资格；培训技师的教师应具备本职业高级技师职业资格证书或本专业高级专业技术职务任职资格；培训高级技师的教师应具备本职业高级技师职业资格证书2年以上或本专业高级专业技术职务任职资格。

③ 培训场地设备：满足教学需要的标准教室；数控铣床及完成加工所需的工件、刀具、夹具、量具和机床辅助设备；计算机、正版国产或进口CAD/CAM自动编程软件和数控加工仿真软件等。

8）鉴定要求

1）适用对象：从事和准备从事本职业的人员。

2）申报条件

中级（具备以下条件之一者）：

① 取得相关职业（指车、铣、镗工，以下同）初级职业资格证书后，连续从事相关职业3年以上，经本职业中级正规培训达规定的标准学时，并取得毕（结）业证书。

② 取得相关职业中级职业资格证书后，且连续从事相关职业1年以上，经本职业中级正规培训达规定的标准学时数，并取得毕（结）业证书。

③ 取得中等职业学校数控加工技术专业或大专以上（含大专）相关专业毕业证书。

高级（具备以下条件之一者）：

① 取得本职业中级职业资格证书后，连续从事本职业4年以上，经本职业高级正规培训达规定的标准学时数，并取得毕（结）业证书。

② 取得本职业中级职业资格证书后，连续从事本职业工作 7 年以上。

③ 取得高级技工学校或经劳动保障行政部门审核认定的、以高级技能为培养目标的高等职业学校本专业毕业证书。

④ 具有相关专业大专学历，并取得本职业中级职业资格证书后，连续从事本职业工作 2 年以上。

3) 鉴定方式：分为理论知识考试、软件应用考试和技能操作考核三部分。理论知识考试采用闭卷笔试方式，软件应用考试采用上机操作方式，根据考题的要求，完成零件的几何造型、加工参数设置、刀具路径与加工轨迹的生成、代码生成与后置处理和数控加工仿真。技能操作考核在配置数控铣床机床的现场采用实际操作方式，按图纸要求完成试件加工。

4) 考评员和考生的配备：理论知识考核每标准考场配备两名监考员；技能考试每台设备配备两名监考人员；每次鉴定组成 3～5 人的考评小组。

5) 成绩评定：由考评小组负责，三项考试均采用百分制，皆达到 60 分以上者为合格。理论知识与软件应用由考评员根据评分标准统一阅卷、评分。

① 爱岗敬业，忠于职守。

② 努力钻研业务，刻苦学习，勤于思考，善于观察。

③ 工作认真负责，严于律己，吃苦耐劳。

④ 遵守操作规程，坚持安全生产。

⑤ 着装整洁，爱护设备，保持工作环境的清洁有序，做到文明生产。

B.2 基础知识

1. 数控应用技术基础

1) 数控原理与机床基本知识(组成结构、插补原理、控制原理、伺服原理等)。

2) 数控编程技术(含手工编程和自动编程，内容包括程序格式、指令代码、子程序、固定循环、宏程序等)。

3) CAD/CAM 软件使用方法(零件几何造型、刀具轨迹生成、后置处理等)。

4) 机械加工工艺原理(切削工艺、切削用量、夹具选择和使用、刀具的选择等)。

2. 安全文明生产与环境保护

1) 安全操作规程。

2) 事故防范、应变措施及记录。

3) 环境保护(车间粉尘、噪声、强光、有害气体的防范)。

3. 质量管理

1) 企业的质量方针。

2) 岗位的质量要求。

3) 岗位的质量保证措施与责任。

4. 相关法律、法规知识

1) 劳动法相关知识。

2) 合同法相关知识。

B.3　工 作 要 求

本标准以国家职业标准《铣工》中关于数控中级工、高级工、技师、高级技师的工作要求为基础，以国家高技能人才培训工程——数控工艺培训考核大纲和职业院校数控技术应用专业领域技能型紧缺人才培养培训指导方案为补充，适当增加新技术、新技能等相关知识形成。各等级的知识和技能要求依次递进，高级别包括低级别的要求。中、高级数控铣床操作工技能考核标准见附表1、附表2。

附表1　中级数控铣床操作工技能考核标准

职业功能	工作内容	技能要求	相关知识
一、 工艺准备	(一) 读图与绘图	1)能读懂等速凸轮、齿轮、离合器、带直线成形面等中等复杂程度零件的工作图 2)能读懂零件的材料、尺寸公差、形位公差、表面粗糙度及其他技术要求 3)能手工绘制带斜面或沟槽的轴等简单零件的工作图 4)能掌握标准件和常用件的表示法 5)能读懂分度头尾架、弹簧夹头套筒、可转位铣刀等简单机构的装配图 6)能用CAD软件绘制简单零件的工作图	1)复杂零件的表达方法 2)零件材料、尺寸公差、形位公差、表面粗糙度等的基本知识 3)简单零件工作图的画法 4)标准件和常用件的规定画法 5)简单机构装配图的画法 6)计算机绘制简单零件工作图的基本方法
	(二) 制定加工工艺	1)能正确选择加工零件的工艺基准 2)能决定工步顺序、工步内容及切削参数 3)能熟练进行零件加工节点计算 4)能编制矩形体、平行孔系、圆弧曲面等一般难度工件的数控加工工艺卡	1)一般复杂程度工件的数控加工工艺编制方法 2)钻、铣、扩、铰、镗、攻丝等的工艺特点 3)加工余量的选择方法
	(三) 工件定位与夹紧	1)能正确选择工件的定位基准 2)能正确使用台钳、压板、夹钳等通用夹具 3)能正确安装调整夹具 4)能用量表找正工件 5)能正确夹紧工件	1)定位、夹紧的原理及方法 2)台钳、压板等通用夹具的调整及使用方法 3)量表的使用方法
	(四) 刀具准备	1)能依据加工工艺卡选取合理刀具 2)能正确装卸常用刀具 3)能用刀具预调仪或在机内测量刀具的半径及长度 4)能够准确输入刀具有关参数 5)能合理确定有关切削参数	1)刀具的种类、结构、特点及适用范围 2)刀具的选用原则及其切削参数 3)刀具系统的种类及结构 4)刀具预调仪的使用方法 5)刀具长度补偿值、半径补偿值及刀号等参数的输入方法
二、 编程技术	(一) 手工编程	孔类加工 1)能够正确运用数控系统的指令代码，手工编制钻、扩、铰、镗等孔类加工程序 2)能够运用固定循环及子程序进行零件的加工程序编制	1)机床坐标系及工件坐标系的概念 2)常用数控指令(G代码、M代码)的含义 3)S指令、T指令和F指令的含义 4)数控指令的结构与格式 5)固定循环指令的含义、结构、格式与编程方法 6)子程序的嵌套
		面加工 1)能够手工编制平面铣削程序 2)能够手工编制含直线插补、圆弧插补二维轮廓的铣削加工程序	1)几何图形中直线与直线、直线与圆弧、圆弧与圆弧交点的计算方法 2)直线插补与圆弧插补的意义及坐标尺寸的计算 3)刀具半径补偿的作用及计算方法

续表

职业功能	工作内容	技能要求	相关知识
二、 编程技术	(二) 自动编程	1)能够生成平面轮廓、平面区域的刀具轨迹并生成铣削加工程序 2)各种加工参数的设置 3)CAD/CAM软件中刀具参数的设置 4)刀具的各种切入切出轨迹的选择 5)能够根据不同的数控系统设置后置处理程序，生成G代码并能够对轨迹进行修正和编辑 6)会利用数控系统验证数控程序	1)CAD/CAM软件的使用方法 2)刀具参数的设置方法 3)刀具轨迹生成的方法 4)各种材料切削用量的数据 5)有关刀具切入切出的方法对加工质量影响的知识 6)后置处理程序的设置和使用方法，并生成代码
	(三) 数控加工仿真	1)数控仿真软件基本操作和显示操作 2)仿真软件模拟装夹、刀具准备、输入加工代码、加工参数设置 3)模拟数控系统面板的操作 4)模拟机床面板操作 5)实施仿真加工过程以及加工代码检查 6)利用仿真软件手工编程	1)常见数控系统面板操作和使用知识 2)常见机床面板操作方法和使用知识 3)三维图形软件的显示操作技术 4)数控加工手工编程
三、 基本操作与维护	(一) 基本操作	1)能正确阅读数控铣床操作说明书 2)能按照操作规程启动及停止机床 3)能正确使用操作面板上的各种功能键 4)能通过操作面板手动输入加工程序及有关参数，能进行程序传输 5)能进行程序的编辑、修改 6)能设定工件坐标系 7)能正确调入调出所选刀具 8)能正确修正刀补参数 9)能使用程序试运行、分段运行及自动运行等切削运行方式 10)能进行加工程序试切削并作出正确判断 11)能正确使用程序图形显示、再启动功能 12)能正确操作机床完成平行孔系及简单型面等加工	1)数控铣床操作说明书 2)操作面板的使用方法 3)手工输入程序的方法及外部计算机自动输入加工程序的方法 4)程序的编辑与修改方法 5)机床坐标系与工件坐标系的含义及其关系 6)相对坐标系、绝对坐标系的含义 7)修正刀补参数的方法 8)程序试切削方法 9)程序各种运行方式的操作方法 10)程序图形显示、再启动功能的操作方法 11)平行孔系及简单型面的加工方法
	(二) 日常维护	1)能进行加工前机、电、气、液、开关等常规检查 2)能在加工完毕后，清理机床及周围环境 3)能进行数控铣床的日常保养与调整	1)数控铣床安全操作规程 2)日常保养的方法与内容 3)数控铣床的工作原理及调整方法
四、 工件加工	(一) 孔加工	能对单孔进行钻、扩、铰加工	麻花钻、扩孔钻及铰刀的功用
	(二) 平面铣削	能铣削平面、垂直面、斜面、阶梯面等，尺寸精度等级达IT9，表面粗糙度达*Ra*6.3μm	1)铣刀的种类及功用 2)加工精度的影响因素 3)常用金属材料的切削性能
	(三) 平面内外轮廓铣削	能铣削二维直线、圆弧轮廓的工件，且尺寸精度等级达IT9，表面粗糙度达*Ra*6.3μm	
	(四) 运行给定程序	能读懂、检查及运行给定的三维加工程序	1)三维坐标的概念 2)程序检查方法
五、 精度检验	(一)内、外径检验	1)能使用游标卡尺测量工件内、外径 2)能使用内径百(千)分表测量工件内径 3)能使用外径千分尺测量工件外径	1)游标卡尺的使用方法 2)内径百(千)分表的使用方法 3)外径千分尺的使用方法
	(二) 长度检验	1)能使用游标卡尺测量工件长度 2)能使用外径千分尺测量工件长度	
	(三) 深(高)度检验	能使用游标卡尺或深(高)度尺测量深(高)度	1)深度尺的使用方法 2)高度尺的使用方法
	(四) 角度检验	能够使用角度尺检验工件角度	角度尺的使用方法
	(五) 型面检验	能用常用量具及量块、正弦规、卡规、塞规等检验斜面、台阶、沟槽	量块、正弦规、卡规、塞规的用途及使用保养方法
	(六) 机内检验	能利用机床的位置显示功能自检工件的有关尺寸	机床坐标的位置显示功能

附表2 高级数控铣床操作工技能考核标准

职业功能	工作内容	技能要求	相关知识
一、工艺准备	(一)读图与绘图	1)能读懂减速器箱体、多位置非等速圆柱凸轮等复杂畸形零件的工作图 2)能手工绘制等速凸轮、蜗杆、花键轴、直齿锥齿轮的零件工作图 3)能测绘零件并绘制零件图，绘制简单零件的轴测图 4)能读懂分度头、回转工作台等一般机构的装配图 5)能根据复杂装配图拆画满足数控加工要求的零件图 6)能绘制适合数控加工的工装装配图及零件图 7)能用CAD软件绘制零件图	1)复杂畸形零件图的画法 2)简单零件轴测图的画法 3)一般机械装配图的表达方法 4)零件的测绘方法 5)根据装配图拆画零件图的方法 6)较复杂铣床工装装配图的画法及计算机绘图的基本方法
	(二)制定加工工艺	1)能编制凸轮、孔系、模具型腔等复杂型面零件的数控加工工艺规程 2)能制定复杂畸形零件的数控加工顺序 3)能对零件的数控工艺进行合理性分析，并提出改进建议	1)复杂零件数控加工工艺规程的制定方法 2)复杂畸形零件数控加工顺序的制定方法 3)数控工艺方案合理性的分析方法及改进措施
	(三)工件定位与夹紧	1)能合理选择和正确使用数控铣削加工组合夹具及调整专用夹具 2)能设计并制作数控铣床用简单专用夹具 3)能正确使用气动、液压自动夹紧装置 4)能分析计算数控铣床夹具的定位误差，并提出改进建议	1)专用夹具和组合夹具的种类、结构、用途和特点 2)复杂专用夹具的调整和一般组合夹具的组装方法 3)气动、液压自动夹紧装置的原理及使用方法 4)夹具定位误差的分析与计算方法
	(四)刀具准备	1)能合理选用新型刀具 2)能依据切削条件和刀具条件估算具体刀具的使用寿命 3)根据不同的工件材料合理选择刀具切削加工参数	1)刀具新材料、新技术知识 2)影响刀具寿命的因素及延长刀具寿命的方法
二、编程技术	(一)手工编程	轮廓加工 1)能编制较复杂的二维轮廓铣削加工程序 2)能根据加工要求编制简单曲面的铣削加工程序	1)较复杂二维节点的计算方法 2)球、锥、台等几何体外轮廓节点计算
	(二)自动编程	1)能利用CAD/CAM软件对复杂零件进行实体或曲线曲面造型 2)能生成三维曲面、曲面轮廓、曲面区域、非圆曲线轮廓的刀具轨迹并生成铣削加工程序	1)实体造型的方法 2)曲面造型的方法 3)计算机基础知识
三、工件加工	(一)孔系加工	1)能对孔系进行钻、扩、镗、铰等切削加工，尺寸精度等级达IT8，表面粗糙度达 $Ra3.2\mu m$ 2)能完成孔的调头镗削	1)镗刀的种类及其应用 2)切削液的合理使用 3)高精度孔的镗削方法
	(二)攻丝加工	能用丝锥加工螺纹孔	丝锥夹头的构造及使用
	(三)平面及轮廓铣削	1)能有效利用刀具补偿进行铣削加工 2)能铣削较复杂的平面轮廓，尺寸精度等级达IT8，表面粗糙度达 $Ra3.2\mu m$	提高加工精度的措施
	(四)三维曲面铣削	能铣削三维曲面，尺寸精度等级达IT9，表面粗糙度达 $Ra6.3\mu m$	1)三维曲面的加工方法 2)程序检查方法
	(五)运行给定程序	能读懂、检查及运行给定的三维以上加工程序	三维以上坐标的概念

续表

职业功能	工作内容	技能要求	相关知识
四、精度检验及误差分析	(一)复杂、畸形零件的精度检验	1)能间接测量一般理论交点尺寸 2)能进行平行孔系、离合器、齿轮、齿条、成形面、螺旋面、凸轮、刀具齿槽、模具型面及复杂大型零件的检验 3)能正确使用杠杆千分尺、齿轮卡尺、公法线长度千分尺、样板、刀具万能角度尺、扭簧比较仪、水平仪、光学分度头等精密量具和量仪进行检验	1)空间坐标系交点尺寸的计算与测量方法 2)复杂型面、畸形机械零件精度的检验方法 3)精密量具和量仪使用方法 4)数字显示装置的构造和使用方法
	(二)精度分析	1)能根据测量结果分析产生加工误差的主要原因，并提出改进措施 2)能够通过修正刀具补偿值和修正程序来减少加工误差 3)能够根据零件情况制作简单实用的检具或测具	1)加工误差的种类及产生原因 2)提高加工精度的措施 3)工件精度检验项目及测量方法 4)检具或测具设计知识 5)了解三坐标测量机基础知识
五、机床维护	(一)常规维护	能根据说明书内容完成机床定期及不定期维护保养	1)数控铣床和加工中心维护保养的方法 2)数控铣床和加工中心液压、气动元件的结构及其工作原理
	(二)故障排除	1)能够阅读数控系统各类报警信息的内容 2)能够排除编程错误、超程、欠压、缺油、急停等一般故障	数控铣床和加工中心各类报警信息的内容及解除方法
六、管理工作	(一)生产管理	1)能组织有关人员协同作业 2)能协助部门领导进行计划、调度及人员管理	生产管理基本知识
	(二)质量管理	1)能在本职工作中认真贯彻各项质量标准 2)能够进行产品抽样检验，建立质量管理图并进行统计分析，实现操作过程的质量控制	1)相关质量标准 2)质量分析与控制方法